高等院校 EDA 系列教材

Multisim 电路设计与仿真
——基于 Multisim 14.0 平台

赵全利　主　编

王　霞　李会萍　副主编

U0191354

机 械 工 业 出 版 社

本书通过大量应用实例，详细介绍了 Multisim 14.0 的知识体系及应用技能，包括 Multisim 14.0 的基本操作、电子电路原理分析、设计及虚拟仿真等各个方面的应用，每一章节的应用实例都经过精挑细选，具有很强的针对性，力求让读者在学习 Multisim 仿真软件的同时，其电子电路知识也得到同步提高，达到融会贯通、举一反三的效果。

全书共分 10 章，内容主要包括 3 部分：Multisim 14.0 的基本功能及使用方法；Multisim 14.0 在电路分析、模拟电路、数字电路、电力电子电路及高频电子线路中的设计、分析和仿真；Multisim 14.0 在 MCU 电路中的应用。

本书可以作为高等院校电类课程教学和实验仿真，以及"基于 Multisim 电子技术仿真"课程的教材，同时也适合作为本科、高职、高专相关专业电子电路设计与仿真的教材。

本书提供电子课件，需要的教师可登录 www.cmpedu.com 免费注册、审核通过后下载，或联系编辑索取（微信：jsj15101584895，电话：010-88379739）。

图书在版编目（CIP）数据

Multisim 电路设计与仿真：基于 Multisim 14.0 平台/赵全利主编． —北京：机械工业出版社，2021.12（2025.1 重印）
高等院校 EDA 系列教材
ISBN 978-7-111-69676-6

Ⅰ．①M… Ⅱ．①赵… Ⅲ．①电子电路-电路设计-计算机辅助设计-高等学校-教材 ②电子电路-计算机仿真-应用软件-高等学校-教材 Ⅳ．①TN702

中国版本图书馆 CIP 数据核字（2021）第 244377 号

机械工业出版社（北京市百万庄大街 22 号 邮政编码 100037）
策划编辑：尚 晨 责任编辑：尚 晨
责任校对：张艳霞 责任印制：郜 敏
中煤（北京）印务有限公司印刷
2025 年 1 月第 1 版·第 7 次印刷
184mm×260mm·18.5 印张·456 千字
标准书号：ISBN 978-7-111-69676-6
定价：69.00 元

电话服务　　　　　　　　　　网络服务
客服电话：010-88361066　　机 工 官 网：www.cmpbook.com
　　　　　010-88379833　　机 工 官 博：weibo.com/cmp1952
　　　　　010-68326294　　金 书 网：www.golden-book.com
封底无防伪标均为盗版　机工教育服务网：www.cmpedu.com

前　　言

Multisim 14.0 是 NI 公司推出的以 PC 为载体的电子技术综合应用的最新仿真工具，秉承"把实验室装进 PC 中，软件就是仪器"的理念，集电子电路原理分析、设计、虚拟仿真为一体的电子设计自动化环境，在系统建模和电子仿真、科学工程设计及应用系统开发等方面有着广泛的应用。

党的二十大报告指出，要开辟发展新领域新赛道，不断塑造发展新动能新优势。将 Multisim 14.0 引入高等学校电子技术的教学和应用，就相当于提供了一个资源丰富、使用方便的现代化的电子实验室。学生通过"以软代硬、以虚代实"的仿真实验，解决了实验室在设备、场地、时间安排上的限制，极大促进了电子技术教学的改革和发展，为电子技术设计和硬件应用系统的实现奠定了物质基础。Multisim 14.0 已成为高等院校教师和学生进行电子技术教与学的最青睐的仿真软件之一。

为了便于读者学习和掌握 Multisim 14.0 仿真软件，本书以零基础为起点，严格遵循由浅入深、循序渐进的原则，配合典型电子电路实例，引导读者逐步认识、熟悉、掌握和应用 Multisim。同时，对相应仿真电路的原理及应用实践提供强劲的支持。

参与本书编写的都是长期工作在高等院校相关专业的一线教师，曾多次在电工、电子技术、单片机课程设计及全国大学生电子设计竞赛培训工作中创新地运用了 Multisim 14.0 的仿真设计功能，并成功地将其转换为实际电路，取得了良好的教学成果和优异的成绩。

本书知识全面、实例精彩、指导性强，力求以全面的知识性和丰富的实例来指导读者掌握 Multisim 14.0 各方面的技术。本书共 10 章，第 1 章至第 3 章，介绍了 Multisim 14.0 的基础知识，主要包括基本功能、基本操作、分析方法和虚拟仪器使用；第 4 章至第 8 章，主要讲解如何使用 Multisim 14.0 进行电路设计、分析和仿真，内容包括基础电路、模拟电路、电源电路、数字电路、电力电子电路及高频电子线路中的应用；第 9 章介绍了 Multisim 14.0 在 MCU 电路中的应用和仿真；第 10 章介绍了 Multisim 14.0 的高级分析方法和应用。

本书由赵全利担任主编，王霞、李会萍担任副主编，吴冠华、薛迪杰、高毅、张浩天、徐军参加了编写工作。赵全利编写了第 1、2、3.1、5.6、7、8、9 章节，徐军编写了 3.2 节，王霞编写了第 4、5.1~5.5、6 章节，李会萍编写了第 10 章。全书仿真电路由赵全利、吴冠华上机调试，习题解答、文档编辑、图形处理及电子课件由高毅、张浩天、陈景召、曹晓丽、徐军完成。赵全利教授负责全书结构设计、电路取材并统稿全书，刘瑞新教授主审。本书在编写过程中，还得到了谢志豪、范江波、杨丽、杜晓玉老师的帮助和支持，并参考和引用了许多文献，在此表示感谢。由于编者水平有限，书中难免有不足和不妥之处，恳请广大读者批评指正。

本书可以作为高等院校电类课程教学和实验仿真，以及"基于 Multisim 电子技术仿真"等相关课程的教材，同时也适合作为本科、高职、高专的教材。

为方便教师授课，学生学习，本书提供各章电子教案及所有应用实例、例题、习题的仿真源文件，可到机械工业出版社教育服务网（www.cmpedu.com）下载。

编　者

目　　录

第1章 电路设计与仿真软件概述

Multisim 软件是美国国家仪器（National Instruments, NI）公司推出的用于电路设计和电子教学仿真的专用版本。

Multisim 不仅可以作为初学者学习电路分析、模拟电子技术、数字电子技术、电力电子及单片机等课程的重要辅助软件，也可作为电子工程师进行电子系统设计及仿真的有力工具。近年来，随着 Multisim 软件功能的不断完善和发展，各升级版本相继产生，能够向下兼容，且各版本在工作环境、资源库结构及基本操作方法等方面类似，以方便读者使用。

本章首先介绍 Multisim 的发展历程，然后介绍 Multisim 的基本功能和应用特点，最后以目前广泛使用的 Multisim 14.0 为例介绍软件安装过程及工作环境。

1.1 Multisim 发展历程

20 世纪 80 年代末，加拿大图像交互技术公司（Interactive Image Technologies, IIT）推出了一款专门用于电子线路仿真的虚拟电子工作平台（Electronics Workbench, EWB），它可以对数字电路、模拟电路以及模拟/数字混合电路进行仿真。EWB 克服了传统电子产品设计受实验室客观条件限制的局限性，可以用虚拟元器件搭建各种仿真电路、用虚拟仪表进行各种参数和性能指标的测试。

20 世纪 90 年代初，EWB 软件开始在国内使用，1996 年 IIT 公司推出了 EWB 5.0 版本，由于其界面直观、操作方便、分析功能强大、易学易用等突出优点，在我国高等院校中得到迅速推广，也受到电子行业技术人员的青睐。

从 EWB 5.0 版本以后，IIT 公司对 EWB 进行了较大的改动，将专门用于电子电路仿真的模块改名为 Multisim，将原 IIT 公司的 PCB 制板软件 Electronics Workbench Layout 更名为 Ultiboard。为了增强机器布线能力，还开发了 Ultiroute 布线引擎，推出了用于通信系统的仿真软件 Commsim。至此，Multisim、Ultiboard、Ultiroute 和 Commsim 构成了典型 EWB 的基本组成部分，能完成从系统仿真、电路设计到电路板图生成的全过程，其中最具有特色的是电路仿真软件 Multisim。

2001 年，IIT 公司推出了 Multisim 2001（版本），重新验证了元器件库中所有元器件的信息和模型，提高了数字电路仿真速度，开设了 IIT 公司再教育网站，用户可以从该网站得到最新的元器件模型和技术支持。

2003 年，IIT 公司又对 Multisim 2001 进行了较大的改进，并升级为 Multisim 7，其核心是基于带 XSPICE 扩展的伯克利 SPICE。Multisim 7 通过强大的工业标准引擎来加强数字仿真，提供了 19 种虚拟仪器，尤其是增加了 3D 元器件以及安捷伦的万用表、示波器、函数信号发生器等虚拟仪表，将电路仿真分析增加到 19 种，元器件增加到 13000 个。另外，还提供了专门用于射频电路仿真的元器件模型库和仪表，提高了射频电路仿真的准确性。这时的电路仿真软件 Multisim 7 已经非常成熟和稳定，成为加拿大 IIT 公司在开拓电路仿真领域的一座里程碑。随后 IIT 公司又推出 Multisim 8，增加了虚拟 Tektronix 示波器，仿真速度有了进一步提高。

2005 年初，加拿大 IIT 公司被美国 NI 公司收购，并于 2005 年 12 月推出比较完善的电路仿真软件 Multisim 9。Multisim 9 在仿真界面、元器件调用方式、搭建电路、虚拟仿真、电路分析等方面沿袭了 EWB 的优良特色，但在其内容和功能方面有了很大的变化和提升。最具特色的是将 NI 公司的 LabVIEW 仪表融入其中，Multisim 9 可以与 LabVIEW 软件交换数据，同时克服了 Multisim 软件不能采集实际数据的缺陷。Multisim 9 还增加了 51 系列和 PIC 系列的单片机仿真功能，以及交通灯、传送带、显示终端等高级外设的仿真元器件。

2007 年 8 月 NI 公司推出了 NI 系列电子电路设计套件（NI Circuit Design Suite 10）。该套件含有电路仿真软件 NI Multisim 10 和 PCB 制板软件 NI Ultiboard 10。在安装 NI Multisim 10 时，会同时安装 NI Ultiboard 10 软件，且两个软件位于同一路径下，给用户的使用带来极大方便。NI Multisim 10 的启动画面在 Multisim 前冠以 NI，还出现了 NI 公司的徽标和"NATIONAL INSTRUMENTS™"字样，增加了交互部件的鼠标单击控制、虚拟电子实验室、虚拟仪表套件（NI ELVIS II）、电流探针、单片机的 C 语言编程以及 6 个 NI ELVIS 仪表。

2010 年初，NI 公司正式推出 NI Multisim 11。NI Multisim 11 进一步扩展了原有元器件库，新增了源自 Microchip、Texas Instruments、Linear Technologies 等公司的 550 多种元器件，使元器件总数达到 17000 余种。同时改进了虚拟接口，提升了可编程逻辑器件（PLD）原理图设计仿真与硬件实现一体化融合的性能，将 100 多种新型基本元器件放置到仿真工作界面，搭接电路后可直接生成 VHDL 代码。该版本还定制了一款适合大学工程类课程的便携式数据采集设备 NI myDAQ，集成了 8 个虚拟仪表，增加了 NI 范例查找器、伯德图分析仪以及 AC 单频分析，提高了 Multisim 原理图与 Ultiboard 布线之间的设计同步性与完整性。

2012 年 3 月 NI 公司推出了 Multisim 12.0。Multisim 12.0 专业版基于工业标准 SPICE 仿真，已获得最优化的利用。使用 Multisim12.0 仿真工具（包括在 NI LabVIEW 图形化系统设计软件下开发的自定义分析和标准 SPICE 分析），工程师们可以通过仿真仪器的测量数据和图像，将电路设计发生的错误和原型返工的概率最小化，从而提高电路设计工作效率和性能。

2013 年 9 月 NI 公司推出了 Multisim 13.0。该版本包含超过 26000 个元器件的元器件库，增加了电路参数和参数扫描分析，可以结合 NI myRIO and Digilent FPGA 对象进行数字电路教学，可以使用 IGBT 和 MOSFET 热模型进行电力电子电路分析，并能通过用于 LabVIEW 系统软件的 Multisim API 工具包实现设计自动化。

2015 年 4 月 NI 公司推出了 Multisim 14.0。该版本功能更为强悍，为用户提供了所见即所得的设计环境、互动式的仿真界面、动态显示元器件、具有 3D 效果的仿真电路、虚拟仪表、分析功能与图形显示窗口等，成为当前广泛应用的电路设计与仿真软件。

2019 年 5 月 NI 公司又推出了目前为止的最新版本 Multisim 14.2。该版本可以自定义图形化用户界面、重新排列多图纸设计、支持电路标注和原理图注解、支持完全混合模式的 A-D 仿真、增强绘图器视觉化功能以及 RF 设计模块组件无限制，非常适用于高级研究和电路设计与仿真。该版本还可以帮助研究人员和设计人员减少印刷电路板（PCB）原型迭代次数，从而节省开发成本。

1.2　Multisim 软件版本简介

目前，常用的 Multisim 版本主要是 Multisim 12.0 与 Multisim 14.0。

为了方便教学使用，NI 公司分别推出了 Multisim 教学版与 Multisim 专业版仿真软件。Multisim 教学版软件专为进行电路和电子技术相关内容的教学而开发，可实现学生在理论、仿真、实验、项目设计和开发之间的无缝链接和学习。专业版 Multisim 包含 SPICE 仿真和原型设计工具，可用于设计具有高可靠性的电路。

下面简单介绍 Multisim 12.0 与 Multisim 14.0 的特点，帮助读者体会不同版本的特性。

1. Multisim 12.0

Multisim 12.0 教学版内含丰富的电子及电路教学资源，并配备了一套完整的硬件、教科书和课程设计的解决方案。该集成系统通过交互式的动手实践方法来研究电路行为，可以帮助教师更好地将学生引入教学系统，同时加强电路理论和实践教学的融合。

Multisim 12.0 新增了许多功能，为学生提供了与专业人士相同的仿真设计工具，消除工程教学中过于枯燥或抽象的障碍。Multisim 功能强大，界面直观，不管是对于专业教学还是业内接受培训的工程师来说，都可以帮助他们更好地专注于应用本身而不是设计工具。

同以往的版本比较，Multisim 12.0 添加了新的 SPICE 模型、NI 和行业标准硬件连接器、模拟和数字协同仿真并增强了可用性等。Multisim 12.0 特性主要体现如下。

1）使用 LabVIEW 和 Multisim 实现数字电路和模拟电路的联合仿真。

在设计和分析一些完整系统（如电子技术在电力和机械行业的工程应用）时，需要在模拟部分和数字部分之间进行交互。但传统的平台不能准确地将模拟和数字部分进行联合仿真，易产生设计错误，进而造成低效率且冗长的设计过程。

在 Multisim 12.0 版本中，建立了与 LabVIEW 的紧密集成，可实现模拟和数字系统的闭环仿真。使用该全新的设计方法，工程师可以在结束桌面仿真阶段之前验证模拟电路（如功率电路设计）关联的现场可编程门阵列（FPGA）数字控制逻辑，进而在设计过程中有效节省时间。

2）可以使用 Multisim 片段（Snippets）文件。

在 Multisim 12.0 中，可以以图形文件的格式保存 Multisim 设计的部分片段或整体片段，以供后续设计工作中或者其他的 Multisim 使用者再次使用。部分片段（文件）可以用来实现单个元器件、电路的一部分及没有包括子电路模块的整个电路。整体片段（文件）可以用于实现整个 Multisim 设计文件，包括任一子电路和层次模块。

使用 Multisim 片段文件，可以在没有打开电路文件时就可以看到电路设计的预览图。

3）新增 Xilinx 工具支持。

Multisim 12.0 教育版支持最新版本 Xilinx FPGA 工具（12.x 和 13.x），以更好地服务于数字电子学课程教学。

4）全新改进的数据库。

Multisim 12.0 包括了新的机电模型，AC/DC 电源转换器和用于设计功率应用的开关模式电源。

5）新增了超过 2000 个来自于亚诺德半导体、美国国家半导体、NXP 和飞利浦等半导体厂商的全新数据库元器件。

6）超过 90 个全新的引脚精确连接器，使得 NI 硬件的自定制附件设计更加方便。

7）提供了全新的数字信号分析仪等虚拟仪器。

2. Multisim 14. 0

Multisim 14.0 特性主要体现如下。

1）全新的主动分析模式，可让用户更快速获得仿真结果和运行分析。

2）通过全新的电压、电路、功率和数字探针工具，实现在线可视化交互仿真结果。

3）探索原始 VHDL 格式的逻辑数字原理图，以便在各种 FPGA 数字教学平台上运行。

4）全新的 MPLAB 教学应用程序，可用于实现微控制器和外设仿真。

5）Ultiboard 教学版新增了 Gerber 和 PCB 制造文件导出函数，以帮助学生完成课程设计、毕业设计等项目。

6）借助全新的 iPad 版 Multisim，可随时随地进行各类电路仿真。

7）借助半导体制造商的 6000 多种新组件和升级版仿真模型，扩展模拟和数字电子混合模式应用。

8）借助来自 NXP 和美国国际整流器公司开发的全新 MOSFET 和 IGBT，可以搭建先进的电力电子和电源电路。

由上可见，Multisim 14.0 与 Multisim 12.0 工作环境及用法基本相同，只是由于科技的发展添加了一些新的仪器元器件，拓展了一些功能。对于一般的用户，各版本的区别甚至可忽略不计。但在低版本环境下创建的 Multisim 文件，可在高版本环境下打开编辑，反之则不然。

考虑到尽可能多的兼容各版本 Multisim 电路文件进行仿真和教学，本书主要介绍 Multisim 14.0 版本的电路设计及仿真。

1.3 Multisim 基本功能和主要特点

1.3.1 Multisim 基本功能

一般电子产品的设计和制作主要包括电路原理、软件编程、仿真调试、物理级设计、PCB 制图制板、元器件清单、自动贴片、焊膏漏印、总装配图等生产环节，以上全部由计算机完成的过程称为电子设计自动化（Electronic Design Automation，EDA）技术。

EDA 工具软件主要有三类：电子电路设计与仿真软件、印制电路板设计软件与可编程逻辑器件开发软件。

在 EDA 工具软件中，Multisim 的功能尤为强大，可同时完成以下基本功能。

1）电子电路仿真。

2）印制电路板设计。

3）可编程逻辑器件开发等工作。

作为 Windows 下运行的个人桌面电子设计工具，Multisim 是一个完整的集成化设计环境，用户可以十分方便地进行各类电子电路设计与仿真，在电子类课程教与学和电子产品开发设计中的有着强劲的需求和广阔的应用前景。

1.3.2 Multisim 主要特点

Multisim 主要特点如下。

1. 直观的图形界面

Multisim 整个操作界面就像一个电子实验工作台，绘制电路所需的元器件和仿真所需的测试仪器均可直接拖放到屏幕上，利用鼠标可使用导线将它们连接起来，虚拟仪器的控制面板和操作方式与实物相似，用户看到的测量数据、波形和特性曲线与真实仪器基本相同。

2. 丰富的元器件

提供了上万种世界主流电子元器件，同时能方便地对元器件的各种参数进行编辑修改。具有利用模型生成器以及代码模式创建所需的元器件模型等功能。

3. 强大的仿真能力

以 SPICE3F5 和 Xspice 的内核作为仿真引擎，通过 Electronic workbench 带有的增强设计功能将数字和混合模式的仿真性能进行优化。包括 SPICE 仿真、RF 仿真、MCU 仿真、VHDL 仿真、电路向导等功能。

4. 丰富的测试仪器

虚拟仪器种类丰富，可动态互交显示，其设置和使用与真实的一样。

除了 Multisim 提供的默认的仪器外，还可以创建 LabVIEW 的自定义仪器，在图形环境中可以灵活地进行仿真测试。

5. 完备的分析手段

利用仿真产生的数据执行各种需要的分析。可以自动执行将一种分析作为另一种分析的一部分。

集成 LabVIEW 和 Signal express 可以快速进行原型开发和测试设计，具有符合行业标准的交互式测量和分析功能。

6. 独特的射频（RF）模块

提供基本射频电路的设计、分析和仿真，包括以下模块和分析。

1）RF-specific：射频特殊元器件，包括自定义的 RF SPICE 模型。

2）用于创建用户自定义的 RF 模型的模型生成器。

3）RF-specific 仪器：Spectrum Analyzer 频谱分析仪和 Network Analyzer 网络分析仪。

4）进行 RF-specific 分析：电路特性、匹配网络单元、噪声系数等。

7. 强大的 MCU 模块

支持 4 种类型的单片机芯片，分别对 4 种类型芯片提供编译支持，所建项目支持 C 代码、汇编代码以及十六进制代码，并兼容第三方工具源代码；支持对外部 RAM、外部 ROM、键盘和 LCD 等外围设备的仿真；支持包含设置断点、单步运行、查看和编辑内部 RAM、特殊功能寄存器等高级调试功能。

8. 完善的后处理

对分析结果进行的数学运算操作类型包括算术运算、三角运算、指数运行、对数运算、复合运算、向量运算和逻辑运算等。

9. 详细的报告

能够呈现材料清单、元器件详细报告、网络报表、原理图统计报告、多余门电路报告、模型数据报告、交叉报表 7 种报告。

10. 兼容性好的信息转换

提供了转换原理图和仿真数据与其他模块的链接方法，可以输出原理图到 PCB 布线（如 Ultiboard、OrCAD、PADS Layout2005、P-CAD 和 Protel），输出仿真结果到 MathCAD、Excel 或 LabVIEW，输出网络表文件，提供 Internet Design Sharing（互联网共享文件）等。

1.4 Multisim 14.0 软件安装及环境

1.4.1 Multisim 14.0 软件安装

用户在使用 Multisim 14.0 软件之前，必须首先将其安装到 PC 上，本节介绍安装 Multisim 14.0 的全过程。

Multisim 14.0 套件包括电路仿真软件 NI Multisim 14.0 和 PCB 制作软件 NI Ultiboard 14.0 两个软件。安装 Multisim 14.0 所需的配置如下。

1）操作系统：支持的操作系统有 Windows XP（32 位版本）、Windows 7 和 Windows 10（32 位或 64 位版本）、Windows Server 2003 R2（32 位）或 2008 R2（64 位）版本。

2）CPU：Pentium 4 系列微处理器或同等性能的微处理器。

3）内存：512 MB（最低要求为 256 MB）。

4）显示器分辨率：1024×768 像素或更高（最低要求 800×600 像素）。

5）硬盘：1.5 GB 可用空间（最小可用空间不得小于 1.0 GB）。

Multisim 14.0 在不同版本的 Windows 操作系统下安装提示信息和过程略有不同，但只要按照提示操作即可顺利进行。Multisim 14.0 在 Windows 7 环境下的安装过程如下。

1）Multisim 14.0 的安装软件是一个压缩文件，安装之前应先对其进行解压操作。双击扩展名为 .EXE 的安装软件，显示如图 1-1 所示的安装界面，单击"确定"按钮。

图 1-1　安装界面 1

2）弹出如图 1-2 所示的安装界面，单击"Browse"按钮，选择解压的文件路径，再单击"Unzip"按钮进行解压。解压完成后，弹出如图 1-3 所示安装界面，单击"确定"按钮。

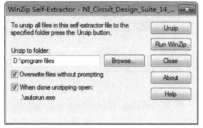

图1-2 安装界面2

图1-3 安装界面3

3）弹出如图1-4所示的安装界面，选择"Install NI Circuit Design Suite 14.0"。

4）弹出如图1-5所示安装界面，单击"Install this product for evaluation"按钮，单击"Next"按钮。

图1-4 安装界面4

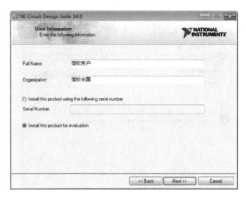

图1-5 安装界面5

5）弹出如图1-6所示的安装界面，选择安装目录，然后单击"Next"按钮。

6）弹出1-7所示的安装界面，选择安装所有"Features"（特征选项），单击"Next"按钮。

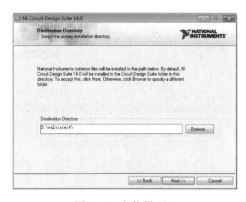

图1-6 安装界面6

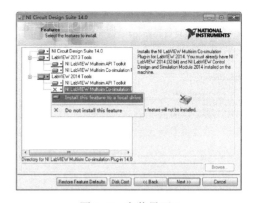

图1-7 安装界面7

7）弹出如图1-8所示的安装界面，单击选中复选框，再单击"Next"按钮。

8）弹出如图1-9所示的安装过程界面。

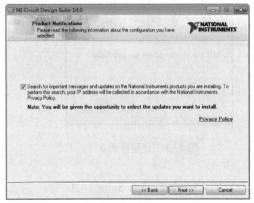

图 1-8　安装界面 8

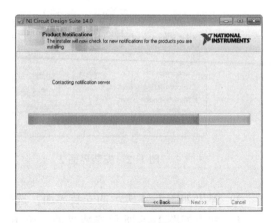

图 1-9　安装界面 9

9）安装完成后显示如图 1-10 所示，单击"Next"按钮。

10）弹出如图 1-11 所示的安装界面，选择同意协议，单击"Next"按钮。

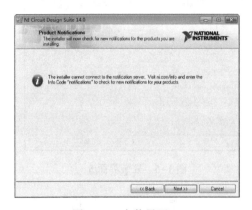

图 1-10　安装界面 10

图 1-11　安装界面 11

11）弹出如图 1-12 所示的安装界面，单击"Next"按钮。

12）继续安装软件，安装进程如图 1-13 所示。

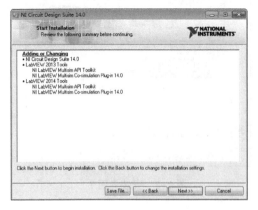

图 1-12　安装界面 12

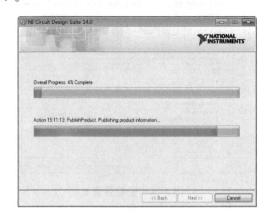

图 1-13　安装界面 13

13）安装进程结束后，显示如图 1-14 所示，单击"Next"按钮。

14）弹出 NI 更新服务对话框，如图 1-15 所示，单击"Yes"按钮。

图 1-14　安装界面 14

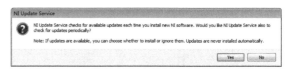

图 1-15　更新服务对话框

15）弹出重启计算机对话框，如图 1-16 所示。

16）重新启动计算机后，打开 Multisim 14.0 程序，启动界面如图 1-17 所示。

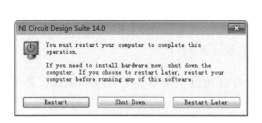

图 1-16　重新启动计算机对话框

图 1-17　软件启动界面

17）第一次启动需要激活软件，激活界面如图 1-18 所示，选择"激活产品"。

18）弹出如图 1-19 所示界面，选择"通过安全网络连接自动激活"，单击"下一步"，直至激活完成。

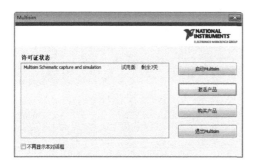

图 1-18　软件激活界面

图 1-19　软件激活向导

至此，Multisim 14.0（包括 Ultiboard 14.0）软件安装成功。

1.4.2　Multisim 14.0 工作环境

在完成 Multisim 14.0 的安装之后，便可以打开一个 Multisim 源文件进行所需要的电路仿真、电路分析和综合等内容，其工作环境（主窗口）如图 1-20 所示。由图 1-20 可知，Multisim 14.0 和 Windows 的操作界面极其类似，与 EWB、Multisim 2001、Multisim 12.0 等之前的版本一样具有操作极其方便、易于使用的特点。

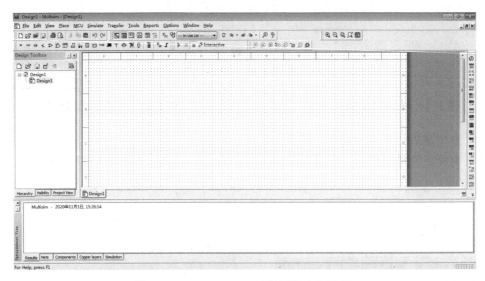

图 1-20　Multisim 14.0 工作环境（主窗口）

在 Multisim 14.0 工作环境（主窗口）中，用户可以通过主菜单、工具项和虚拟仪器等资源进行仿真电路设计、分析与调试。

1.5　思考与习题

1. 电子电路设计与仿真软件主要有哪些？
2. Multisim 仿真软件主要有哪些特点？
3. 在 Multisim 12.0 环境下创建的文件能否在 Multisim 14.0 环境下打开？
4. 在 PC 上安装 NI Multisim 14.0 软件，打开主菜单的"help"选项，阅读并熟悉工作环境。

第2章 用户界面与基本操作

Multisim 14.0 用户界面与 Windows 的操作界面极其类似，用户在使用过 EWB、Multisim 2001、Multisim 12.0 等前代软件的基础上，可以很方便地对 Multisim 14.0 进行各项功能操作，优化和高效地实现电路设计与仿真。

2.1 Multisim 14.0 的基本操作界面

在完成 Multisim 14.0 的安装之后，便可打开 Multisim 14.0 仿真软件进行电路设计及仿真。在 Windows 窗口，单击"开始"→"所有程序"→"NI Multisim 14.0"（NI Ultiboard 14.0 为 PCB 制作软件），Multisim 14.0 开始运行，基本操作界面如图 2-1 所示。

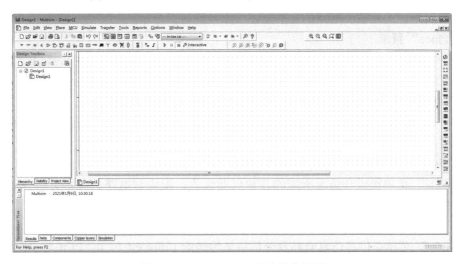

图 2-1　Multisim 14.0 基本操作界面

在图 2-1 中，第 1 行为菜单栏，包含电路仿真的各种命令。第 2、3 行为快捷工具栏，其上显示了电路仿真常用的命令，并且都可以在菜单中找到对应的命令，可用菜单 View 下的 Toolsbar 选项来显示或隐藏这些快捷工具。

快捷工具栏的下方从左到右依次是设计工具箱、电路仿真工作区和仪表栏。设计工具箱用于操作设计项目中各种类型的文件（如原理图文件、PCB 文件、报告清单等），电路仿真工作区是用户搭建电路的区域，仪表栏显示了 Multisim 14.0 能够提供的各种虚拟仪表。最下方的是设计信息显示窗口，主要用于快速地显示编辑元器件的参数，如封装、参考值、属性和设计约束条件等。Multisim 14.0 基本操作界面就相当于一个虚拟电子实验平台。

Multisim 14.0 新产生的电路原理图文件默认的文件名为"Design1"。本节分别介绍 Multisim 14.0 的基本界面中的菜单栏、工具栏、元器件栏、仿真工具栏、电路仿真工作区、设计信息显示窗口等各部分功能。

2.1.1 菜单栏

Multisim 14.0 的菜单栏如图 2-2 所示。在菜单中包含了 Multisim 14.0 所有功能的命令（选项），例如文件操作、文本编辑、放置元器件等选项，操作方法与 Windows 类似。

File Edit View Place MCU Simulate Transfer Tools Reports Options Window Help

图 2-2 Multisim 14.0 的菜单栏

1. "File" 菜单

"File" 菜单提供了 Open（打开）、New（新建）、Save（保存文件）等选项。

2. "Edit" 菜单

"Edit" 菜单提供了 Undo、Redo、Cut、Copy、Paste、Delete、Find、和 Select All 等选项。

3. "View" 菜单

"View" 菜单提供了以下功能：全屏显示，缩放基本操作界面，绘制电路工作区的显示方式以及扩展条、工具栏、电路的文本描述、工具栏是否显示。

4. "Place" 菜单

"Place" 菜单提供绘制仿真电路所需的元器件、节点、导线、各种连接接口，以及文本框、标题栏等文字内容，同时包括创建新层次模块等关于层次化电路设计的选项。

5. "MCU" 菜单

"MCU" 菜单提供了带有微控制器的嵌入式电路的仿真功能。Multisim 14.0 目前能支持的微控制器芯片类型有两类：80C51 和 PIC。

6. "Simulate" 菜单

"Simulate" 菜单提供和仿真所需的各种仪器仪表，提供对电路的各种分析方法（例如放大电路的静态工作点分析），设置仿真环境及 PSPICE、VHDL 等仿真操作。

7. "Transfer" 传输菜单

"Transfer" 菜单提供将仿真电路及分析结果传送给 Ultiboard 14.0、PCB 等应用程序。

8. "Tools" 菜单

"Tools" 菜单主要提供各种常用电路（如放大电路、滤波器、555 时基电路）的快速创建向导，用户可以通过 Tools 菜单快速创建上述电路。另外各种电路元器件都可以通过 Tools 菜单修改其外部形状。

9. "Reports" 菜单

"Reports" 菜单用于产生指定元器件存储在数据库中的所有信息和当前电路窗口中所有元器件的详细参数报告。

10. "Options" 菜单

"Options" 菜单可根据用户需要对程序的运行和界面进行设置。

11. "Window" 菜单

"Window" 菜单提供对一个电路的各个多页子电路，以及对不同的仿真电路同时浏览的功能。

12. "Help" 菜单

单击"Help"菜单,可打开 Help 窗口,其中含有帮助主题目录、帮助主题索引以及版本说明等选项。按下〈F1〉键也可获得帮助。

2.1.2 常用工具栏

Multisim 在工具栏中提供的工具按钮 按功能可分为标准工具栏、主要工具栏、视图工具栏、元器件工具栏、仿真工具栏、探针工具栏和仪器库工具栏等。

1. 标准工具栏

标准工具栏主要提供一些常用的文件操作功能,按钮从左到右的功能分别为新建文件、打开文件、打开设计实例、文件保存、打印电路、打印预览、剪切、复制、粘贴、撤销和恢复,如图 2-3 所示。

2. 视图工具栏

视图工具栏的按钮从左到右的功能分别为放大、缩小、全屏显示、对指定区域进行放大和在工作空间一次显示整个电路,如图 2-4 所示。

图 2-3　Multisim 14.0 的标准工具栏　　　图 2-4　Multisim 14.0 的视图工具栏

3. 主工具栏

主工具栏集中了 Multisim 14.0 的核心操作,从而可以使电路设计更加方便,如图 2-5 所示。该工具栏中的按钮按其功能从左到右分别为:显示或隐藏设计工具栏、显示或隐藏设计信息视窗,显示或隐藏 SPICE 网表视窗、图形和仿真列表、对仿真结果进行后处理、切换到总电路、打开创建新元器件向导、打开数据库管理窗口、使用中元器件列表、ERC 电路规则检测、将 Ultiboard 14.0 电路的改变反标到 Multisim 14.0 电路文件中,以及查找实例和帮助。

图 2-5　Multisim 14.0 的主工具栏

4. 仿真工具栏

仿真工具栏用于控制仿真过程的按钮如图 2-6 所示。依次为电路仿真启动按钮、电路仿真暂停按钮、仿真停止按钮和活动分析功能按钮。

图 2-6　Multisim 14.0 的仿真工具栏

5. 元器件工具栏

Multisim 14.0 的元器件工具栏包括实际元器件库和虚拟元器件库,默认的界面上显示出来的是实际元器件工具栏,如图 2-7 所示。

图 2-7 Multisim 14.0 的元器件工具栏

在图 2-7 中，从左到右共有 20 种元器件分类分别为电源库、基本元器件库、二极管库、晶体管库、模拟器件库、TTL 器件库、CMOS 器件库、集成数字芯片库、数模混合元器件库、显示元器件库、功率元器件库、其他元器件库、高级外围元器件库、RF 射频元器件库、机电类元器件库、NI 元器件库、连接元器件库、微处理器模块、层次化模块和总线模块。其中层次化模块是将已有的电路作为一个子模块加到当前电路中。

实际元器件工具栏中的元器件是有封装的真实元器件，参数是确定的，不可改变。实际元器件工具栏包括，每个元器件库放置同一类型的不同型号的各种元器件，在选择其中某一个元器件（库）符号时，弹出元器件组界面（包括主数据库及所选元器件的数学模型和技术参数），如图 2-8 所示。在择"Component"栏中选择一个元器件后，单击"OK"按钮，即可将其通过鼠标拖入电路仿真工作区。

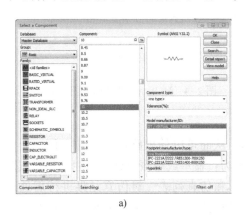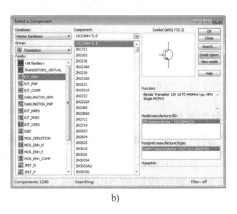

a) b)

图 2-8 元器件组界面

a）选择基本元器件库中的一个 RESISTOR 元器件 b）选择晶体管库中的一个 NPN 晶体管元器件

6. 探针工具栏

探针工具栏包含了在设计仿真电路时需要放置的电压、电流、功率等测试探针，以及探针设置等。探针使用起来非常方便，可以在仿真过程中随时添加各测试点探针。探针工具栏如图 2-9 所示。

图 2-9 探针工具栏

7. 仪器库工具栏

仪器库工具栏包含 21 种用来对电路工作状态进行测试的仪器仪表及探针，如图 2-10 所示。仪器工具栏从左到右分别为：数字万用表、函数信号发生器、瓦特表、双通道示波器、四通道示波器、伯德图仪、频率计、字信号发生器、逻辑分析仪、逻辑转换仪、伏安特性分析仪、失真分析仪、频谱分析仪、网络分析仪、安捷伦函数发生器、安捷伦万用表、安捷伦示波器、泰克示波器、测量探针、LabVIEW 虚拟仪器、NI ELVIS 仪器工具和电流探针。关于仪器库工具栏中仪器仪表的使用方法，详见第 3 章。

图 2-10 Multisim 14.0 的仪器库工具栏

2.1.3 设计工具箱 (Design Toolbox)

设计工具箱位于快捷工具栏的左下方,主要用来管理原理图的不同组成元素和层次电路的显示,如图 2-11 所示。设计工具箱由层次化 (Hierarchy) 选项卡、可视化 (Visibility) 选项卡和工程视图 (Project View) 选项卡组成。

1. 层次化 (Hierarchy) 选项卡

层次化选项卡用于对不同电路的分层显示,该页包括了所设计的各层电路,页面上方的五个按钮从左到右分别为新建原理图、打开原理图、保存、关闭当前电路图和(对子电路、层次电路和多页电路)重命名。例如,Multisim 14.0 刚启动时,自动默认命名的 Design1 电路就以分层化的形式展示出来了。单击新建原理图,就会生成 Design2 电

图 2-11 设计工具箱

路,两个电路以层次化的形式表现出来。

2. 可视化 (Visibility) 选项卡

可视化选项卡由用户决定工作空间的当前页面显示哪些层,以及用于设置是否显示电路的各种参数标识。例如,集成电路的引脚名、引脚号等。

3. 工程视图 (Project View) 选项卡

工程视图选项卡用于显示同一电路的不同页,显示所建立的工程,包括原理图文件、PCB 文件、仿真文件等。

2.1.4 设计信息显示窗口

设计信息显示窗口 (SpreadSheet View) 位于 Multisim 14.0 用户界面的最下方,又称电子表格视窗,如图 2-12 所示。当电路存在错误时,该视窗用于显示检验结果以及作为当前电路文件中所有元器件的属性统计窗口,可以通过该窗口改变元器件的部分或全部属性。

图 2-12 Multisim 14.0 的电子表格视窗

设计信息显示窗口包括 5 个选项卡,各选项卡的功能如下。

1. "Results" 选项卡

"Results" 选项卡用于显示电路中元器件的查找结果和 ERC 校验结果,但要使 ERC 的校验结果显示在该页面,需要运行 ERC 校验时选择将结果显示在 "Result Pane" 中。

2. "Nets" 选项卡

"Nets" 选项卡用于显示当前电路中所有网点的相关信息,部分参数可自定义修改。

3. "Components" 选项卡

"Components" 选项卡用于显示当前电路中所有元器件的相关信息,部分参数可自定义修改。

4. "Copper layers" 选项卡

"Copper layers" 选项卡用于显示 PCB 层的相关信息。

5. "Simulation" 选项卡

"Simulation" 选项卡用于显示运行仿真时的相关信息。

2.1.5 电路编辑与仿真工作区

电路编辑与仿真工作区是基本工作界面的最主要部分,位于设计工作箱的正右侧,如图 2-13 所示。该工作区用来创建用户需要检验的各种仿真电路,可以进行电路图的编辑绘制、添加文字说明及标题框,添加仿真测试仪器,仿真电路运行时进行分析及波形数据显示等。

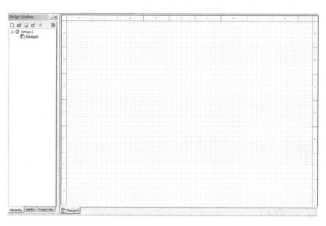

图 2-13 电路编辑与仿真工作区

2.2 Multisim 14.0 的菜单及命令

Multisim 14.0 的菜单栏位于主窗口的最上方,包含文件(File)、编辑(Edit)、视图(View)、放置(Place)、MCU、仿真(Simulate)、文件输出(Transfer)、工具(Tools)、报告(Report)、选项(Options)、窗口(Window)和帮助(Help)共 12 个菜单。每个菜单下都有若干个子菜单或一系列功能命令,用户可以根据需要在相应的菜单下选择。

2.2.1 "File"(文件)菜单

"File"(文件)菜单主要用于管理所创建的电路文件,如对电路文件进行打开、保存和打印等操作,其中大多数命令和一般 Windows 的应用软件基本相同,此处不再赘述。下面主要介绍 Multisim 14.0 部分特有的命令。

1. Open Samples

"Open Samples" 命令可以打开 Multisim 14.0 软件安装路径下的自带仿真例程,包括模拟、数字、射频及 MCU 等诸多仿真电路文件。

2. New（Project）、Open（Project）、Save（Project）和 Close（Project）

"New"、"Open"、"Save" 和 "Close" 命令分别为对工程文件进行创建、打开、保存和关闭操作。一个完整的工程包括原理图、PCB（印刷电路板）文件、仿真文件、工程文件和报告文件，可以将工作的文件分门别类存放，便于管理。

3. Print Options

"Print Options" 命令包括两个子命令，其中 "Print sheet Setup" 为打印电路设置命令，"Print Instruments" 为打印当前工作区内仪表波形图命令。

2.2.2 "Edit"（编辑）菜单

"Edit"（编辑）菜单下的命令主要用于绘制电路图的过程中，对电路和元器件进行各种编辑。下面主要介绍 Multisim14.0 部分特有的命令。

1. Paste Special

"Paste Special" 命令不同于 Paste 命令，其功能是将所复制的电路作为子电路进行粘贴。

2. Delete Multi-Page

"Delete Multi-Page" 命令用于删除多页面电路文件中的某一页电路文件。注意，删除的信息无法找回。

3. Find

图 2-14　Multisim 14.0 的
寻找元器件对话框

"Find" 命令用于搜索当前工作区内的元器件，选择该项后弹出如图 2-14 所示的对话框，包括要寻找的元器件的名称、类型以及寻找的范围等。其中，"Find what"文本框用于输入所要查找的器件名称。"Search for"下拉列表用于设置查找对象，常用的选项有 All elements（当前所有电路文件）、Off-page Connectors（多页电路的连接）、Nets（用于搜索网络器件）、HB/SC Connectors（设置了连接器的电路）。Search in 选项用于设置查找范围，在当前的电路或者所有打开的电路中寻找。图 2-14 中的任意匹配和完全匹配复选框用于设置搜索时的字符匹配。注意，在 Multisim 14.0 的不同版本中搜索时，有可能要区分元器件名称的大小写。

4. Merge Selected Buses

"Merge Selected Buses" 命令用于合并所选择的总线。

5. Graphic Annotation

"Graphic Annotation" 命令用于编辑图形注释选项，利用它可以改变导线的颜色、类型，画笔颜色、类型和箭头类型。

6. Order

"Order" 命令用于安排已选图形的放置层次，可以选择 "Bring to front" 置前或 "send to back" 置后。

7. Assign to Layer

"Assign to Layer"命令用于将已选的项目（如 ERC 错误标志、静态探针、注释和文本/图形）安排到注释层。

8. Layer Settings

"Layer Settings"命令用于图层的设置，设置可显示的对话框。

9. Orientation

"Orientation"命令用于改变元器件放置方向（上下翻转、左右翻转或旋转）。

10. Title Block Position

"Title Block Position"命令用于改变标题栏在电路仿真工作区的位置。

11. Edit Symbol/Title Block

"Edit Symbol/Title Block"命令用于对电路仿真工作区已选元器件的图形符号或工作区内的标题框进行编辑。

在工作区内选择一个元器件，单击"Edit Symbol/Title Block"后，弹出如图 2-15 的元器件符号编辑窗口，在这个窗口中可对元器件各引脚端的线型、线长等参数进行编辑，还可自行添加文字和线条等。

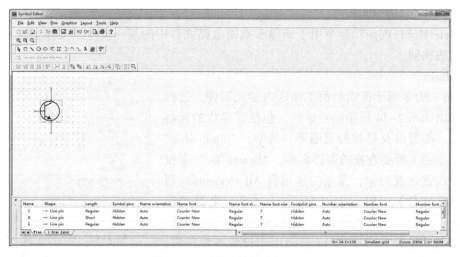

图 2-15　元器件符号编辑窗口

选择工作区内的标题框（使用"Place"菜单中的"Title block"选项添加标题框），单击"Edit Symbol/Title Block"后，弹出如图 2-16 的标题框编辑窗口，可对选中的文字、边框或位图等进行编辑。

12. Font

"Font"命令用于改变所选择对象的字体。可以对电路中的元器件的标识号，参数值等进行设置，同 Word 办公软件用法类似。

13. Comment

"Comment"命令用于修改所选择的注释。

14. Forms/Questions

"Forms/Questions"命令用于对有关电路的记录或问题进行编辑；当设计任务由多人完

成时，常需要通过邮件的形式对电路图、记录表及相关问题进行汇总和讨论，Multisim 14.0可以方便地实现这一功能。

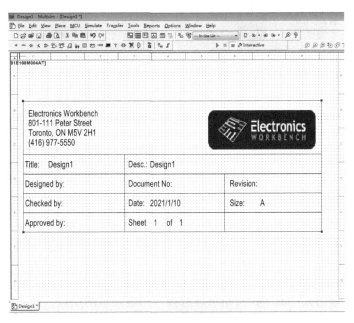

图 2-16　标题框编辑窗口

15. Properties

"Properties" 命令用于对所选择对象的属性编辑窗口。打开已经被选中的元器件的属性对话框，可以对其参数值、标识符等信息进行编辑。若未选中某个特定元器件，单击"Properties" 选项，弹出如图 2-17 所示的对话框，可以在该对话框中选择对应的选项卡实现对电路各方面的设置。

1）"Sheet visibility" 选项卡用于对电路窗口内的仿真电路图和元器件参数值进行设置。该选项卡分成 4 个选项区："Component" 区用于设置是否显示元器件的标识名（Labels）和数值（Values）等，"Net Names"、"Connectors"、"Bus entry" 等选项区用来设置网络名、连接器、总线是否显示。"Save as default" 复选框可以把用户设置作为默认设置。

2）"Colors" 选项卡用于设置仿真电路图的颜色。

3）"Workspace" 选项卡主要用于设置电路图纸的纸张大小以及图纸的显示方式等参数。

4）"Writing" 选项卡用于设置仿真电路中导线的宽度。

5）"Font" 选项卡用于设置字体。可以对电路中的元器件的标识号，参数值等进行设置，该选项卡的功能与执行 Edit/Font 完全一致。

6）"PCB" 选项卡主要用于一些印制电路板参数的设计，如图 2-18 所示。

其中：

①"Ground Option" 选项区用于对 PCB 电路的接地方式进行设置。如果选中其中的单选框，Multisim 14.0 会在 PCB 中将数字地和模拟地连接在一起。

②"Unit Settings" 选项区用于设置输出的 PCB 文件的尺寸大小的单位。

图 2-17　属性编辑窗口

图 2-18　属性编辑窗口的 PCB 选项卡

③ "Copper Layer" 选项区用于对电路板的板层数进行选择，用以表示印刷电路板是双层板还是多层板。单击其中的下拉按钮可以选择印制电路板的层数，此时下方的框中将出现每一层的名称。

④ "PCB settings" 选项区的 "Pin swap" 和 "Gate swap" 下拉列表分别表示引脚替换和门替换，其含义和功能类似。

图 2-18 所示为简单的双面板的设置，即电路的所有元器件和导线都布局在电路的正反两个外表面上。一般情况下，使用双面板或者单面板就可以很好地完成简单电路的 PCB 制作。但对于一些复杂的电路来说，将信号线完全布局在电路板的两个外表面上将会极大增加电路板的规模和尺寸，同时也不利于抑制电磁干扰，所以对于复杂的电路来讲，通常会在同一块电路板的内部添加一些层，在这些层内分布不同的信号线，层与层之间通过绝缘介质隔离。由于将这些层叠加在一片 PCB，俗称多层板（电路）。在进行 PCB 设计时，层的种类有很多，有信号层、内电层、丝印层等。将 PCB制成 4 层板的参数设置如图 2-19 所示。

图 2-19　将 PCB 制成 4 层板的参数设置

其中：

① "Layer pairs" 表示多层板内不同层的叠放规则和顺序，改变该项所对应的数值可以成对的增加电路板内部的层数，其最大数值为 32。在图 2-19 中增加的层 Copper Inner1 和Copper Inner2 一般统称为中间布线层，主要用来布置信号线。Inner Layers 表示中间布线层的数量。对于通常的 4 层 PCB，可以将 Copper Inner1 和 Copper Inner2 设计成内电层，即Copper Inner1、Copper Inner2 分别通过过孔与电源和地相连接，这样内电层可以看作是一个铜模层。多层板实际上是由多个双层板或单层板压制而成的，选择不同的模式，则表示在实际制作中采用不同的压制方法。

② "Single layer stack-ups" 表示在电路板内部添加单个层。

7）"Layer Settings" 选项卡用于提供图层的相关设置功能，与 "Edit" 菜单中的 "Layer Settings" 项类似。

2.2.3 "View"（视图）菜单

"View"（视图）菜单用于显示或隐藏电路窗口中的某些内容（如工具栏、栅格、纸张边界等），设置仿真界面的显示及电路图的缩放显示等。视图菜单的主要命令及功能如下。

1. Full Screen

"Full Screen" 命令用于全屏显示电路仿真工作区。

2. Parent Sheet

"Parent Sheet" 命令用于返回到上一级工作区，用于切换到总电路原理图的显示。当用户正编辑子电路或分层模块时，单击该命令可以快速切换到总电路，当用户同时打开许多子电路时，该功能将方便用户的操作。

3. Zoom In

"Zoom In" 命令用于缩小电路窗口。

4. Zoom Out

"Zoom Out" 命令用于放大电路窗口。

5. Zoom Area

"Zoom Area" 命令用于放大所选择的区域。

6. Zoom sheet

"Zoom sheet" 命令用于以页面为大小缩放，以显示整个电路工作区窗口。

7. Zoom to magnification

"Zoom to magnification" 命令用于以特定比例缩放电路窗口，执行该命令后，有200%、75%等比例可以选择。

8. Zoom selection

"Zoom selection" 命令用于对所选的电路进行放大。选中某个元器件后，执行该命令，则电路窗口中呈现该元器件放大后的特写。

9. Grid

"Grid" 命令用于显示或隐藏栅格。

10. Border

"Border" 命令用于显示或隐藏电路窗口的边界。

11. Print page bounds

"Print page bounds" 命令用于显示或隐藏打印时纸张的边界。

12. Ruler bars

"Ruler bars" 命令用于显示或隐藏电路工作区最上方空白处的标尺栏。

13. Status bar

"Status bar" 命令为状态条，用于显示或隐藏仿真进行时的状态。

14. Design Toolbox

"Design Toolbox" 命令用于显示或隐藏基本工作界面左侧的设计工具箱（Design

Toolbox）窗口。

15. Spreadsheet View

"Spreadsheet View" 命令用于显示或隐藏电子表格视窗（Spreadsheet View）。

16. SPICE Netlist Viewer

"SPICE Netlist Viewer" 命令用于显示或隐藏 SPICE 网表文件观察视窗。

17. LabVIEW Co-simulation Terminals

"LabVIEW Co-simulation Terminals" 为 LabVIEW 与 Multisim 联合使用命令。LabVIEW 是 NI 公司研制开发的一种程序开发环境，利用 LabVIEW 用户可以方便地建立自己的虚拟仪器（详见本书的后续章节）。

18. Description Box

"Description Box" 命令用于电路功能描述。执行该命令后，弹出事先写好的只读的电路功能描述文本框。该文本框需要通过 "Tools" 菜单中的 "Description Box Edit" 选项来编辑。"Description Box" 命令可以和 "Edit" 菜单中的 "Forms/Questions" 命令联合使用，来增强 Multisim 14.0 的网络功能。

19. Toolbars

"Toolbars" 命令用于显示或隐藏标准工具栏、元器件工具栏、仪表工具栏等基本操作界面中的菜单选项。用户可以根据自己的需要通过 Toolbars 来设置工具栏；也可以在菜单栏的空白处单击右键，在弹出的快捷菜单中选择 "Customize interface" 命令来自定义菜单栏。

20. Show comment/probe

"Show comment/probe" 命令用于显示或隐藏电路窗口中用于解释电路功能的文本框，只有在 "Place" 菜单项添加文本框后，才能激活该选项。关于 "Show comment/probe" 命令将结合 "Place" 菜单中的相关功能来加以说明。

21. Grapher

"Grapher" 命令用于以图表的方式显示仿真结果，在使用 Multisim 14.0 中自带的分析方法后才能在 "Grapher View" 对话框中展示结果。

2.2.4　"Place"（放置）菜单

"Place"（放置）菜单提供在电路窗口内放置元器件、连接点、总线和子电路等命令，同时包括创新新层次模块，新建子电路等层次化电路设计选项，该菜单的主要命令及功能如下。

1. Component

执行 "Component" 命令，可以在弹出的对话框中选择修改元器件库，从中选择一个元器件，然后，在工作区的相应位置单击鼠标左键即可完成元器件的添加。

2. Junction

1）"Junction" 命令用于放置一个节点。单击 "Place" → "Junction"，此时，会有一个黑色的圆点跟随着鼠标，与放置元器件一样，在电路工作区的某一位置单击鼠标，即可完成节点的添加。

2）单击右键，在弹出的菜单中选择 "Place on schematic" → "Junction"，也可完成节

点的添加。

3）在电路工作区所需位置，快速双击鼠标左键，完成节点的添加。

3. Wire

"Wire"命令用于放置一根导线（可以不和任何元器件相连）。

4. Bus

"Bus"命令用于放置一根总线。

5. Connector

"Connector"命令用于放置创建的不同种类的电路连接器。其下拉菜单包括层次电路或子电路（HB/SC）连接器、总线层次电路或子电路连接器、平行页（Off-Page）连接器和总线平行页连接器等。

6. New hierarchical block

"New hierarchical block"命令用于建立一个新的分层模块（此模块是只含有输入、输出节点的空白电路）。

7. Hierarchical block from file

"Hierarchical block from file"命令用于从已有电路文件中选择一个作为层次电路模块。

8. Replace by hierarchical block

"Replace by hierarchical block"命令用于电路窗口中所选电路将会被一个新的分层模块替换。

9. New subcircuit

"New subcircuit"命令用于创建一个新子电路。

10. Replace by subcircuit

"Replace by subcircuit"命令用于一个子电路替代所选择的电路。

11. Multi-Page

"Multi-Page"命令用于增加多页电路中的一个电路图（新建多页电路）。

12. Bus vector connect

"Bus vector connect"命令用于放置总线矢量连接器，这是从多引脚器件上引出很多连接端的首选方法。

13. Comment

"Comment"命令用于在工作空间中放置注释。为电路工作区或某个元器件增加功能描述等类文本。当鼠标停留在相应元器件上时该文本显示，便于对电路的理解。

单击"Place"→"Comment"，此时鼠标指针会变成一个鼠标图案的黑点，在电路工作区的某一位置，单击鼠标后，工作区的电路窗口中的相应位置会出现一个白色的文本框，可以向其输入对电路功能的某种解释。电路注释输入完毕后，单击工作区窗口的任一位置，则白色的文本框消失，即完成注释的添加。如果需要查看注释的内容，单击"View"→"Show comment/probe"，或者将鼠标在鼠标图案处稍作停留，便可看到注释的内容，如图2-20所示。

在 Multisim 14.0 中添加"Comment"后，当"Comment"被用户选中时，则"Edit"→

"Assign to layer"命令项中的子菜单将被激活。此时，如果单击"Assign to layer"中的"Comment"的子命令项并单击设计工具箱中的"Visibility"选项卡，弹出复选框如图2-21所示。在图2-21中随着用户选择或取消复选框"Comment"，则图2-20电路工作区中的鼠标图案图标将出现或消失。

图2-20　添加注释　　　　图2-21　设计工具箱中的"Comment"复选框

14. Text

"Text"命令用于放置文本。

15. Graphics

"Graphics"命令用于放置直线、折线、长方形、椭圆、圆弧、多边形等图形。

16. Title block

"Title block"命令用于放置一个标题栏。可从Multisim 14.0自带的模板中选择一种进行修改。Multisim 14.0提供了10种不同的标题块，可以在电路图纸的下方放置名称、作者、图纸编号等对电路进行简要说明的常用信息。图2-22所示是其中两种不同的标题块。

图2-22　标题块示例

对标题框的修改有两种方法，一种是选定标题块，通过刚刚激活的Edit→Edit symbol/title block命令，在弹出的标题块编辑窗口中对其进行标题块的格式和颜色等的修改。另一种是直接双击标题块，在弹出的对话框中对标题块的内容进行修改。

2.2.5　"MCU"（微控制器）菜单

"MCU"（微控制器）菜单用于含微控制器的电路设计和仿真，提供微控制器编译和调试等功能。主要选项包括MCU窗口、调试视图格式、调试状态、单步调试等，如图2-23所示。其主要功能和一般编译调试软件类似，使用时读者可参考相关资料。

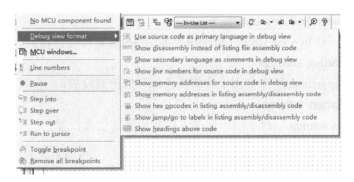

图 2-23　MCU 菜单

2.2.6 "Simulate"（仿真）菜单

"Simulate"（仿真）菜单主要提供电路仿真的设置与操作命令，如图 2-24 所示。其主要命令及功能如下。

1. Run

"Run"命令用于运行已经创建的仿真电路。

2. Pause

"Pause"命令用于暂停运行仿真。

3. Stop

"Stop"命令用于停止仿真。

4. Analyses and simulation

"Analyses and simulation"分析与仿真命令用于对被选中的电路进行直流工作点分析、交流分析、瞬态分析、傅里叶分析等。这些分析方法与使用 Instruments 来分析所得到的结果基本一致。

图 2-24　Simulate（仿真）菜单

5. Instruments

"Instruments"命令用于虚拟仪器工具栏。用于选择仿真用的各种仪表，与仪器工具栏中的各种仿真仪器仪表对应。

6. Mixed-mode simulation settings

"Mixed-mode simulation settings"命令用于复杂仿真设置，如混合模式仿真参数的设置。执行该命令，用户可以选择进行理想仿真或实际仿真，理想仿真速度较快，而实际仿真则更准确。

7. Probe settings.. 和 Reverse probe direction

"Probe settings.."和"Reverse probe direction"命令分别用于探针设置和逆转探针方向（探针的极性取反）。

8. Postprocessor

"Postprocessor"命令用于对电路分析进行后处理。

9. Simulation error log/audit trail

"Simulation error log/audit trail"命令用于显示仿真错误记录/审计追踪、检查仿真轨迹。

10. XSPICE command line interface

"XSPICE command line interface"命令用于显示 XSPICE 命令行窗口。

11. Load simulation settings

"Load simulation settings"命令用于装载曾经保存的仿真设置。

12. Save simulation settings

"Save simulation settings"命令用于保存以后会用到的仿真设置。

13. Automatic fault option

"Automatic fault option"命令用于电路故障自动设置选项。该选项用于按照用户设置的故障数目和类型，在创建的仿真电路中加入相应电路元器件故障的功能。此处的故障多为电路元器件的常见故障。单击"Simulate"→"Auto fault option"，弹出如图 2-25 所示的对话框，在其中可以设置元器件故障。

Multisim14.0 提供了 3 种故障。Any 代表下面 3 种方法的随机设置。Short 是将电路中的某个元器件接入一个很小的电阻，使其短路。Open 是将电路中的某个元器件接入一个很大的电阻，使其开路。Leak 是将电路中的某个元

图 2-25　设置元器件故障对话框

器件并联接入一个电阻，新接入的电阻的大小由用户自己设置，使部分电流流过该并联电阻。

14. Clear instrument data

"Clear instrument data"命令用于清除仿真仪器（如示波器）中的波形或数据，但不清除仿真图形中的波形。在仿真过程中，该选项一直处于激活状态，若单击则使虚拟仪表中的数据暂时消失。

15. Use tolerances

"Use tolerances"命令用于设置全局元器件的应用允许误差。

2.2.7　"Transfer"（文件传输）菜单

"Transfer"文件传输出菜单用于将仿真电路及分析结果传输给其他应用程序（如 PCB），其主要命令及功能如下。

1. Transfer to Ultiboard

"Transfer to Ultiboard"命令用于将原理图传送给 Ultiboard。该菜单命令下有两个选项，Transfer to Ultiboard 14.0 和 Transfer to Ultiboard file…，其中 Transfer to Ultiboard 14.0 是传送仿真文件的网络表给软件 Ultiboard 14.0，执行该命令后，如果 Ultiboard 14.0 已经打开，则 Ultiboard 14.0 会立即响应用户的命令。执行 Transfer to Ultiboard file…命令后，网络表被存放在磁盘的指定位置，然后 Ultiboard 可以到该位置处打开该文件。

2. Forward annotate to Ultiboard

"Forward annotate to Ultiboard"命令用于将 Multisim 中电路元器件的注释传送到 Ultiboard 软件中。

3. Backward annotate from file

"Backward annotate from file" 命令用于将 Ultiboard 中电路元器件的注释传送到 Multisim 14.0 中，从而使 Multisim 14.0 中的元器件注释响应变化。使用该命令时，电路文件必须打开。

4. Export to other PCB layout file

如果用户使用的是 Ultiboard 以外的其他 PCB 设计软件，"Export to other PCB layout file" 命令可以将所需格式的文件传送到该第三方 PCB 设计软件中。

5. Export SPICE netlist

"Export SPICE netlist" 命令用于输出用户电路文件所对应的网表。

6. Highlight selection in Ultiboard

当 Ultiboard 运行时，如果在 Multisim 中选择某元器件，"Highlight selection in Ultiboard" 命令用于在 Ultiboard 电路中的对应部分以高亮度显示。

2.2.8 "Tools"（工具）菜单

"Tools" 菜单是 Multisim 14.0 中功能比较强大的菜单项，主要提供一些管理元器件及电路的常用工具。与 "Place" 菜单和 "Simulate" 菜单的用途相比，"Tools" 菜单提供了更为方便创建电路的快捷方式。在 Tools 菜单中，Multisim 14.0 可以将电子电路中的一些常用功能电路模块化，使用户在创建电路时，可以直接调用这些模块化的电路，而不必再从单个分立元器件开始，按照功能需要，逐个确定每个分立元器件的参数值，然后通过 Multisim 14.0 搭建仿真电路。Tools 菜单的子菜单命令选项如图 2-26 所示。

图 2-26 Tools 菜单的
主要命令

1. Component wizard

打开创建新元器件向导。除了 Multisim 14.0 中提供的元器件外，用户还可以通过 "Component wizard" 元器件创建向导来自行创建元器件。

2. Database

"Database" 为用户数据库菜单。下面又包括一个子菜单，其中 Database manager 为数据库管理，用户可进行增加元器件族，编辑元器件等操作；Save component to database 的功能是将对已选元器件的改变保存到数据库中；Merge database 可进行合并数据库的操作；Convert database 将公共或用户数据库中的元器件转成 Multisim 格式，对于使用 Multisim 14.0 以前版本的用户，如果想要将自己以前自定义的元器件（可以在 Corporate library 元器件库或者 User 元器件库中）用于 Multisim 14.0 中，则必须首先转换成 Multisim 14.0 的文件格式，此选项即完成此功能。

3. Variant manager

"Variant manager" 命令功能为变量设置。打开可变电路管理窗口，该功能是针对不同市场需求而需要对设计进行部分修改的情况，例如欧洲和北美的供电电源标准不同，因而设计中会要求用到不同的元器件，而设计者希望产生一个 PCB 文件来满足两种不同的设计，这时将用到可变电路管理功能。"Variant manager" 选项的作用在于，当一个电路设计使用不同标准的同一类型元器件时，能够产生唯一符合各个标准的印制电路板。

4. Set active variant

"Set active variant"命令用于将指定的可变电路激活。在电路进行仿真时，满足不同标准的元器件不可能同时被激活，这时需要进行设置以达到单独激活某类元器件的目的。

5. Circuit wizards

"Circuit wizards"命令用于电路创建向导。包括 555 timer wizard（555 定时器创建向导）、Filter wizard（滤波器创建向导）、Opamp wizard（集成运算放大器创建向导）、CE BJT amplifier wizard（共射极放大器创建向导）。

6. SPICE netlist viewer

"SPICE netlist viewer"命令用于查看网格表。其子菜单的命令将和 View \ SPICE Netlist Viewer 命令联合使用。

7. Replace components

"Replace components"命令用于对已选元器件进行替换。

8. Electrical rules check

"Electrical rules check"命令用于电路工作窗口进行电气性能测试，可检查电气连接错误。

9. Clear ERC markers

"Clear ERC markers"命令用于清除电气性能错误标识。

10. Toggle NC marker

"Toggle NC marker"命令用于在已选的引脚放置一个 NC 标号，防止将导线错误连接到该引脚。

11. Symbol Editor

"Symbol Editor"命令用于打开电路元器件外形编辑器（符号编辑器）。用法与 Edit \ Edit symbol/title block 类似。

12. Title Block Editor

"Title Block Editor"命令为标题块编辑器。

13. Description Box Editor

"Description Box Editor"命令用于在 Design Toolbox 窗口中添加关于电路功能的文本描述。

14. Capture screen area

Capture screen area 命令用于对屏幕上的特定区域进行图形捕捉，可将捕捉到的图形保存到剪切板中，即截图功能，复制电路工作区中的指定部分到剪贴板中。

15. Online design resources

"Online design resources"命令用于在线设计资源，提供设计电路时，相关示例资料的在线帮助。其中 Analog Devices 中提供了对美国模拟器件公司（亚德诺半导体）各种产品的数据手册、典型应用电路和相关 PCB 评估板信息的快速网络链接。

不同版本的 Multisim 14.0 仿真软件中，Tools 菜单或其他菜单中包含的命令项稍有差别。

2.2.9 "Reports"（报告）菜单

"Reports"（报告）菜单用于输出电路的各种统计报告，其主要的命令及功能如下。

1. Bill of Materials

"Bill of Materials"命令用于产生当前电路文件的元器件清单。

2. Component detail report

"Component detail report"命令用于产生当前元器件存储在数据库中的所有信息（元器件细节）。

3. Netlist report

"Netlist report"命令用于产生网表文件报告，提供每个元器件的电路连通性信息。

4. Cross reference report

"Cross reference report"命令用于显示当前电路窗口中所有元器件的详细参数报告。

5. Schematic statistics

"Schematic statistics"命令用于显示电路原理图的统计信息。

6. Spare gates report

"Spare gates report"命令用于显示电路文件中未使用的门电路的报告。

2.2.10 "Options"（选项）菜单

"Options"选项菜单用于对电路的界面及电路的某些功能的设定，其子菜单命令选项如图2-27所示。

1. Global options

打开整体电路参数设置对话框；单击"Global options"后，出现如图2-28所示的对话。

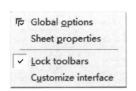

图2-27 "Options"（选项）菜单的子菜单　　　图2-28 整体电路参数设置

图2-28中各选项卡的相关设置如下。

1）Paths选项卡：该选项卡的设置项主要包括电路的默认路径设置、用户按钮图像路径、用户配置文件路径和数据库文件路径。这些设置用户一般不用修改，采用软件默认设置即可。

2）Message prompts选项卡：检查提示想要显示的情况，包括代码片段、注释和出口、网表变化、NI例程查找器、项目包装和网络表查看器。

3) Save 选项卡：该选项卡用于定义文件保存的操作，主要设置项包括是否创建电路文件安全复制、是否自动备份及备份间隔、是否保存仪器的仿真数据及数据最大容量和是否保存.txt 文件作为无编码文件。

4) Components 选项卡：该选项卡页分为放置元器件模式设置、符号标准设置、视图设置 3 部分。在放置元器件模式设置中，用户可以选择是否在放置元器件完毕后返回元器件浏览器和元器件放置的方式，如一次放置一个元器件、连续放置元器件（按〈ESC〉键或右击鼠标结束）或仅对复合封装元器件连续放置；符号标准设置可将元器件的符号设为美国的 ANSI 标准和国际电工委员会的 IEC 标准（两种标准中元器件的符号有所不同，例如，ANSI 标准的电阻符号为波浪线符号，而 IEC 标准中电阻为矩形符号）；视图设置为当文本移动时查看相关组件和当元器件移动时显示原始位置。

5) General 选项卡：该选项卡可设置框选行为、鼠标滑轮滚动行为、元器件移动行为、走线行为和语言种类。框选行为可选择 Intersecting 或 Fully enclosed，Intersecting 项指当元器件的某一部分包括在选择方框内时，即将元器件选中；Fully enclosed 项指只有当元器件的所有部分（包括元器件的所有文本、标签等）都在选择框内，才能选中该元器件。鼠标滑轮滚动时的操作可设为放大工作空间或滚动工作空间。本选项卡中还可设置移动元器件文本（元器件标号、标称值等）时是否显示和元器件的连接虚线，以及移动元器件时是否显示它和原位置的连接虚线。走线行为设置的内容为当引脚互相接触时是否自动连线，翻转元器件时是否自动连线（是否允许自动寻找连线路径），当移动元器件时 Multisim 是否自动优化连线路径以及删除元器件时是否删除相关的连线。语言可选英文、德文、日文或本系统语言。

6) Simulation 选项卡：该选项卡可以进行网络表错误提示、图表设置、正相位移动方向设置。当网络发生错误时是否提示或者继续运行；为图表和仪器设置背景颜色；正相位移动方向的设置仅影响交流分析中的相位参数。

7) Preview 选项卡：预览选项卡，包括显示选项卡式窗口，显示设计工具箱，显示电路多页预览，显示分支电路/分层块预览。

2. Sheet properties

"Sheet properties"命令可以打开页面属性设置对话框。用于设置电路工作区中参数是否显示、显示方式和 PCB 参数的设置。

3. Lock toolbars

"Lock toolbars"命令用于锁定工具条。

4. Customize interface

"Customize interface"命令用于自定义用户界面。单击"Option"→"Customize interface"菜单后，弹出如图 2-29 所示的对话框。

图 2-29 中有 5 个选项卡，各选项卡的功能如下。

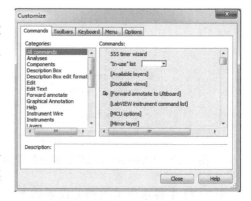

图 2-29　自定义用户界面设置

1) Commands 选项卡：该选项卡左边栏内为命令的分类菜单，右边栏内为各类菜单下的全部命令列表。左边栏中各菜单下的命令可能不全包含在软件菜单栏的各子菜单下，可以将要用到的命令拖拽到相应子菜单下，或直接拖拽到菜单栏的空白处，右击已经移动到菜单栏空白处的命令，可选择将其移动到新的子菜单下，对该子菜单重命名，即完成了新子菜单的建立。如不需要某个子菜单或某一命令，右击可选择将其删除。

2）Toolbars 选项卡：可将已选工具栏显示在当前界面中，用户也可新建工具栏。

3）Keyboard 选项卡：该选项卡用于设置或修改各已选命令的快捷键。

4）Menu 选项卡：用于设置打开菜单时菜单的显示效果。

5）Options 选项卡：用于工具栏和菜单栏的自定义设置，如是否显示工具栏图标的屏幕提示，是否选用大图标及工具栏和菜单栏的显示风格等。

2.2.11 "Window"（窗口）菜单

图 2-30 Window 菜单
的子菜单

"Window"（窗口）菜单的子菜单如图 2-30 所示。Window 菜单主要命令和功能如下。

1. New window

"New window" 命令用于打开一个和当前窗口相同的窗口。

2. Close

"Close" 命令用于关闭当前窗口。

3. Close all

"Close all" 命令用于关闭所有打开的文件。

4. Cascade

"Cascade" 命令用于层叠显示电路。

5. Title horizontally

"Title horizontally" 命令用于调整所有打开的电路窗口使它们在屏幕上横向平铺，方便用户浏览所有打开的电路文件。

6. Title vertically

"Title vertically" 命令用于调整所有打开的电路窗口使它们在屏幕上竖向平铺，方便用户浏览所有打开的电路文件。

7. Next window

"Next window" 命令用于转到下一个窗口。

8. Previous window

"Previous window" 命令用于转到前一个窗口。

9. Windows

"Windows" 命令用于打开窗口对话框，用户可以选择对已打开文件激活或关闭。

2.2.12 "Help"（帮助）菜单

图 2-31 "Help" 菜单的
子菜单

"Help"（帮助）菜单主要为用户提供在线技术帮助和使用指导，其子菜单如图 2-31 所示。

1. Multisim Help

"Multisim Help" 命令用于显示 Multisim 的帮助目录。

2. NI ELVISmx help

". NI ELVISmx help" 用于打开 ELVIS 的帮助目录。

3. Getting Started

"Getting Started" 命令用于打开 Multisim 入门指南。

4. Patents

"Patents" 命令用于打开专利声明对话框。

5. Find examples

"Find examples" 命令用于查找系统提供的各类仿真应用电路实例，打开电路后可以直接进行仿真运行或根据需要编辑电路。图 2-32 所示为在选择 "help" → "Find examples" → "Analog" → "powersupply. ms14" 后的直流稳压电源仿真电路。

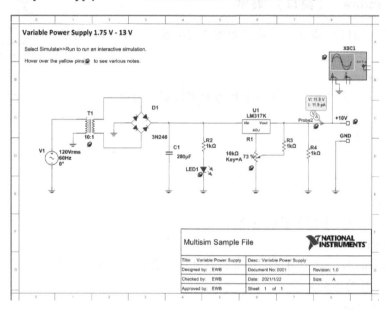

图 2-32　Find examples 应用电路实例

6. About Multisim

"About Multisim" 命令用于显示有关 Multisim 的信息。

2.3　Multisim 14.0 电路初步设计及操作

本节通过两个简单实例来介绍 Multisim 14.0 电路原理图的建立、仿真、测试的基本操作。

2.3.1　实例一：电阻串联分压电路

在已经确定电阻串联分压电路的情况下，电路原理图建立及仿真的具体步骤如下。

1. 选择元器件符号标准

根据用户需要改变界面设置。选择菜单命令 "Options" → "Global Options" 进行全局选项设置。单击 "Options" → "Global Options" → "Components"，在 "Symbol standard" 中选择 "IEC 60617"（电阻为矩形符号），设定元器件符号为国际电工委员会符号标准。本书其他章节也有使用 "ANSI" 标准（电阻为波浪线符号）的。

2. 选择元器件

选择元器件 12 V 工作电源、参考接地点、20 kΩ 电阻和 30 kΩ 电阻。为建立该实验仿真电路，单击菜单栏中的"Place"→"Component"，弹出如图 2-33 所示的对话框。

此对话框中包括以下几个部分。

1）Database 下拉列表框。单击该框后弹出 3 个选项：Master Database（主元器件库）、Corporate Database（公司元器件库）、User Database（用户元器件库）。其中主元器件库中存储了大量常用的元器件。仿真时所需要的器件基本都能从主元器件库中找到。后两者是为用户的特殊需要而设计的。

2）Group 下拉列表框。Group 为某一元器件库中的各种不同族元器件的集合，如图 2-34 所示。该下拉列表框中共列出了 18 种元器件族，分别为电源器件族、基本元器件族、二极管族、晶体管族、模拟器件、TTL 器件族、CMOS 器件族、MCU 模块、高级外设模块、数字器件、数模混合器件、指示仿真结果器件、电源相关器件、其他器件、射频器件、机械电子器件族、连接器件族和 NI 公司制造的元器件族。

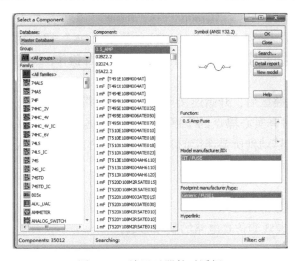

图 2-33　放置元器件对话框　　　　　　图 2-34　Group 下拉列表框

选择元器件时，首先确定某一数据库，然后确定元器件族，最后确定某种系列。

这里，首先选择 +12 V 直流电源，选择"Database"→"Master Database"，选择"Group"→"Sources"，这时在 Family 下拉列表框中出现了 All families 选项和对应于电源器件族的 7 种不同的系列，依次为电压源、单信号交流电压源、单信号交流电流源、受控电压源和受控电流源、控制函数、数字时钟源。

选择"POWER_SOURCES"系列后，弹出选择电源对话框如图 2-35 所示。这时在 Select a Component 对话框中的 Component 下拉列表框中列出 21 种具体元器件。单击每一个选项，右侧的 Symbol、Function、Model Manufacture 等文本框都会给出元器件的外形、功能、封装模式等的描述。在图 2-35 中选择 DC-POWER 选项，然后单击"OK"按钮，在绘制电路工作区弹出一个直流电源的虚影随着鼠标移动，将鼠标移动到相应的位置后单击鼠标左键后，一个直流电源已经放置在电路工作区中。按照同样的方法可以放置一个参考接地点。

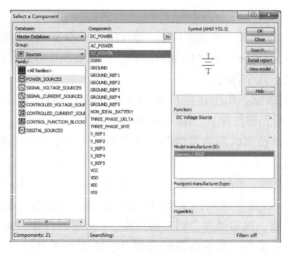

图 2-35　选择电源对话框

选择"Database"→"Master Database",选择"Group"→"Basic",在下拉列表中选择"RESISTOR",在 Family 下拉列表框中选择电阻 $R1$(20 kΩ),单击"OK"按钮后,鼠标拖到电路仿真区的合适位置即可。同样方法完成电阻 $R2$(30 kΩ)的添加操作。

3. 连接元器件之间的导线

待所有的元器件都已经放置于工作电路区后,开始连接导线。将鼠标移动到所要连接的器件的某个引脚上,鼠标指针会变成中间有实心黑点的十字形。单击左键后,再次移动鼠标,就会拖动出一条黑实线。将此黑实线移动到所要连接的其他元器件的引脚时,再次单击鼠标,这时就会将两个元器件的引脚连接起来。

4. 分析仿真电路

Multisim 14.0 为仿真电路提供了两种分析方法如下。

1)利用 Multisim 14.0 提供的虚拟仪表观测仿真电路的某项参数。

2)利用 Multisim 14.0 提供的分析功能。

第一种分析方法:单击"Simulate"→"Instruments"→"Multimeter",与放置元器件类似,此时随着鼠标指针移动的是一个万用表。完成万用表的放置后,将万用表与电阻连接,仿真电路如图 2-36 所示。打开万用表,面板设置为直流-电压测量,单击"Simulate"→"Run"后,电路开始仿真,双击万用表图标,显示 $R2$ 电阻分压为 7.2 V,如图 2-37 所示。

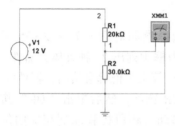

图 2-36　电阻串联分压电路图

图 2-37　万用表面板设置

第二种分析方法:只需单击"Simulate"→"Analyses and Simulation",即可选择需要分

析电路参数。

5. 保存电路

创建电路、编辑电路、仿真分析等工作完成后，可以将电路文件存盘。存盘的方法与其他 Windows 应用软件一样，第一次保存新创建的电路文件时，默认的文件名为 Design1. ms14，当然，也可以更改文件名和存放路径。

6. Spreadsheet View（设计信息显示窗口）的应用

在 Multisim 系列软件不同版本中创建一个电路以后，用户可以根据需要，通过设计信息显示窗口来查看电路元器件的属性，单击 "Spreadsheet View" 窗口中的 "Components" 标签，结果如图 2-38 所示。

图 2-38 设计信息显示窗口

从图 2-38 可以看出，对于电阻分压电路来说，组成该电路的所有的元器件的清单通过设计信息显示窗口展示出来。在该窗口中列出了元器件的标识号、所属的数据库和元器件系列、参数值以及封装模式等信息。此外还可以通过设计信息显示窗口快速更改元器件的部分或某一属性。例如，本例中，可以通过设计信息显示窗口来改变直流电压源的数值大小。方法是：鼠标指向设计信息显示窗口中的 "Component" 选项卡的 "Value" 选项后，双击 12 V 字体，弹出如图 2-39 所示的对话框。

在图 2-39 所示的对话框中，选中 "Value" 选项卡。在该对话框中可以根据需要输入电源的大小（Voltage）以及交流分析的幅度、相位（Magnitude/Phase）等参数。本例中，在 "Voltage" 文本框中填入 12，然后单击 "OK" 按钮，退出该对话框。这时上方的电路工作区中直流电源的值已经变为+12 V。注意：不是所有的元器件的任何属性都可以通过设计信息显示窗口来修改，该方法仅适用于理想的虚拟元器件。

图 2-39 通过设计信息显示
窗口设置电源属性

Spreadsheet View 还提供了电路元器件的定位、替换的便捷操作，在图 2-38 中，选中电路元器件 V1 后，Spreadsheet View 窗口上方的 3 个按钮将被激活，此时如果单击第 1 个按钮（绿底白色向右指的箭头），则在电路工作区中元器件 V1 将被选中；单击第 2 个按钮后，将弹出图 2-39 选择电源的对话框，用户可以根据自身需要来更换元器件；单击第 3 个按钮可以选中所有的电路元器件，然后单击右边 "Export" 菜单中的 "Export to Excel" 项，可以把电路元器件清单转化成文本文档。

2.3.2 实例二：单管交流基本放大电路

单管交流基本放大电路如图 2-40 所示，其中晶体管型号为 2N2222A。

电路原理图建立及仿真的具体步骤如下。

1. 建立电路文件

运行 Multisim 14.0 建立一个空白的电路文件，可以设置电路的颜色、尺寸和显示模式。

2. 设置元器件符号标准

操作方法同 2.3.1 节，这里选择 "IEC 60617"，设定元器件符号为国际电工委员会符号标准。

3. 在电路窗口中放置元器件

按照电阻串联分压电路中所描述的方法，按照图 2-40 所示电路从元器件库中取出相应的元器件放到合适的位置。

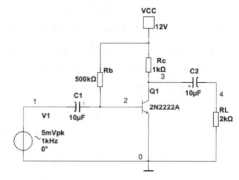

图 2-40　单管交流基本放大电路

4. 修改元器件属性

每个被取用的元器件都有默认的属性，包括元器件标号、元器件参数值及引脚、显示方式和故障，这些属性可以被重新设置。

对于实际元器件，单击鼠标右键，选择 "Properties" 选项，用户可以设置元器件标号、显示方式和故障，有些实际元器件还可以重新设置元器件参数值。

对于虚拟元器件，用户可以随意设置元器件标号、元器件参数值及引脚、显示方式和故障。

5. 编辑元器件

图 2-40 中，电阻的方向需要垂直设置。单击鼠标右键，选择相关选项可旋转元器件。

6. 连接线路与自动放置节点

1）参照电阻串联分压电路中所描述的元器件连线的方法连接线路。如果需要从某一引脚连接到某一条线的中间，则只需要用鼠标左键单击该引脚，然后移动鼠标到所要连线的位置再单击鼠标左键。Multisim 14.0 不但能够自动连接这两点，同时会在所连接线条的中间自动放置一个节点。

2）对于交叉而过的两条线不会产生节点，如果需要交叉线进行连接，可在交叉点上放置一个节点。启动菜单命令 "Place"→"Junction"，用鼠标左键单击所要放置节点的位置，即可于该处放置一个节点。

3）如果要删去节点，则右击所要删除的节点，在弹出式菜单中选择 Delete 项即可（注意，删除节点会将与其相关的连线一起删除）。

7. 给电路增加文本

当需要在电路中放置文字说明时，可启动菜单命令 "Place"→"Text"，然后用鼠标单击所要放置文字的位置，即可于该处放置一个文字插入块。输入所要放置的文字，单击此文字块以外的地方，文字即被放置。

指向该文字块，按住鼠标左键后移动鼠标，可完成文字块搬移；单击文字块，选择按键盘上〈Del〉键或右击文字块选择 Delete 即可删除该文字块。

图 2-40 中给电路节点号用文本形式给予了标注。

8. 仿真测量电路

采用 Multisim 14.0 提供的虚拟仪表观测仿真电路的参数。

(1) 用数字万用表测量静态工作点

利用数字万用表的直流电压和直流电流档可以测量静态工作点：I_{BQ}、I_{CQ}、U_{BEQ}、U_{CEQ}。

1) 测量 I_{BQ}、I_{CQ}:

① 取数字万用表：可以单击虚拟仪器工具栏的数字万用表按钮，移动鼠标至电路窗口合适的位置，然后单击鼠标，数字万用表图标出现在电路窗口中。取出两个数字万用表 XMM1 和 XMM2，分别放置到 Rb 和 Rc 所在支路旁边。

② 给仪表连线：将 XMM1 串联到 Rb 所在支路中，将 XMM2 串联到 Rc 所在支路中，如图 2-41 所示。

③ 设置仪表：分别双击 XMM1 和 XMM2 图标，将数字万用表的测量方式设置为测量直流-电流，如图 2-42 所示。

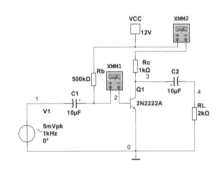

图 2-41　测 I_{BQ}、I_{CQ}仿真电路

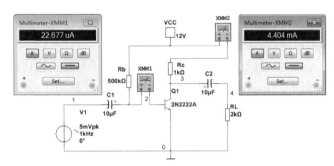

图 2-42　测 I_{BQ}、I_{CQ}仿真结果

④ 仿真测量：单击工具栏仿真按钮，数字万用表即可显示出测量的 I_{BQ}、I_{CQ}，如图 2-42 所示。

应当指出，在实测电子电路某一支路的电流时，应通过测量该支路某电阻两端电位差及其阻值，计算得出电流。

2) 测量 U_{BEQ}、U_{CEQ}:

① 取数字万用表：单击虚拟仪器工具栏的数字万用表，移动鼠标至电路窗口合适的位置，取出两个数字万用表 XMM1 和 XMM2。

② 给仪表连线：删除电路中适当的连线，将 XMM1 并联到基极和发射极，将 XMM2 并联到集电极和发射极。

③ 设置仪表：分别双击 XMM1 和 XMM2 图标，打开数字万用表，并将它们移动至合适位置，将数字万用表的测量方式设置为测量直流-电压。如图 2-43 所示。

④ 仿真测量：单击工具栏仿真按钮，数字万用表即可显示出测量的 U_{BEQ}、U_{CEQ}。如图 2-43 所示。

(2) 用示波器观察电压波形及测量中频电压放大倍数

1) 添加示波器：单击虚拟仪器工具栏的示波器按钮，移动鼠标至电路窗口合适的位置，然后单击鼠标，示波器图标出现在电路窗口中。

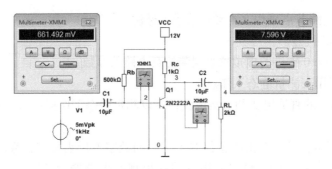

图 2-43 测量 U_{BEQ}、U_{CEQ} 电压仿真结果

2) 给示波器连线：将示波器图标上的 A 通道输入端子连接至信号源上端，将示波器图标上的 B 通道输入端子连接至输出端即 RL 上端。示波器图标上的接地端子与电路中的地连接。

3) 改变连线颜色：右击 A 通道输入端子与信号源之间的连线，在弹出式菜单中选择"Segment color"命令改变该连线的颜色，以区别于 B 通道输入端子与电路输出端的连线。加入示波器后的电路如图 2-44 所示。

4) 设置仪表：双击示波器图标，打开示波器，将它移动至合适位置，并将示波器扫描时间"Timebase"选项区的"Scale"设置为 1ms/Div，"Channel A"选项区的"Scale"设置为 5 mV/Div，"Channel B"选项区的"Scale"设置为 500 mV/Div，如图 2-45 所示。

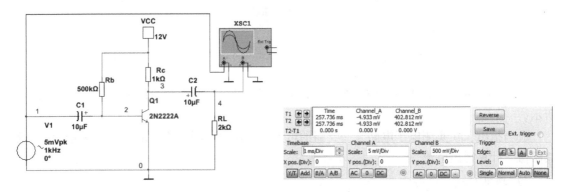

图 2-44　加入示波器后的电路　　　　　　图 2-45　示波器的设置

5) 仿真测量。单击工具栏仿真按钮，在示波器上即可显示出输入电压和输出电压的波形，示波器背景颜色默认为黑色，单击"Reverse"按钮可将背景颜色改为白色，如图 2-46 所示。由图 2-46 可以观察到输入和输出电压的波形颜色分别与电路中设置的示波器 A 通道、B 通道。与电路连线的颜色一致，同时可以观察出输入和输出电压的波形相位相反。

单击仿真暂停按钮，分别移动示波器左右两端的光标至输入波形和输出波形的峰值点上，如图 2-47 所示。此时游标区 A、B 两通道的显示值分别为输入电压波形（峰值约 4.9 mV）和输出波形（峰值约 461 mV），二者的比值即放大电路的电压放大倍数。

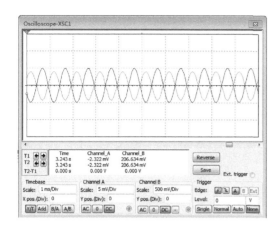

图 2-46　示波器的显示结果

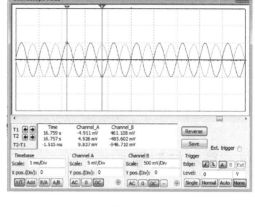

图 2-47　示波器的显示结果分析

（3）用伯德图仪观察电压放大倍数的频率特性

1）添加伯德图仪：单击虚拟仪器工具栏的伯德图仪按钮，移动鼠标至电路窗口合适的位置，然后单击鼠标，伯德图仪图标出现在电路窗口中。

2）给伯德图仪连线：将伯德图仪图标上的输入端子（IN）的"+"端子连接至信号源上端，将伯德图仪图标上的输出端子（OUT）的"+"端子连接至输出端，即 RL 上端。

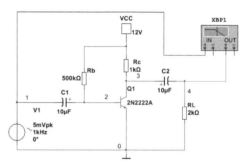

图 2-48　加入伯德图仪后的电路

3）改变连线颜色：右击输入端子的"+"端子与信号源之间的连线，在弹出式菜单中选择"Color"命令改变该连线的颜色，以区别于输出端子的"+"端子与电路输出端的连线。加入伯德图仪后的电路图如图 2-48 所示。

4）观察仿真结果：双击伯德图仪图标，打开伯德图仪，并将它移至合适的位置。

观察幅频特性：打开伯德仪控制面板，单击"Magnitude"按钮，在"Horizontal"选项区单击"Log"按钮采用对数刻度，将 F 字段设置为 10 GHz，I 字段设置为 1 mHz，在 Vertical 选项区单击"Log"按钮采用对数刻度，将 F 字段设置为 100 dB，I 字段设置为 -200 dB。单击仿真按钮，伯德图仪的显示屏显示出电路的幅频特性，单击"Reverse"按钮将背景颜色改为白色，如图 2-49 所示。移动光标可以测量出中频电压放大倍数的分贝值、上限截止频率和下限截止频率。

观察相频特性：双击伯德图仪图标，打开控制面板。单击"Phase"按钮，在 Horizontal 选项区单击"Log"按钮采用对数刻度，将 F 字段设置为 10 GHz，I 字段设置为 1 mHz，在 Vertical 选项区单击"Lin"按钮，将 F 字段设置为 720 Deg，I 字段设置为 -720 Deg。单击仿真按钮，伯德图仪的显示屏显示出电路的相频特性，如图 2-50 所示。移动光标可以测量各频率点的相位值。

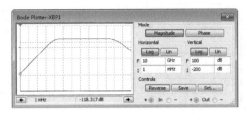

图 2-49 用伯德图观测幅频特性

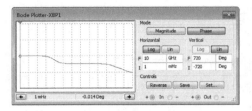

图 2-50 用伯德图仪观察相频特性

2.4 思考与习题

1. NI Multisim 14.0 仿真软件在电路设计中的作用是什么？它有哪些特点？

2. NI Multisim 14.0 仿真软件能提供多少种仿真仪表？

3. 什么是电子电路？什么是多页电路？它们有什么区别？

4. 试在 NI Multisim 14.0 电路仿真工作区中创建如图 2-51 所示的电容充放电电路，并通过示波器对其充放电过程进行仿真分析。其中参数"Key=Space"意为按下开关键来转换开关状态。

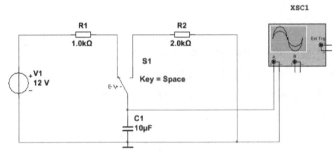

图 2-51 电容充放电电路

第3章 虚拟仪器及使用方法

Multisim 14.0 软件中提供了各种功能的虚拟仪器。用虚拟仪器来测量和仿真电路中的各种参数和电路性能，如同在实验室使用真实仪器对真实电路测量一样，同时还能提供用户需要的电路分析结果。

本章将详细介绍 Multisim 14.0 常用虚拟仪器的功能和使用方法，以及虚拟仪器的典型应用案例。

3.1 Multisim 14.0 常用虚拟仪器

Multisim 14.0 提供了类型丰富的虚拟仪器，用户通过虚拟仪器可以在线调整参数设置，调试电路，显示电路参数和波形及分析运行结果，使用非常方便。

用户可以从 Multisim 14.0 界面仪器工具栏（图标）或用菜单命令"Simulate"→"instrument"选用这些虚拟仪器，各种虚拟仪器都以面板的方式显示在仿真电路中。如果 Multisim 14.0 界面没有工具栏，可以通过主菜单"View"→"Toolbars"→"Instruments"命令，弹出仪器栏。

在仿真电路中，可以使用多种不同仪器和多个同样的虚拟仪器，可以随时改变其参数设置，同时将仿真仪器、仿真参数及仿真电路同时保存在文件中。

3.1.1 数字万用表

Multisim 14.0 提供的普通虚拟数字万用表外观与实际的万用表相似，但测量面板的操作更加方便、灵活，测试功能更加强大。

数字万用表可以测电流 A、电压 V、电阻 Ω 和分贝值　图 3-1　数字万用表图标及面板
dB 等电参量，还可以对测直流信号或交流信号进行测量，
并根据被测参数的大小自动修正量程。

在仪器栏选中数字万用表后，双击数字万用表图标，弹出如图 3-1 所示的数字万用表图标和面板。理想的数字万用表在电路测量时，对电路不会产生任何影响，即电压表不会分流，电流表不会分压，但在实际中都达不到这种理想要求，总会产生测量误差。

虚拟仪器为了仿真这种实际存在的误差，引入了内部设置。在 Multisim 14.0 仿真软件中，可以通过设置虚拟数字万用表的内部参数来真实地模拟实际仪表的测量结果。在功能设置区有 7 个按钮，当需要选择某项功能时，只需单击相应的按钮即可。

1) A（电流档）：测量电路中某支路的电流。测量时，数字万用表应串联在待测支路中。用作电流表时，数字万用表的内阻非常小（1 nΩ）。

2）V（电压档）：测量电路两节点之间的电压。测量时，数字万用表应与两节点并联。用作电压表时，数字万用表的内阻非常高，可以达到 1 GΩ。

3）Ω（欧姆档）：测量电路两节点之间的电阻。被测节点与节点之间的所有元件当作一个"元件网络"。测量时，数字万用表应与"元件网络"并联。

4）dB（分贝档）：测量电路两节点之间电压降的分贝值。

5）交流信号或直流信号：功能设置区的第 2 行按钮用于被测交流信号或直流信号的选择。

6）Set：单击 Set 按钮，弹出如图 3-2 所示的 Multimeter Settings（数字万用表设置）对话框，从中可以对数字万用表的内部参数进行设置。

① "Electronic setting"（电气特性设置）选项区各选项功能如下。

图 3-2　数字万用表设置对话框

Ammeter resistance（R）：设置测试电流时表头的内阻，其大小影响电流的测量精度。

Voltmeter resistance（R）：设置测试电压时表头的内阻。

Ohmmeter current（I）：设置测试电阻时流过表头的电流值。

dB relative value（V）：用于设置分贝相对值，预先设置为 774.597 mV。

② "Display setting"（显示特性设置）选项区各选项功能如下。

Ammeter overrange（I）：设置电流表的测量范围。

Voltmeter overrange（V）：设置电压表的测量范围。

Ohmmeter overrange（R）：设置欧姆表的测量范围。

设置完成后，单击"OK"按钮保存设置；单击"Cancel"按钮取消本次设置。

3.1.2　函数信号发生器

函数信号发生器可以生产电路需要的各种激励信号，在电路实验、信号测试、调试电子电路及设备时具有十分广泛的用途。

Multisim 14.0 仿真软件中提供的函数信号发生器可以产生正弦波、三角波和矩形波。信号频率可在 1 Hz 到 1000 THz 范围内调整，信号的幅值以及占空比等参数也可以根据需要进行调节。函数信号发生器有三个引线端口：负极、正极和公共端。

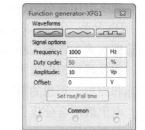

XFG1

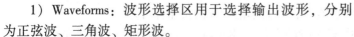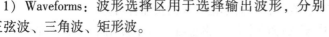

图 3-3　函数信号发生器
图标及面板

函数信号发生器的外观和操作与实际函数信号发生器相似。双击函数信号发生器图标，弹出函数信号发生器的参数设置控制面板，如图 3-3 所示。

1）Waveforms：波形选择区用于选择输出波形，分别为正弦波、三角波、矩形波。

2）Frequency：频率设置，用于设置输出信号的频率，可选范围 1 Hz ~ 1000 THz。

3）Duty cycle：占空比设置，用于设置输出的三角波和方波电压信号的占空比，设定范围为 1%~99%。

4）Amplitude：振幅设置用于设置输出信号的峰值，可选范围为 0 Vp~1000 TVp。

5）Offset：偏移设置用于设置输出信号的偏置电压，即设置输出信号中直流成分的大小。

6）Set rise/Fall time：设置方波的上升沿与下降沿的时间。

7）+、-、Common：分别表示波形电压信号的正极性输出端、负极性输出端、公共端。从"+"和"Common"端子输出的正极性信号；从"-"和"Common"端子输出的负极性信号；从"+"和"-"端子输出信号幅值是单极性信号幅值的两倍；同时使用"+"、"Common""-"端子，输出两个幅值相等、极性相反的信号。在仿真过程中，要改变输出波形的类型、大小、占空比或偏置电压时，必须先暂时关闭工作界面上的仿真开关，在对上述内容改变后，再启动仿真按钮，函数信号发生器才能按新设置的数据输出信号波形。

建立如图 3-4 所示的仿真电路，XFG1 为函数信号发生器，设置其输出频率为 1 kHz 的正弦交流电压信号、电压幅值为 10 V；XMM1 是虚拟万用表，选择测量正弦交流电压，测量结果是被测电压的有效值；XSC1 是双通道示波器。分别双击 XMM1 和 XSC1 的图标，运行仿真，可以观察到 XMM1 的读数为 7.071 V，示波器的波形如图 3-5 所示，其有效值与函数信号发生器设置输出信号电压的参数相同。

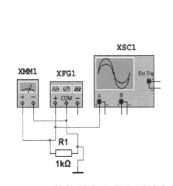

图 3-4　函数信号发生器和测试电路

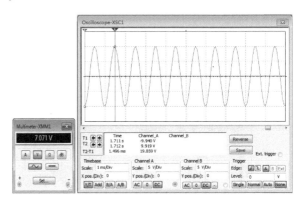

图 3-5　XMM1 读数和示波器波形

3.1.3　功率表（Wattmeter）

Multisim 14.0 提供的功率表用来测量电路的交流或者直流功率。功率表有电压正极和负极、电流正极和负极四个引线端口，操作界面包括显示文本框和接线端子组成，如图 3-6 所示。

1）显示文本框：上侧的文本框显示测量的有功功率，Power factor 显示功率因数。

2）接线端子：Voltage 接线端子和被测支路并联，Current 接线端子和被测支路串联。

建立功率表（XWM1）测试电路如图 3-7 所示，按下仿真控制按钮，仿真测试结果显示如图 3-8 所示。

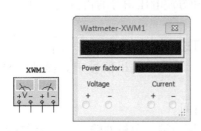
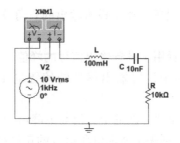

图 3-6　功率表图标及面板　　　　图 3-7　功率表测试电路　　　图 3-8　仿真测试结果

3.1.4　双通道示波器（Oscilloscope）

示波器是电子实验中使用最为频繁的仪器之一。它可以用来显示电信号波形的形状、幅度、频率等参数。Multisim 14.0 提供的双通道示波器图标如图 3-9 所示。该示波器可以观察一路或两路信号波形的形状，分析被测周期信号的幅值和频率，时间基准可在秒至纳秒范围内调节。示波器图标有四个连接点：A 通道输入、B 通道输入、外触发端 T 和接地端 G。

示波器的面板如图 3-10 所示，面板由两部分组成：上面是示波器的观察窗口，显示 A、B 两通道的信号波形；下面是它的控制面板和数轴数据显示区。

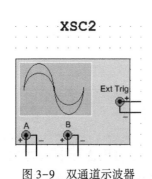
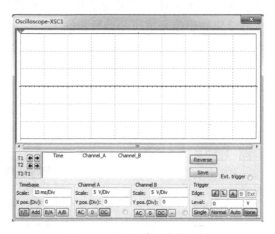

图 3-9　双通道示波器　　　　　　图 3-10　双通道示波器面板

示波器的控制面板各部分功能如下。

1. Time base（时间基准）

Scale 设置扫描时间：设置显示波形的 X 轴时间基准，可以控制波形在示波器 X 轴向显示清晰度。信号频率越高，扫描时间越短。例如，频率为 1 kHz 的信号的信号，扫描时间设置为 1 ms/Div 为最佳，信号显示方式必须为 Y/T 状态。

X position（X 轴位置）：设置 X 轴的起始位置。

显示方式设置如下。

1）Y/T：选中表示水平扫描信号为时间基线，垂直扫描信号为 A 或 B 通道输入信号。

2）Add：选中表示水平扫描信号为时间基线，垂直扫描信号为 A 和 B 通道输入信号之和。

3）B/A：选中表示水平扫描信号为 A 通道输入信号，垂直扫描信号为 B 通道输入信号。

4）A/B：选中表示水平扫描信号为 B 通道输入信号，垂直扫描信号为 A 通道输入信号。

2. Channel A（通道 A）设置

1）Scale（量程）：通道 A 的 Y 轴电压刻度设置。

2）Y pos.（Div）（Y 轴位置）：设置 Y 轴的起始点位置，起始点为 0 表明 Y 轴和 X 轴重合，起始点为正值时表明 Y 轴原点位置向上移，否则向下移。

3）AC：设置测量交流信号，以电容耦合方式输入 A 通道信号。

4）0：设置输入端接地。

5）DC：设置测量交、直流信号以及交直流信号的叠加，以直流耦合方式输入 A 通道信号。

3. Channel B（通道 B）设置

通道 B 的 Y 轴量程、起始点、耦合方式等项内容的设置与通道 A 相同。

4. Tigger（触发）方式

示波器触发方式主要用来设置 X 轴的触发信号、触发电平及边沿等。

1）Edge（触发沿）：设置被测信号开始的方式。包括：⤴上升沿触发、⤵下降沿触发、A 通道信号作为触发信号、B 通道信号作为触发信号、Ext 为外触发信号。

2）Level（触发电平）：设置触发信号的电平，使触发信号在某一电平时启动扫描。

3）Single：单脉冲触发。

4）Normal：一般脉冲触发。

5）Auto：自动脉冲触发。

6）None：无脉冲触发。

5. 观察窗口

在示波器的观察窗口中有两条可以左右移动的读数指针，指针上方有三角形标志，通过鼠标左键可拖动读数指针左右移动，在数据显示区会显示出相应的数据。该区域有 T1 区、T2 区和 T2-T1 区。

1）T1 区：显示移动 T1 数轴（红色）读取的数据。

T1：T1 数轴对应的 X 轴的值。

VA1：T1 数轴与 A 通道波形相交位置的 Y 轴的值。

VB1：T1 数轴与 B 通道波形相交位置的 Y 轴的值。

2）T2 区：显示移动 T2 数轴（蓝色）读取的数据，与 T1 区类似。

3）T2-T1 区：显示 T2 与 T1 数轴之间差值的有关数据。

T2-T1：T2 和 T1 数轴间的 X 轴方向的差值。

VA1-VA2：T2 和 T1 数轴间的 A 通道波形 Y 轴方向的差值。

VB1-VB2：T2 和 T1 数轴间的 B 通道波形 Y 轴方向的差值。

示波器使用时为了区分 A、B 两通道的波形，可以将两路波形以不同的颜色来显示。方法是：将鼠标指向连接 A、B 通道的导线，右击弹出快捷菜单选择 Segment Color，在对话框中选择不同的颜色。

按照图 3-11 建立共射极放大电路，双通道示波器 XSC1 的 A 通道分别连接输入信号端和输出信号端，按下仿真控制按钮，示波器的仿真波形如图 3-12 所示。

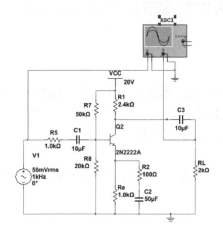

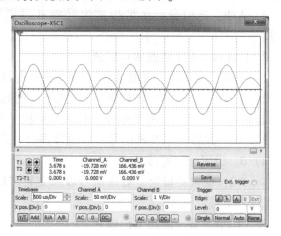

图 3-11　示波器测试电路图　　　　　图 3-12　示波器仿真波形

3.1.5　四通道示波器（4 Channel Oscilloscope）

四通道示波器与双通道示波器的使用方法和参数调整方式基本一样，只是多了一个通道控制器旋钮，当旋钮拨到某个通道位置时，才能对该通道的 Y 轴进行设置和调整。

四通道示波器仿真测试电路如图 3-13 所示。

在图 3-13 中，使用了四通道示波器的 A、B、C 通道分别观察时钟信号、D 触发器的输出、D 触发器输入的仿真波形，如图 3-14 所示。

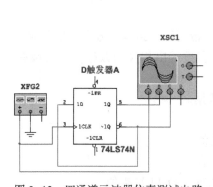

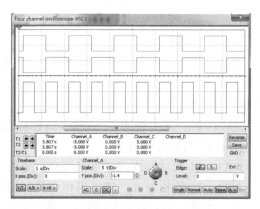

图 3-13　四通道示波器仿真测试电路　　　　图 3-14　四通道示波器的仿真波形

3.1.6　伯德图仪（Bode Plotter）

伯德图仪是进行交流电路分析的重要工具，类似于实际电路测量中常用的扫频仪。

伯德图仪（Bode Plotter）能产生频率范围很宽的扫描信号，通过该信号来实现测量（显示）电路系统的幅频特性和相频特性。

伯德图仪的图标如图 3-15 所示。图标上有 in+、in-、out+、out-4 个端子，其中 in 两个端子连接系统信号输入端，out 两个端子连接系统信号输出端。

需要注意，在使用伯德图仪时，必须在系统的信号输入端连接一个交流信号源（如函数信号发生器或元器件库的 AC-POWER），否则电路不能仿真。交流信号源由伯德图仪自行控制，不需用户设置。伯德图仪可以方便地测量和显示电路的频率响应，特别适合于分析滤波电路或高频电路的频率特性（幅频特性和相频特性）及截止频率。

伯德图仪控制面板如图 3-16 所示，面板可以直接进行幅频或相频的功能选择，可以直接设置 Horizontal（横轴）和 Vertical（纵轴）的坐标及其参数。面板中的 F 指的是终值，I 指的是初值。

图 3-15　伯德图仪图标

图 3-16　伯德图仪控制面板

面板上各项说明如下。

1）"Magnitude"：设定伯德图仪显示幅频特性曲线。

2）"Phase"：设定伯德图仪显示相频特性曲线。

3）"Save"：存储测量的特性曲线。

4）"Set"：设置扫描的分辨率，分辨率越高扫描时间越 K，曲线越平滑。

5）"Vertical"选项区：设置垂直轴参数。其中"Log"按钮设置 Y 轴采用对数刻度，"Lin"按钮设置 Y 轴采用线性刻度，垂直轴一般选择采用线性刻度。"F"栏内设置垂直轴最高的刻度值，"I"栏内设置垂直轴最低的刻度值。

6）"Horizontal"选项区：设置水平频率轴参数。其中"Log"按钮设置水平轴采用对数刻度，"Lin"按钮设置水平轴采用线性刻度，水平轴一般选择采用对数刻度。"F"栏内设置水平轴最大的刻度值，"I"栏内设置水平轴最小的刻度值。

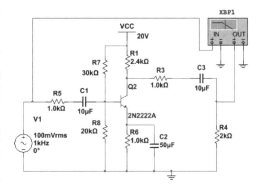

图 3-17　伯德图仪测试仿真电路

在如图 3-17 所示的共射极放大仿真电路中，输入端加正弦波信号源，伯德图仪分别和电路的输入、输出端相连。

调整纵轴幅值测试范围的初值 I 和终值 F，调整相频特性纵轴相位范围的初值 I 和终值 F。按下仿真控制按钮，在伯德图仪控制面板中，单击幅频特性"Magnitude"按钮，窗口显示的是幅频特性曲线，如图 3-18a 所示；单击相频特性"Phase"按钮，窗口显示的是相频特性曲线，如图 3-18b 所示。

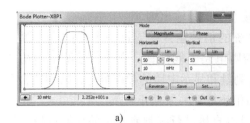
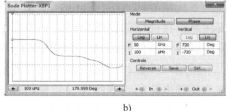

a) b)

图 3-18 伯德图仪测试仿真电路频率特性

a）幅频特性曲线　b）相频特性曲线

3.1.7　频率计（Frequency Counter）

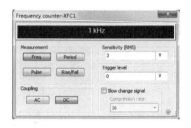

图 3-19　频率计的控制面板

频率计主要用来测量信号的频率、周期、相位，脉冲信号的上升沿和下降沿，频率计的控制面板（参数设置）如图 3-19 所示。该面板分为 5 个部分，包括测量结果显示文本框、"Measurement" 选项区、"Coupling" 选项区、"Sensitivity" 选项区和 "Trigger Level" 选项区。

1）"Measurement" 选项区各按钮功能如下。

"Freq" 按钮：单击该按钮，则输出结果为信号频率。

"Period" 按钮：单击该按钮，则输出结果为信号周期。

"Pulse" 按钮：单击该按钮，则输出结果为高、低电平脉宽。

"Rise/Fall" 按钮：单击该按钮，则输出结果显示数字信号的上升沿和下降沿时间。

2）"Coupling" 选项区：选择信号的耦合方式，AC 表示交流耦合方式，DC 表示直流耦合方式。

3）"Sensitivity（RMS）" 选项区：主要用于设置频率计的灵敏度。如频率计的灵敏度设为 3 V，则被测信号（如正弦量）的幅值应不低于 3，否则，不能显示测量结果。

4）"Trigger level" 选项区：通过滚动文本框设置数字信号的触发电平大小。

建立如图 3-20 所示的电路图，设置信号发生器输出频率为 8 kHz，幅值为 5 V，仿真运行，可以测得周期为 125 μs，如图 3-21 所示。

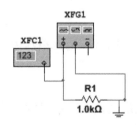

图 3-20　频率计测试仿真电路

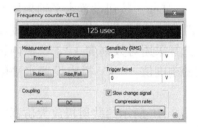

图 3-21　频率计仿真结果

3.1.8　字（数字）信号发生器（Word Generator）

字信号发生器是一个可编辑的通用数字激励源，可以产生并提供最大为 32 位二进制数（数据缓冲区）。数据区中的数据按一定的触发方式、速度、循环方式产生 32 位同步逻辑信号。

数字信号发生器的图标如图 3-22 所示，左右各 16 个端口，分别为 0~15 和 16~31 的逻辑信号输出端，可连接至测试电路的输入端。图标下面的 R 为数据备用信号端，T 为外触发信号端。

数字信号发生器的面板如图 3-23 所示，左侧是控制面板，右侧是字信号发生器的字符窗口。控制面板分为字符编辑显示区、Controls（控制方式）、Display（显示方式）、Trigger（触发）和 Frequency（频率）5 部分。

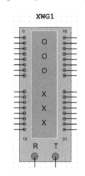

图 3-22　数字信号发生器图标

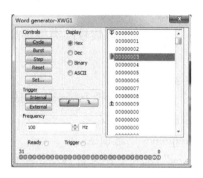

图 3-23　数字信号发生器设置面板

（1）字符编辑显示区

字符编辑显示区按顺序显示待输出的字信号，字信号可直接编辑修改。

（2）"Controls" 选项区

"Controls" 选项区为字信号输出控制，用来设置右侧的字符编辑显示区中字符信号的输出方式。

1）Cycle：从起始地址开始循环输出一定数量的字信号（字信号的数量通过 "Settings" 对话框设定）。

2）Burst：输出从起始地址至终了地址的全部字信号。

3）Step：单步输出字信号。

4）Set：用来设置字信号的类型和数量。单击 "Set" 按钮，弹出 "Settings" 对话框，如图 3-24 所示。

"Settings" 对话框包括 "Preset Patterns" 选项区、"Display Type" 选项区、"Buffer Size" 文本框和 "Initial Pattern" 文本框，主要用来设置字符信号的变化规律。"Preset Patterns" 选项区由 8 个单选按钮组成，各参数的含义如下。

图 3-24　"Settings" 对话框

① No Change：不改变字信号编辑区中的字信号。

② Load：载入字信号文件 ∗.dp。

③ Save：存储字信号。

④ Clear buffer：将字信号编辑区中的字信号全部清零。

⑤ Up Counter：字信号从初始地址至终了地址输出。

⑥ Down Counter：字信号从终止地址至初始地址输出。

⑦ Shift Right：字信号的初始值默认为80000000，按字信号右移的方式输出。

⑧ Shift Left：字信号的初始值默认为00000001，按字信号左移的方式输出。

Display Type：用来设置字信号为十六进制或十进制。

Buffer Size：滚动文本框用来设置字信号的数量。

Initial Pattern：滚动文本框用来设置字信号的初始值（只在 Pre-set Patterns 为 Shift Right 或 Shift Left 选项时起作用）。

（3）"Display"选项区

"Display"选项区为字信号的类型选择，可选择十六进制、十进制、二进制以及 ASCII 代码方式。

（4）"Trigger"选项区

"Trigger"选项区可选择 Internal（内触发）或 External（外触发）方式，触发方式可选择上升沿触发或下降沿触发。

（5）"Frequency"选项区

"Frequency"选项区用来选择输出字信号的频率。

按图 3-25 所示连接仿真电路，双击字信号发生器打开其面板，主要设置如下。

1）在面板中设置频率为 100 Hz。

2）选择十六进制数据显示。

3）设置缓冲区大小为 000AH，单击"Setting"按钮，单选"Down counter"，则激活"Intial pattern"文本框，输入文本"0000000A"（10）。

4）返回"Setting"选项区，设置数据区数据按递增编码，单选"Up counter"。

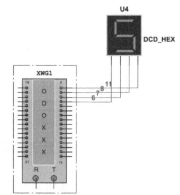

图 3-25　数字信号发生器测试仿真电路

面板设置和显示如图 3-23 和图 3-24 所示。运行仿真，可以观察到数码管循环显示数字 0~9，如图 3-25 所示。

3.1.9　逻辑分析仪（Logic Analyzer）

逻辑分析仪是分析数字系统逻辑关系的仪器，随着现代数字技术得的高速发展，逻辑分析仪已成为研制和调试复杂数字系统，尤其是片上计算机系统的有力工具。

逻辑分析仪是利用时钟从测试设备上高速采集数字信号并进行时序分析。在 Multisim 14.0 中，逻辑分析仪可同时显示 16 路的逻辑通道信号。

逻辑分析仪的图标如图 3-26 所示，连接端口左边为 16 路信号输入端，图标下部的 C、Q、T 三个端子分别为外时钟输入端、时钟控制输入端和触发控制输入端。

逻辑分析仪的面板如图 3-27 所示。在图 3-27 中，上半部分是 16 路测试信号的波形显示区，如果某路连接有被测信号，则该路小圆圈内出现一个黑圆点。当改变连接导线的颜色时，显示波形的颜色随之改变。波形显示区有两根数轴，拖动数轴上方的三角形，可以左右移动数轴。

图 3-27 中的下半部分是逻辑分析仪的控制窗口，控制信号有：Stop（停止）、Reset

（复位）、Reverse（反相显示）、Clock（时钟）设置和 Trigger（触发）设置。

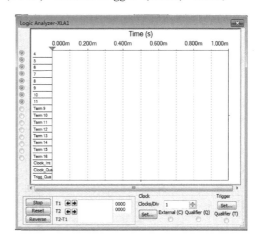

图 3-26　逻辑分析仪　　　　　　　图 3-27　逻辑分析仪面板

单击图 3-27 中 Clock 下面的"Set"（设置）按钮，弹出 Clock setup（时钟设置）对话框如图 3-28 所示，该对话框包括以下几部分。

1）Clock Source：选择时钟源为外触发或内触发。

2）Clock rate：时钟频率，在 1 Hz～100 MHz 范围内选择。

3）Sampling Setting：取样点设置。

① Pre-trigger samples：触发前取样点。

② Post-trigger samples：触发后取样点。

③ Threshold volt.（V）：开启电压设置。

单击图 3-27 中 Trigger 下的"Set"按钮时，出现 Trigger Setting（触发设置）对话框，如图 3-29 所示，包括以下几部分。

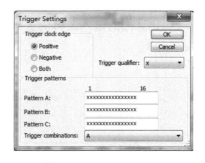

图 3-28　Clock Setup 对话框　　　　图 3-29　Trigger Setting

1）Trigger clock edge：触发边沿，可以进行以下选择。

① Positive：上升沿。

② Negative：下降沿。

③ Both：双向触发。

2）Trigger patterns（触发模式）：由 A、B、C 定义触发模式，在 Trigger Combination（触发组合）下有 21 种触发组合可以选择。

3）Trigger qualifier：用于触发限制字设置，其对应的下拉菜单中 x 表示只要有信号，分析仪就采样。0 表示输入为零时开始采样；1 表示输入为 1 时开始采样。

按照图 3-30 连接 74LS138 译码器仿真电路，设置数字信号发生器的数字信号为 0-7，频率为 10 kHz，电路仿真结果如图 3-31 所示。

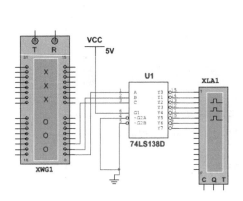

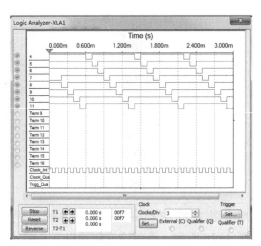

图 3-30　逻辑分析仪测试电路　　　　　图 3-31　逻辑分析仪测试电路仿真结果

3.1.10　逻辑转换器（Logic Converter）

逻辑转换器是 Multisim 14.0 中一种独特的虚拟仪器，实际中并没有这种仪器。

逻辑转换器可以在逻辑电路、真值表和逻辑表达式之间进行转换。逻辑转换仪的图标如图 3-32 所示。图标中包括 9 个端子，左边 8 个端子用来连接输入信号，最右边一个端子连接输出信号，只有在用到逻辑电路转换为真值表时，才需要将图标与逻辑电路相连接。

逻辑转换仪的控制面板如图 3-33 所示。控制面板由 4 部分组成：A～H 八个输入端和 OUT 输出端（可供选用的输入逻辑变量）、真值表显示栏、逻辑表达式栏及逻辑转换方式选择区（Conversions）。

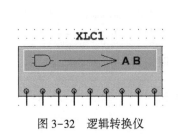

图 3-32　逻辑转换仪　　　　　　　图 3-33　逻辑转换仪控制面板

1）变量：单击变量对应的圆圈，则选择了输入变量（最多可选择 8 个输入变量）。

2）真值表：真值表列出了输入变量的所有组合以及对应的函数值，函数值可选择 0、1 和×，初始函数值的显示为"?"，用鼠标单击相应的函数值，可将其改变为 0、1 或×。

3）函数表达式显示文本框：显示真值表对应的函数表达式。

4）"Conversions"选项区：通过转换按钮可以实现数字电路各种表示方法的相互转换，如图3-34所示。图3-34中按钮由上向下所表示功能依次为逻辑图转换为真值表、真值表转换为最小项之和表达式、真值表转换为最简与或表达、表达式转换为真值表、表达式转换为逻辑图、表达式转换为与非-与非形式的逻辑图。

随后建立如图3-35所示的逻辑门仿真电路，按下仿真控制按钮，打开逻辑转换仪控制面板，单击"Conversions"中逻辑图转换为真值表按钮，仿真电路以真值表表示的逻辑关系如图3-36所示的。

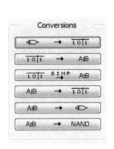

图3-34 转换按钮

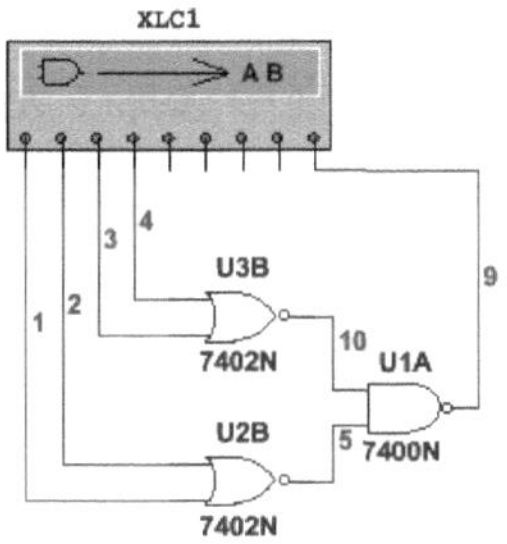

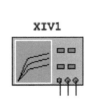

图3-35 逻辑转换仪
测试仿真电路

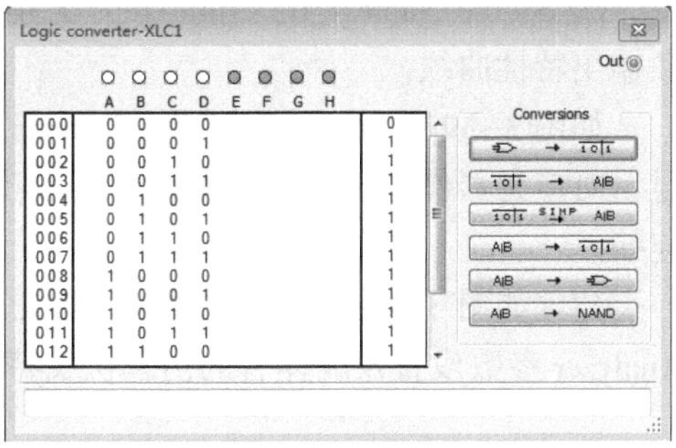

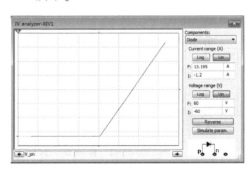

图3-36 仿真电路逻辑关系真值表

3.1.11 伏安特性图示（分析）仪（IV Analyzer）

IV Analyzer（伏安特性图示（分析）仪）是专门用来分析晶体管的伏安特性曲线的仪器，如对二极管、NPN管、PNP管、NMOS管、PMOS管等器件进行伏安特性分析。

IV Analyzer相当于实验室的晶体管图示仪，需要将晶体管与连接电路完全断开，才能进行IV Analyzer的连接和测试。IV ANALYZER有三个连接点，实现与晶体管的连接。

IV Analyzer的图标和面板如图3-37所示。

图3-37 IV Analyzer图标和面板

1）图形显示窗：显示元器件（二极管或晶体管）的伏安特性曲线。

2）器件状态栏：显示元器件的电压和电流（如NMOS管的d、s间的电压，漏极电流）。

3）Components：选择元器件类型，包括Diode、BJT NPN、BJT PNP、NMOS和PMOS五种类型。

4）Current Range（A）：设置电流范围。

5）Voltage Range（V）：设置电压范围。

6）Reverse：图形显示反色。

7）Simulate Parameters：伏安特性测试参数设置，单击该按钮，弹出"Simulate Parameters"对话框，如图 3-38 所示。该对话框包括 Source Name V_ce 和 Source Name I_b（对晶体管可设置 V_ce 和 I_b。其他类型晶体管则设置其他电压。）。

① Source Name V_ce："Start"和"Stop"文本框分别设置起始和终了电压，Increment 文本框用来设置电压增量步长。

② Source Name I_b：Num steps 文本框用来设置 I_b 的数量，图中设置为 10 即显示 10 条输出特性曲线。

如图 3-39 所示，当在"Components"下拉列表框中选择了元器件以后，则在该指示窗显示对应元器件的引脚（如晶体管的 b、c 和 e），用来指示元器件和伏安特性测试仪的图标连接。

建立如图 3-40 所示的仿真电路图，用 IV Analyzer 来分析三极管的伏安特性曲线。IV Analyzer 参数设置及晶体管的仿真伏安特性曲线如图 3-41 所示。

图 3-38　Simulate Parameters

图 3-39　元器件的引脚

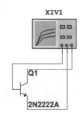

图 3-40　晶体管的伏安特性测试电路

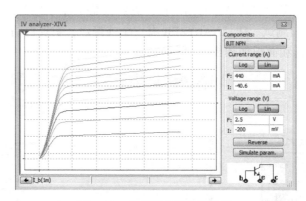

图 3-41　晶体管伏安特性曲线

3.1.12　失真分析仪（Distortion Analyzer）

失真分析仪可用于测量电路的信号失真度以及信噪比等参数，经常用于测量存在较小失真度的低频信号。失真分析仪可以测量的频率范围为 20 Hz~100 kHz，只有 1 个测试信号输入端。失真分析仪图标和面板（内部参数设置）如图 3-42 所示，其主要功能如下。

1）Total harmonic distortion（THD）：显示测量电路的失真度。

2）Start：启动分析。

3）Stop：停止分析。

4）Fundamental freq.：设置基频。

5）Resolution freq：设置频率分辨率。

6）THD：表示分析电路的总谐波失真。

7）SINAD：表示分析电路的信噪比。

8）Set：单击该按钮，弹出"Settings"对话框，如图3-43所示。"Settings"对话框有如下选项。

① THD definition：用来设置THD定义标准，可选择IEEE和ANSI/IEC标准。

② Harmonic num：设置谐波分析的次数。

③ FFT points：设置谐波分析的取样点数。

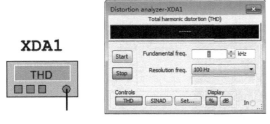

图3-42 失真分析仪图标和面板

图3-43 Settings对话框

9）"Display"选项区：设置显示方式，包括"%"按钮和"dB"按钮。

①"%"按钮：按百分比方式显示分析结果，常用于总谐波失真分析。

②"dB"按钮：按分贝显示分析结果，常用于信噪比分析。

建立如图3-44所示的仿真电路，输入信号为正弦波（频率1 kHz、电压有效值为500 mV），启动仿真后，可在示波器上观测到输出波形产生失真，如图3-45所示。

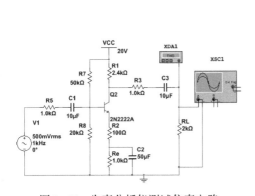

图3-44 失真分析仪测试仿真电路

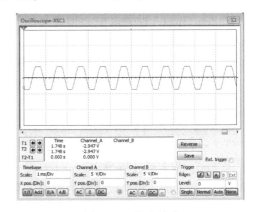

图3-45 输出波形

输出信号的失真，可以认为输出信号在1 kHz的信号上叠加了部分谐波分量，THD的数值为谐波电压的有效值与总信号的电压有效值之比。电路的失真度与信噪比分别如图3-46

和图 3-47 所示。

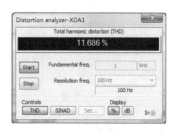
图 3-46　失真度

图 3-47　信噪比

3.1.13　频谱分析仪 （Spectrum Analyzer）

频谱分析仪用来分析信号的频域特性，其频域分析范围的上限为 4 GHz。

频谱分析仪图标和内部参数设置面板图 3-48 所示。频谱分析仪共有两个输入端，用于连接被测电路的被测端点和外部触发端。

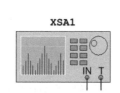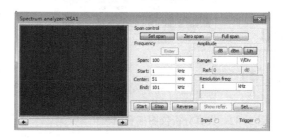
图 3-48　频谱分析仪图标和面板

频谱分析仪面板的左侧为图形显示窗，显示窗下侧为状态栏，显示光标指针处对应的频率和幅值。频谱分析仪面板右侧为内部参数设置，各参数含义如下。

1）Span control：用来控制频率范围。

① Set Span：手动设置频率范围，频率范围由 Frequency 区域决定。

② Zero Span：设置以中心值定义的频率，频率范围由 Frequency 区域设定的中心频率决定。

③ Full Span：设置全频段为频率范围，频率范围为 1 kHz~4 GHz。

2）Frequency：用来设定测试频率的范围。

① Span：设定频率范围。

② Start：设定起始频率。

③ Center：设定中心频率。

④ End：设定终止频率。

3）Amplitude：用来设定幅值单位，有三种选择：dB、dBm、Lin。

dB = 10log10V。

dBm = 20log10 （V/0.775）。

Lin 为线性表示。

4）Resolution freq.：用来设定频率分辨的最小谱线间隔，简称频率分辨率。

5）Start：开始分析。

6）Stop：停止分析。

7）Reverse：图形显示窗反色。

8）Show refer：显示参考值。

9）Set：单击该按钮，弹出"Settings"对话框，如图3-49所示。

① Trigger source：设置触发源，有 Internal（内部）和 External（外部）两种触发源。

② Trigger mode：设置触发模式，有 Continuous（连续）和 Single（单触发）两种模式。

③ Threshold volt.（V）：设置触发开启电压，大于此值触发采样。

④ FFT points：设置傅里叶计算的采样点数，默认为1024点。

建立如图3-50所示的频谱分析仪测试仿真电路，设置函数信号发生器输出频率为10 kHz、幅值为10 V 的方波。频谱分析仪的设置及仿真结果如图3-51所示。

图 3-49　"Settings"对话框

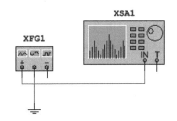

图 3-50　频谱分析仪测试仿真电路

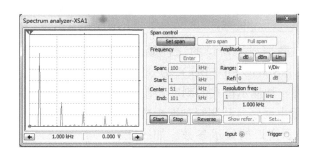

图 3-51　频谱分析仪设置及仿真结果

3.1.14　网络分析仪（Network Analyzer）

网络分析仪主要用来测量双端口网络的特性，如衰减器、放大器、混频器、功率分配器等。

Multisim 14.0 提供的网络分析仪可以测量电路的 S 参数、并计算出 H、Y、Z 参数。

网络分析仪有两个输入端，用于连接被测电路的被测端点，可以对 RF 电路的功率增益、电压增益和输入/输出阻抗等参数进行分析。整个分析过程由网络分析仪自动完成，解决了传统方法中的复杂计算等问题。网络分析仪的图标和控制面板如图3-52所示。

图3-52中的网络分析仪的面板，左侧为图形显示窗，用来显示图表、测量曲线以及标注电路信息的文字；右侧为内部参数设置，各部分含义如下。

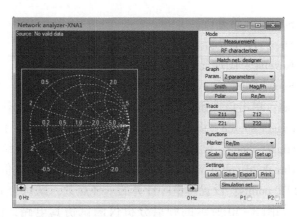

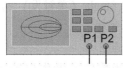

图 3-52　网络分析仪图标和面板

1）Mode：提供分析模式。

① Measurement：测量模式。

② RF characterizer：射频特性分析。

③ Match net. designer：电路设计模式，可以显示电路的稳定度、阻抗匹配、增益等数据。

④ Set up：设定上述 3 种分析模式的参数，在不同的分析模式下，将会有不同的参数设置。

2）Graph：用来选择要分析的参数及模式，可选择的参数有 S 参数、H 参数、Y 参数、Z 参数，Stability factor 为稳定因子。模式选择有 Smith（史密斯模式）、Mag/Ph（增益/相位频率响应，伯德图）、Polar（极化图）、Re/Im（实部/虚部）。

3）Trace：轨迹控制，显示或隐藏单个轨迹。

4）Functions：功能选择，包括"Marker"下拉列表框、"Scale"按钮、"Auto scale"按钮和"Set up"按钮。

① Marker 用来提供数据显示窗口的三种显示模式：Re/Im 为直角坐标模式；Mag/Ph（Degs）为极坐标模式；dB Mag/Ph（Deg）为分贝极坐标模式。

② Scale：设置上述 4 种显示模式的刻度参数。

③ Auto scale：设置由程序自动调制刻度参数。

④ Set up：设置显示窗口的显示参数，如线宽、颜色等。

5）Settings：提供数据管理功能，包括"Load"按钮、"Save"按钮、"Export"按钮、"Print"按钮和"Simulation Set"按钮。

① Load：读取专用格式数据文件。

② Save：存储专用格式数据文件。

③ Export：输出数据至文本文件。

④ Print：打印数据。

⑤ Simulation Set：设置不同分析模式下的参数。

按照图 3-53 连接仿真电路，电路输入端接入网络分析仪的 P1 端，P2 则接入输出端。打开网络分析仪的设置面板，按照如下步骤操作。

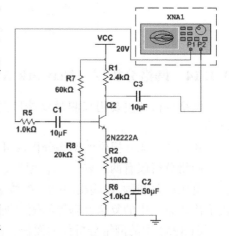

图 3-53　网络分析仪测试仿真电路

1）在网络分析仪面板的"Mode"选项区中，选择"RF Characterizer"按钮。

2）在"Trace"选项区中，根据需要单击"PG"、"APG"或"TPG"按钮。被选中的变量随频率变化的曲线将显示在网络分析仪的显示窗口中，曲线上方还同时显示某频率所对应的数值，该频率可以拖动"Maker"区中的频率滚动条来选取。

3）从"Param"的下拉列表中选择"Gains"选项，则仿真结果为相对于频率的电压增益曲线。选择"Impedance"选项，则仿真结果为相对频率的输入、输出阻抗曲线。为了较好地观察这些曲线，每次设置完毕后，应单击"Auto scale"按钮。

4）完成上述创建 RF 仿真电路图及各种参数设置后，单击仿真运行"Run"按钮，网络分析仪的 S 参数史密斯格式分析结果如图 3-54 所示，仿真电路的功率增益如图 3-55 所示，电压增益如图 3-56 所示，输入、输出阻抗如图 3-57 所示。

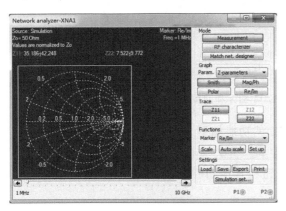

图 3-54　S 参数史密斯格式分析结果

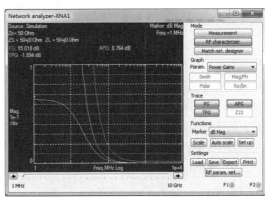

图 3-55　功率增益

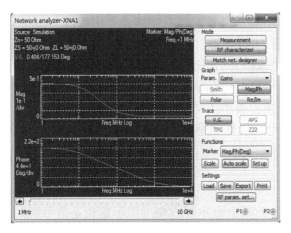

图 3-56　电压增益

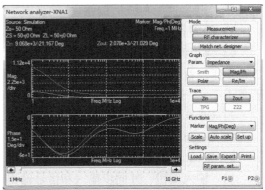

图 3-57　输入、输出阻抗

3.1.15　模拟仿真 Agilent、Tektronix 真实仪器

在 Multisim14.0 的虚拟仪器栏中，提供了 4 台著名模拟电子测量的常用仪器，分别是安捷伦的 Agilent33120A 型函数发生器、Agilent34401A 型数字万用表、Agilent54622D 数字示波器和泰克 TektroniTDS2024 型数字示波器。这 4 台虚拟仪器的面板、按钮、旋钮、输入输出

端口及操作方式等与真实仪器完全相同，用户使用起来更加真实，同时也为使用真实仪器打好基础。

1. Agilent33120A 函数发生器

Agilent33120A 函数发生器的图标和面板如图 3-58 所示。这是一个高性能 15 MHz 的综合函数发生器，不仅能产生一般的正弦波、方波、三角波和锯齿波，而且还能产生按指数上升或下降的等一些特殊的波形，并且还可以由 8~256 点描述任意的波形。该函数发生器有两个连接端，上方是信号输出端，下方是接地端。单击最左侧的电源按钮，即可按照要求输出信号。

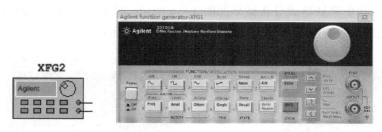

图 3-58　Agilent33120A 图标和面板

Agilent33120A 型函数发生器面板的主要按钮的功能如下。

1）Power：电源开关按钮，单击它可接通电源，再次单击它则切断电源。

2）Shift：换档按钮，同时单击"Shift"按钮和其他功能按钮，执行的是该功能按钮上方的功能。

3）Enter Number：输入数字按钮。

4）输出信号类型选择按钮：FUNCTION/MODULATION 线框下的 6 个按钮是输出信号类型选择按钮，单击某个按钮即可选择相应的输出波形，自左向右分别为"正弦波"按钮、"方波"按钮、"三角波"按钮、"锯齿波"按钮、"噪声源"按钮和"Arb"按钮。

5）频率和幅度按钮：AM/FM 线框下的两个按钮分别用于 AM/FM 信号参数的调整。

6）菜单操作按钮：单击"Shift"按钮后，再单击"Enter"按钮，就可以对相应的菜单进行操作，若单击"∨"按钮则进入下一级菜单；若单击"∧"按钮则返回上一级菜单；若单击">"按钮则在同一级菜单右移；若单击"<"按钮则在同一级菜单左移。

7）Offset：偏置设置按钮。

8）Single：触发模式选择按钮。

9）Recall：状态选择按钮。

10）输入旋钮、外同步输入和信号输出端：面板上显示屏右侧的圆形旋钮是信号源的输入旋钮，旋转输入旋钮可改变输出信号的参数值。

Agilent33120A 函数发生器可产生多种不同形状的波形，其操作如下。

1）正弦波：单击"正弦波"按钮，选择输出的函数为正弦波。

2）方波、三角波和锯齿波：分别单击"方波"按钮、"三角波"按钮或"锯齿波"按钮，函数发生器能分别产生方波、三角波或锯齿波。

3）噪声源：单击"Noise"按钮，则 Agilent33120A 函数发生器可输出一个模拟的噪声。

4）直流电压：Agilent33120A 函数发生器能产生一个范围-5~5 V 的直流电压。

5）AM（调幅）和FM（调频）信号：单击"Shift"按钮后，再单击"正弦波"按钮可以选择输出AM信号（或单击"方波"按钮，可以选择输出FM信号）。

6）用Agilent33120A产生特殊函数波形：Agilent33120A函数发生器能产生5种内置的特殊函数波形，即Sinc函数、负斜波函数、按指数上升的波形、按指数下降的波形及Cardiac函数（心律波函数）。

Sinc函数：Sinc函数是一种常用的Sa函数，其数学表达式为$Sinc(x) = sin(x)/x$。单击"Shift"按钮，再单击"Arb"按钮，显示屏显示"SINC~"。再次单击"Arb"按钮，显示屏显示"S1N^{Arb}"，选择Sinc函数。单击"Freq"按钮，通过输入旋钮将输出波形的频率设置为30 kHz；单击"Ampl"按钮，通过输入旋钮将输出波形的幅度设置为5.000 V。单击运行开关，通过示波器观察波形。单击"Shift"按钮，再单击"Arb"按钮，通过左右移按钮选择输入波形的类型，可将波形设置为NEG_RAMP（负斜波函数），EXP_RISE（按指数上升的波形），EXP_FALL（按指数下降的波形），CARDIAC波形（心律波函数）。

2. Agilent34401A 数字万用表

Agilent34401A数字万用表的图标及面板如图3-59所示。这是一个高性能具有12种测量功能的6位半的数字万用表。单击最左侧的电源按钮，即可使用该数字万用表，实现对各种电类参数的测量。

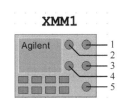

图3-59 Agilent34401A数字万用表图标和面板

在图3-59所示的Agilent34401A万用表面板右侧的五个接线端中，上侧的4个为两组测量输入端，左侧一组上下两个输入端（红色为正极，黑为负极），最高电压范围为1000 V；右侧一组上下两个输入端最高电压范围为200 V；最下面的一个端子（5端口）为电流测试输入端。其功能按键如下所示。

（1）功能选择（Function）

DC V：测量直流电压/电流。

ACV：测量交流电压/电流。

Ω 2W：测量电阻。

Freq：测量信号的频率或周期。

Cont（b）：连续模式下测量电阻的阻值，也可测量二极管的正负极。

（2）数学运算（MATH）

Null：表示相对的测量方式，将相邻的两次测量值的差值显示出来。

Min Max：已经存储的测量值中最大值和最小值。

（3）菜单（MENU）

"<"和">"可进行不同菜单的切换。在Agilent34401A万用表中，有4种工作菜单，包括测量菜单（MEAS MENU）、数学菜单（MATH MENUS）、触发菜单（TRIG MENU）和系统菜单（SYS MENU）。

（4）量程选择（RANGE/DIGITS）

"∧"和"∨"：调整万用表的量程。

Auto/man：自动测量和人工测量的转换，人工测量需要手动设置。

（5）触发模式（Auto/Hold）

单触发模式（Single）：万用表默认的触发模式为自动触发模式，单击"Single"按钮可设置为单触发状态。

（6）Shift

Shift为功能切换键，用于打开不同的菜单及在不同的状态模式之间的切换。

Agilent34401A万用表部分操作如下。

1）电压的测量：测电压时，安捷伦数字万用表的2、4端应与被测试电路的端点并联；单击面板上的"DC V"按钮，可以测量直流电压，在显示屏上显示的单位为VDC；而单击"AC V"按钮，可以测量交流电压，在显示屏上显示的单位为VAC。

2）电流的测量：测电流时，应将图标中的5、3端串联到被测试的支路中。

3）电阻的测量：安捷伦数字万用表提供二线测量法和四线测量法两种方法测量电阻。

4）二极管极性的判断：测量时，将安捷伦数字万用表的1端和3端分别接在二极管的两端，先单击面板上的"Shift"按钮，显示屏上显示"Shift"后，再单击"Cont（b）"按钮，即可测试二极管的极性。

3. Agilent54622D 示波器

Agilent54622D示波器的图标如图3-60所示，面板如图3-61所示。这是一个2模拟通道、16个逻辑通道、100 MHz的宽带示波器。Agilent54622D示波器下方的18个连接端是信号输入端，右侧是外接触发信号端、接地端。单击电源按钮，即可使用示波器，实现各种波形的测量。

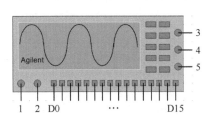

图3-60　Agilent54622D示波器图标

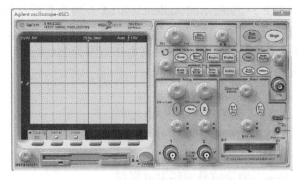

图3-61　Agilent54622D示波器操作面板

Agilent54622D示波器有21个接线端，端口1和2为模拟信号输入端，端口D0-D15为数字信号输入端口，端口3为触发源，端口4为数字地，端口5为探针。示波器的具体操作如下。

（1）模拟通道的垂直校正（Analog）

"Analog"区是模拟通道垂直调整区。单击模拟通道1选择按钮，选择模拟通道1，模拟通道 1 按钮变为绿色。

波形位置调整旋钮位于"Analog"区中间位置，用来垂直移动信号。

通过幅度衰减旋钮可以改变垂直灵敏度，两个幅度衰减旋钮位于"Analog"区上部。

（2）时基调整区（Horizontal）

1）时间衰减旋钮旋转调整的时间单位为 s/Div，调整中以 1→2→5 的步进序列在 5 ns/Div 范围内变化，选择适当的扫描速度，使测试波形能完善、清晰地显示在显示屏上。

2）水平位置旋钮，用于水平移动信号波形。

3）单击主扫描/延迟扫描测试（Main/Delayed）功能按钮，在显示区显示如图 3-62 所示的图形，再单击"Main"主扫描软按钮，可在显示屏上观察被测波形。

4）单击"Delayed"（延迟）软按钮，在显示屏上观察测试波形的延迟显示。

然后单击"Ro"（滚动）软按钮，选择滚动模式。

图 3-62　主扫描/延迟扫描

单击"XY"软按钮，选择 XY 模式。

（3）数字通道调整区（Digital）

1）单击数字通道 D15~D8 选择按钮或数字通道 D7~D0 选择按钮，可打开或关闭数字通道显示。

2）旋转数字通道选择旋钮，选择所要显示的数字通道，并在所选的通道号右侧显示">"。

3）旋转数字位置调整旋钮，在显示屏上能重新定位所选通道。

4）先单击数字通道 D15~D8 选择按钮或数字通道 D7~D0 选择按钮，再单击下面的软按钮，使数字通道显示格式在全屏显示和半屏显示之间切换。

（4）Run Control

1）当"Run/Stop"控制按钮变为绿色时，示波器处于连续运行模式，显示屏显示的波形是对同一信号多次触发的结果，这种方法与模拟示波器显示波形的方法类似。

2）当"Single"按钮变为绿色时，示波器处于单次运行模式，显示屏显示的波形是对信号的单次触发。

（5）触发源设置（Trigger）

1）边沿触发（Edge）：选择触发源和触发方式。

2）脉冲宽度触发（Pulse Width）：选择脉冲宽度触发并显示脉冲宽度触发菜单。

3）码型触发（Pattern）：码型是各通道数字逻辑组合的序列。

4）选择模式（Mode/Coupling）：单击"Mode/Coupling"按钮，显示屏的下部出现 Mode、Hold off 软按钮。Mode 包括以下 3 种模式。

① Normal 模式显示符合触发条件时的波形，否则示波器既不触发扫描，显示屏也不更新。

② Auto 模式自动进行扫描信号，即使没有输入信号或是输入信号没有触发同步时，仍可以显示扫描基线。

③ Auto Level 模式适用于边沿触发或外部触发。

（6）测量控制区（Measure）

Cursor：单击"Cursor"按钮，在显示屏下面弹出将选择菜单，如图 3-63 所示。通过改变菜单中的参数，可以选择测量源和设置测量轴的刻度。

单击"Quick meas"按钮，在显示屏下方将出现"Quick meas"选择菜单，如图3-64所示。通过改变菜单中的参数可以设置相关测量参数。

图3-63 "Cursor"菜单

图3-64 "Quick meas"菜单

1）单击"Source"软按钮，可从模拟通道1、模拟通道2或"Math"菜单中选择测量源。

2）单击"Clear meas"软按钮，停止测量。从软按钮上方显示行中擦除测量结果。

3）分别单击"Frequency"、"Period"、"Peak-Peak"等软按钮，可以测量波形的频率、周期、峰-峰值等性能指标，并显示在软按钮上方显示行中。

4）单击最右边的向右箭头，弹出新的选项设置，分别是测量正脉冲宽度和测量负脉冲宽度。

5）打印显示（Quick Print）：单击"Quick Print"（快速打印）按钮，可以把包括状态行和软按钮在内的显示内容通过打印机打印。

6）网格的亮度（Display）：单击"Display"按钮，然后旋转输入旋钮可以改变显示的网格亮度。

7）调节波形显示亮度：面板左下角的INTENSITY旋钮是调节波形显示亮度旋钮。

4. TektronixTDS型数字示波器

Multisim14.0提供的仿真美国泰克公司的TektronixTDS型数字示波器图标如图3-65所示，面板如图3-66所示。

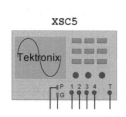

图3-65 仿真TektronixTDS型数字示波器图标

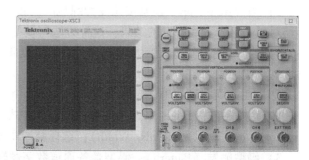

图3-66 仿真TektronixTDS型数字示波器面板

TektronixTDS型数字示波器性能优良，功能强大，测量带宽为200 MHz，取样速率高达2.0DS/s，有4个模拟测试通道，能自动设置菜单，可以实现11种自动测量，并具有波形平均和峰值检测等功能。

该示波器用户界面清晰，操作方便，容易使用，基本操作和使用方法与其他数字示波器类似，读者需要时可以参考该示波器的使用说明书。

3.1.16 测试探针

测试探针是一种实时快速测量参数的虚拟仪器，Multisim14.0的测试探针有2种，分别是工具栏中的探针和电流测试探针（虚拟仪器库）。

1. 工具栏中的探针

工具栏探针及图标如图 3-67 所示。

在图 3-67a 中，工具栏探针按序为电压探针、电流探针、功率探针、差分电压探针、电压电流探针、电压参考探针、数字探针及探针设置。

单击选中所需探针后，鼠标指针指向电路中需要测试的导线上，单击后即将探针放置在该导线上，探针下侧会弹出探针显示窗口，如图 3-68 所示，电路仿真后即可读出探测值。在仿真过程中，可以随时根据需要放置探针测试，即时显示电路参数。

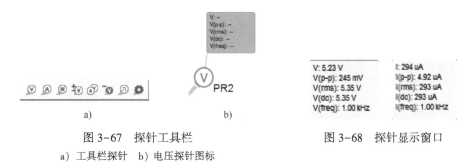

| 图 3-67 探针工具栏 | 图 3-68 探针显示窗口 |

a）工具栏探针 b）电压探针图标

测试探针的测量结果根据电路理论计算得出，不对电路产生任何影响。测量探针测量参数如下。

V：支路上此点对地的瞬时电压。

V_{p-p}：电压的峰-峰值。

V_{rms}：包含了直流分量的电压有效值。

$$V_{rms} = \sqrt{V_{dc}^2 + \frac{V_{p-p}^2}{2}}$$

V_{dc}：电路中电信号的频率。

V_{freq}：频率。

I：支路的瞬时电流。

I_{p-p}：电流的峰-峰值。

I_{rms}：有效电流。

I_{dc}：电流的直流分量。

I_{Freq}：电路中电信号的频率。

双击探针弹出探针属性对话框，可对探针属性参数进行修改。选择"Appearance"选项卡，可用来设置背景和文本颜色以及信息显示框的大小，选择"Auto-Resize"复选框，自动将信息框的大小调整到适合显示的所有内容大小，如图 3-69 所示；选择"Parameters"选项卡，可选择探针显示的参数，如图 3-70 所示。

仿真电路中可同时加入多个测试探针，仿真电路及仿真结果如图 3-71 所示。

2. 电流测试探针

电流测试探针（Current clamp）是对工业应用中通过互感器进行电流测试（电流夹）的仿真。应用中电压与电流的比率一般采用 1 V/mA，这样可以通过显示仪表测量的电压值就是流过该导线的电流值。

图 3-69 "Appearance" 选项卡

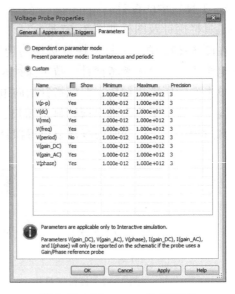

图 3-70 "Parameters" 选项卡

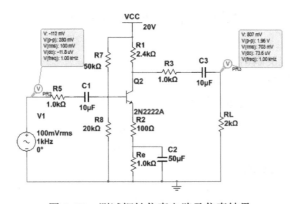

图 3-71 测试探针仿真电路及仿真结果

电流测试探针的图标及属性设置（1 V/mA）如图 3-72 所示。

图 3-72 电流测试探针的图标及属性设置

单击虚拟仪器库工具栏中的电流测试探针图标，鼠标指针移指电路中需要测试的地方，单击后即完成电流测试探针的放置。注意，电流测试探针不能放在电路中的接点。

建立电流测试探针仿真测试电路如图 3-73 所示。示波器 A 通道显示 XCP1 测试的放大器的输入电流，示波器 B 通道显示 XCP2 测试的放大器的输出电流，仿真结果（输入电流经换算约为 0.02 mA，输出电流经换算约为 0.5 mA）如图 3-74 所示。

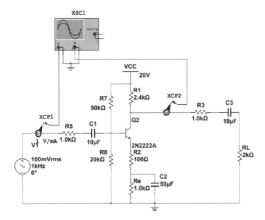

图 3-73　电流测试探针仿真电路

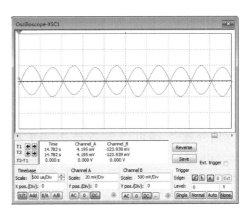

图 3-74　仿真结果

3.1.17　LabView 仪器

LabVIEW（Laboratory Virtual Instrument Engineering Workbench）是由美国 NI 公司开发的一款功能十分强大的应用软件，用户可在该软件环境下根据需要编程实现各种功能的仪器仪表，由 LabVIEW 开发的程序称为 VI（Virtual Instrument，虚拟仪器）。

LabVIEW 技术是采用一种图形化的编程语言，使用这种语言编程可以绘制虚拟仪器流程图，可以利用 Multisim 14.0 中的虚拟采样仪器，也可以设计和自造虚拟仪器。

Multisim 14.0 中有七种虚拟采样仪器，分别是"BJT Analyzer（晶体管分析仪）"、"Impedance Meter（阻抗计）"、"Microphone（传声器）"、"Speaker（扬声器）"、"Signal Analyzer（信号分析仪）"、"Signal Generator（信号发生器）"和"Streaming Signal Generator（流信号发生器）"。

1. 晶体管分析仪（BJT Analyzer）

晶体管分析仪用于分析晶体管输出电压 U_{CE} 和输入电流 I_B 之间的关系曲线图。

1）V_CE Sweep 表示晶体管发射极和集电极之间电压的变化范围，"Increment"文本框用来设置电压增量步长。

2）I_B Sweep 表示晶体管基极电流的变化范围，"Increment"文本框用来设置电流增量步长。

2. 阻抗计（Impedance Meter）

阻抗计可以测量一个无源电路的等效阻抗，包括电路中的纯电阻大小，感抗大小及容抗大小。

3. 麦克风（Microphone）

麦克风用来记录声音信号，记录的声音信号数据可作为信号源来用。注：实际使用时，麦克风通过计算机的声卡输入声音信号，计算机声卡的型号能被虚拟仪器麦克风识别。设置完成后即可通过计算机的声卡进行录音。录音完成后，单击仿真开关按钮开始仿真，此时传声器会把刚才录制的音频信号作为电压信号输出，为其他设备提供信号源。

4. 扬声器（Speaker）

当扬声器和信号源连接时，可发出声音。扬声器也可同麦克风直接相连（但扬声器的采样频率和麦克风的采样频率应一致）。播放器直到到达设定的仿真时间才停止。停止电路仿真，打开扬声器设置对话框，单击"Play Sound"按钮，扬声器开始播放刚才存储的声音信号。

5. Signal Analyzer（信号分析仪）

信号分析仪可分析信号的时域波形、信号的自动功率谱和信号的平均值。对分析的波形还可进行区域放大、缩小和拉伸等处理。

6. Signal Generator（信号发生器）

信号发生器可产生多种不同形状的连续波形，信号发生器信号信息栏（Signal Information）主要对信号类型、频率及方波的占空比、信号的幅度、相位及偏移量等设置。采样信息栏（Sampling Info）主要对采样信号的幅度、采样信号的数量等进行设置，并且还可以选择反复重现分析波形，通过右侧屏幕显示出来。

7. Streaming Signal Generator（流信号发生器）

流信号发生器则是在仿真的过程中产生连续的信号，其功能和信号发生器类似。

3.2 Multisim 14.0 虚拟仪器应用案例

在 Multisim 14.0 环境下执行菜单命令"View"→"Toolbars"→"LabVIEW Instruments"命令，或者单击仪器库工具栏中的图标 下的按钮，可在 Multisim 14.0 工作界面上显示/隐藏 7 种虚拟仪器，如图 3-75 所示。本节通过应用案例介绍这些虚拟仪器的使用方法。

图 3-75　Multisim 提供的 7 种虚拟仪器

3.2.1　实例一：晶体管分析仪和阻抗计的使用

1. 晶体管分析仪

单击虚拟仪器 按钮，在工作区放置晶体管分析仪图标，如图 3-76a 所示。在晶体管分析仪图标上双击鼠标左键可打开其设置窗口，如图 3-76b 所示。

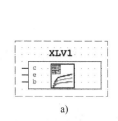

a)

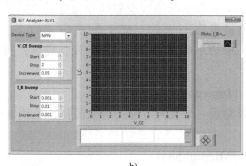

b)

图 3-76　晶体管分析仪

a）晶体管分析仪图标　b）晶体管分析仪设置窗口

设置窗口中"Device Type"栏可选择器件类型："NPN"、"PNP"；"V-CE Sweep"栏可设置集电极与发射极之间的仿真电压，单位为 V，"Start（起始值）"、"Stop（终了值）"、"Increment（间隔）"；"I-B Sweep"栏可设置基极仿真电流，单位为 mA，"Start（起始值)"、"Stop（终了值)"、"Increment（间隔)"；右侧区域为晶体管特性曲线显示区域，用户也可根据需要设置曲线类型、颜色、粗细等。

例如，把晶体管 2N1711 接入晶体管分析仪，基极接 b，集电极接 c，发射极接 e，设置好晶体管分析仪参数，仿真运行，可观察晶体管分析仪显示晶体管伏安特性曲线如图 3-77 所示。

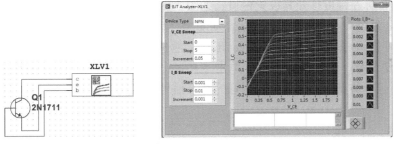

图 3-77　晶体管 2N1711 的伏安特性曲线

2. 阻抗计

单击虚拟仪器 ⓩ 按钮，在工作区放置 1 个阻抗计图标，如图 3-78a 所示。在阻抗计图标上双击鼠标左键可打开其设置窗口，如图 3-78b 所示。

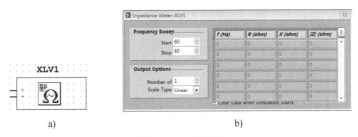

a)　　　　　　　　　　　　　　　　　b)

图 3-78　阻抗计
a) 阻抗计图标　b) 阻抗计设置窗口

窗口中"Frequency Sweep"栏可设置仿真频率："Start（起始值)"、"Stop（终了值)"；"Output Options"栏可设置输出选项："Number of points（点数)"，"Scale Type（刻度类型)"可选择"Linear（线性)"、"Decade（十进制)"、"Octal（八进制)"。

在工作区放置两个电阻、1 个电感和 1 个电容，连线完毕，把相应端口与阻抗计连接，如图 3-79a 所示。设置阻抗计参数完成后，运行仿真，仿真结果如图 3-79b 所示。可以看出，在 300~3000 Hz 范围内，阻抗计测得 5 个阻抗值，显示出每个频率对应的阻抗实部 R、虚部 X 及阻抗 Z 的模。

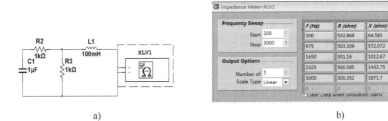

a)　　　　　　　　　　　　　　　　　b)

图 3-79　阻抗计的使用
a) 待测阻抗电路　b) 阻抗计仿真结果

3.2.2 实例二：传声器和扬声器的使用

1. 传声器

单击虚拟仪器 按钮，在工作界面上放置 1 个传声器图标，如图 3-80a 所示。在传声器图标上双击鼠标左键可打开其设置窗口，如图 3-80b 所示。

传声器设置窗口 "Device" 栏会自动显示计算机所安装的声卡类型；"Recording Duration" 栏可键入录制时间；"Sample Rate" 栏选择采样频率；勾选 "Repeat Recorded Sound" 可重复录音。参数设置完毕，单击 "Record Sound" 即可通过计算机的声卡录音。录音完成后，运行仿真，可把刚才录制好的声音信号作为电压信号输出，为其他设备提供信号源。

2. 扬声器

鼠标左键单击 按钮，在工作区放置 1 个扬声器图标，如图 3-81a 所示。在扬声器图标上双击鼠标左键可打开其设置窗口，如图 3-81b 所示。扬声器设置窗口 "Device" 栏会自动显示计算机所安装的声卡类型；"Playback Duration" 栏可键入回放时间；"Sample Rate" 栏选择采样频率；"Note：" 栏提示若把虚拟扬声器与虚拟传声器连接，则应把两个仪器的采样频率设置一致，同时采样频率至少为被采样信号频率的 2 倍。

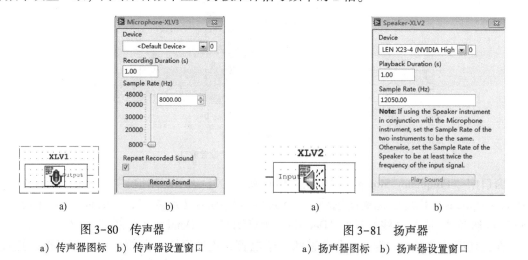

图 3-80 传声器
a) 传声器图标 b) 传声器设置窗口

图 3-81 扬声器
a) 扬声器图标 b) 扬声器设置窗口

把虚拟传声器与虚拟扬声器直接相连，如图 3-82 所示，可用虚拟扬声器播放虚拟传声器采集的声音信号。先用扬声器录制一段声音信号，运行仿真，仿真过程中扬声器存储传声器输入的声音数据，直至达到预设的仿真时间停止。关闭仿真，单击扬声器设置窗口的 "Play Sound" 按钮即可回放刚才通过传声器录制的声音。

图 3-82 用虚拟扬声器播放虚拟传声器采集的声音信号

3.2.3 实例三：信号发生器和信号分析仪的使用

1. 信号发生器

单击虚拟仪器 按钮，在工作区放置 1 个虚拟信号发生器图标，如图 3-83a 所示。在信号发生器图标上双击鼠标左键可打开其设置窗口，如图 3-83b 所示。

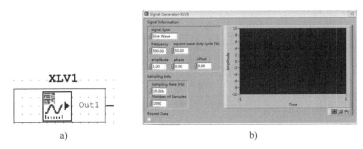

图 3-83　信号发生器
a）信号发生器图标　b）信号发生器设置窗口

信号发生器设置窗口中"Signal Information"可设置信号信息："signal type"可选择波形类型，如正弦波、锯齿波、三角波、方波；"Frequency"可设置信号频率，"Square wave duty cycle"可设置方波占空比；"amplitude"设置信号幅值；"phase"设置波形相位；"offset"设置偏离横轴的值；"Sampling Info"设置波形采样信息："Sampling Rate"设置采样频率，应注意采样频率至少为信号频率的 2 倍，否则会出现失真现象；"Number of Samples"设置采样点数。若采样频率为 10 kHz，信号频率为 500 Hz，则一个周期信号波形由 10000/500 = 20 个采样点构成，如采样点数设为 100，则可在波形显示区显示 5 个周期的波形。

2. 信号分析仪

单击虚拟仪器 按钮，在工作区放置 1 个虚拟信号分析仪图标，如图 3-84a 所示。在信号发生器图标上双击鼠标左键可打开其设置窗口，如图 3-84b 所示。

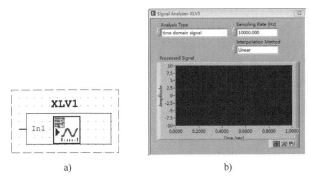

图 3-84　信号分析仪
a）信号分析仪图标　b）信号分析仪设置窗口

信号分析仪设置窗口中"Analysis Type"可设置分析类型："time domain signal（时域分析）"、"auto power spectrum（自功率谱分析）"、"running average（均值分析）"；"Sampling Rate"设置采样频率，应注意采样频率至少为信号频率的 2 倍，否则会出现失真现象；"Interpolation Method"设置插值分析方法："coerce（强迫）"、"linear（线性）"、"spline（最小二乘法）"；"Processed Signal"栏则显示分析信号的波形。

若把信号发生器与信号分析仪直接相连，可直接用信号分析仪分析信号发生器输出的信号，如图 3-85 所示。信号发生器设置如图 3-83b 所示，运行仿真，观察到信号分析仪仿真结果如图 3-86b 所示。由图 3-86 可知，信号发生器产生的信号只有 0~0.01 s 的 5 个周期波形，0.01 s 后的信号约为 0。

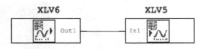

图 3-85　用信号分析仪分析信号

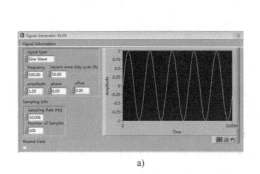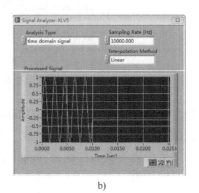

　　　　a)　　　　　　　　　　　　　　　　　　　　b)

图 3-86　信号分析仪仿真结果
a) 信号发生器仿真波形　b) 信号分析仪输出结果

3. 流信号发生器

单击虚拟仪器按钮，在工作区放置 1 个流信号发生器图标，在流信号发生器图标上双击鼠标左键可打开其设置窗口如图 3-87 所示。可见"流信号发生器"与"信号发生器"设置窗口类似，只是少了一项"采样点数"设置。

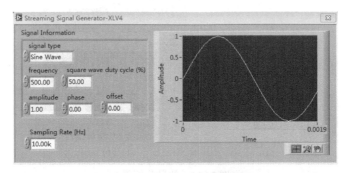

图 3-87　流信号发生器设置窗口

由以上实例可以看出，Multisim 14.0 中的虚拟仪器可以实现自动测量、自动记录、自动数据处理，与传统仪器相比具有很大的优越性，有效地提高了电路设计与实验的效率和水平。

3.3　思考与习题

1. 选择信号源、直流电压源、电阻、电容，创建如图 3-88 所示的电路。
1) 电路的输出端接入双通道示波器，调试出稳定的波形，测量输出电压。

2）请设计三种方法来测量上述电路的静态工作点分析。

3）测量放大电路输入电阻 R_i。

2. 创建如图 3-89 所示的电路，用函数信号发生器输出频率为 1 kHz，幅值为 5 mV 的正弦信号。

1）测量放大器的频率特性：用伯德仪显示幅频和相频特性曲线。

2）用探针观察晶体管三个电极的瞬时电压电流。

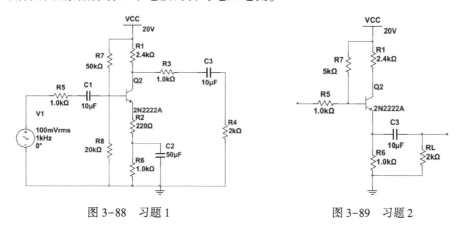

图 3-88　习题 1　　　　　　　　　图 3-89　习题 2

3. 请按照图 3-90 所示电路连接电路图，接入 Agilent54622D 示波器，测量电容的电压波形，并测量出时间常数 τ。

4. 请按照图 3-91 所示电路连接电路图，接入瓦特表，测量电路的功率和功率因数。

通过改变电容 C1 的值，观察电路的功率因数变化情况。

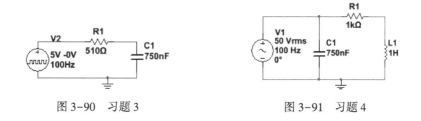

图 3-90　习题 3　　　　　　　　　图 3-91　习题 4

第4章　在电路分析中的应用和仿真

电路分析是所有电子电路应用的重要环节，其主要任务是根据已知电路的结构和元件参数，求解电路的特性。

本章通过 Multisim 14.0 软件环境，以电路分析典型电路为例，结合常用的电路定理，分别介绍了直流电路、动态电路、谐振电路、正弦电路、电路网络函数、二端口网络以及含耦合电感电路的建立、仿真与分析。

4.1　电路分析方法的仿真

在电路分析中，为了求解已知电路的某个节点电压或某条支路电流，通常采用的方法有支路电流法、网孔电流法、回路电流法、节点电压法等。当电路结构较为复杂时，无论采用哪种方法进行求解，通常都是比较烦琐的。应用 Multisim 14.0 的直流/交流工作点分析功能，可以方便地解决这一问题。

在 Multisim 14.0 环境中建立分析仿真电路如图 4-1 所示。

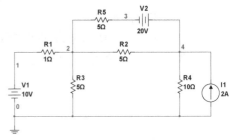

图 4-1　电路分析仿真电路

在图 4-1 电路中，为了区分电路节点，可以打开网络名称显示功能，执行"Options"→"Sheet Properties"命令，选择"Sheet visibility"选项卡"Net names"中的"Show All"，即为电路中分配并显示网络编号。

1. 一般电路分析方法

在进行一般电路分析时，若希望得到某个节点电压或某个回路电流，只需在对应节点或回路中添加电压表或电流表等虚拟仪器，仿真后直接读取数据即可。

2. 利用直流/交流工作点分析功能

当电路比较复杂、未知参数较多时，也可以采用 Multisim 14.0 提供的直流/交流工作点分析功能来完成电路求解，其方法如下。

单击工具栏交互设置按钮 ⌖ Interactive　　　，或执行"Simulate"→"Analyses and Simulation"命令，均可弹出"Analyses and Simulation"窗口，在"Active Analysis"选项区选择"DC Operating Point"，打开直流工作点分析对话框，如图 4-2 所示。

该对话框包括"Output"、"Analysis options"、"Summary"3 个选项卡。

（1）"Output"选项卡

"Output"选项卡用于指定电路中所要分析的节点。

1）"Variables in circuit"选项区：列出了当前电路所有节点名称，选择所要分析的节点，再单击"Add"按钮，即可将所选择的节点放到右边的"Selected variables for analysis"

选项区。在该选项区选择节点后，单击"Filter unselected variables"按钮，则可对未列出的电路中的其他节点进行筛选。

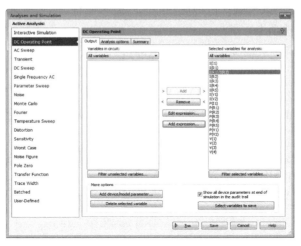

图4-2 直流工作点分析对话框

2）"Selected variables for analysis"选项区：列出了所要分析的电路节点。如果需要去除某个节点，则选择该节点后，单击"Remove"按钮，则将节点放回"Variables in circuit"选项区。

3）在"More options"区域，单击"Add device/model parameter"按钮，可添加元件/模型参数；单击"Delete selected variable"按钮，可删除当前电路的节点名称；选择"Show all device parameters at end of simulation in the audit trail"可在整个仿真过程中显示所有元器件参数。

4）"Add expression"按钮。

① 单击"Output"选项卡中间区域"Add expression"（添加扩展项）按钮，打开Analysis Expression（扩展分析）对话框，"Variables（变量）"选项区列出了当前电路的所有节点名称，"Functions（函数）"选项区列出了各种数学运算符号。

② 在"Variables"选项区分别选择"I（R1）"和"I（R2）"，单击"Copy variable to expression"按钮（或双击鼠标左键）将其放至"Expression"文本框中；在"Functions"选项区选择除法运算符"/"，单击"Copy function to expression"按钮（或双击鼠标左键），将其放至"Expression"文本框中适当位置，如图4-3所示。

③ 设置完毕单击"OK"按钮，扩展变量I（R1）/I（R2）出现在直流工作点分析对话框"Selected variables for analysis"选项区中，如图4-2所示。

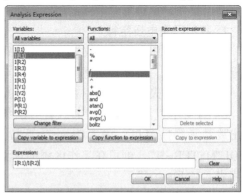

图4-3 直流工作点分析"Analysis Expression"对话框

（2）"Analysis options"选项卡

"Analysis options"选项卡可以进行其他设

置，包括在"Title for analysis"字段中输入所要进行分析的名称和通过"Use custom analysis options"设定习惯分析方式等。

该选项卡一般情况下采用默认值即可。

（3）"Summary"选项卡

"Summary"选项卡一般情况下采用默认值即可。

在直流工作点分析"Output"选项卡下的"All Variables"选项区中，依次选择 I(R1)、I(R2)、I(R3)、V(1)、V(2)、V(3)、V(4)等，单击"Add"按钮，将其分别添加到"Selected variables for analysis"选项区中，其他选项卡默认设置。设置后单击"Run"按钮，得到直流工作点分析结果如图4-4所示。

图4-4中默认黑色为背景色，单击工具栏图标 ，即可改为白色背景。可以对该分析结果图进行一般的文档操作，如保存、打印等。

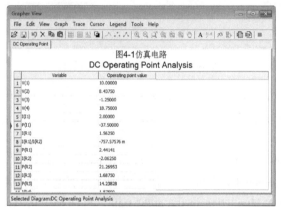

图4-4　直流工作点分析结果

4.2　常用电路定理的仿真

4.2.1　基尔霍夫定律

基尔霍夫定律是集总电路的基本定律，其包括基尔霍夫电压定律和基尔霍夫电流定律。

1. 基尔霍夫电压定律

基尔霍夫电压定律的定义：在集总电路中的任意回路中，其回路所有支路的电压代数和恒等于零。注意，需要指定回路的环形方向作为参考方向。

根据基尔霍夫电压定律，在 Multisim 14.0 中建立如图4-5所示的串联仿真电路，其中 U1～U4 为4个直流电压表，其放置方法如下：依次执行"Place"→"Component"命令，弹出放置元器件窗口，在"Group"下拉列表中选择"indicators"→"VOLTMETER"→"VOLTMETER-H"，即可在工作区添加直流电压表。也可选择"Instruments"下拉列表中的万用表"Multimeter"。

需要说明的是，在 Multisim 14.0 环境下做过"DC Operating Point"等分析之后，必须切换至"Interactive Simulation（交互仿真）"分析，才可以正常使用电压表、万用表、示波器等虚拟仪器仪表观察仿真结果。

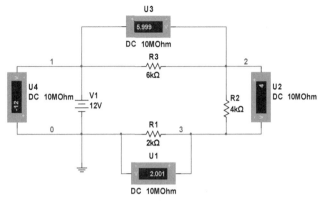

图 4-5　基尔霍夫电压定律仿真

执行"Simulate"→"Analyses and simulation"命令，弹出"Analyses and Simulation"窗口，在其"Active Analysis"选项区选择"Interactive Simulation（交互仿真）"，打开交互仿真分析对话框，其"Analysis parameters"选项卡如图 4-6 所示，各个选项的含义如下。

1）Intial conditions：设置仿真初始条件，即电路中含有储能元件电容、电感时，设置其初始值。有 4 个选项，分别为"Set to zero（设置为 0）"、"User defined（用户自定义）"、"Calculate DC operating point（计算直流静态工作点）"、"Determine automatically（自动决定）"，此处选择"Determine automatically"。

2）End time（TSTOP）：设置仿真结束时间，默认 10^{30} s。

3）Maximum time step（TMAX）：设置最大时间步长，此处不选择。

4）Initial time step（TSTEP）：设置初始时间步长，此处不选择。

"Output"与"Analysis Options"选项卡默认设置即可。

设置后单击"Run"按钮运行仿真，电压表读数如图 4-5 所示。指定顺时针为正方向，可得 5.999 V+4 V+2.001 V−12 V≈0 V，即可验证基尔霍夫电压定律。

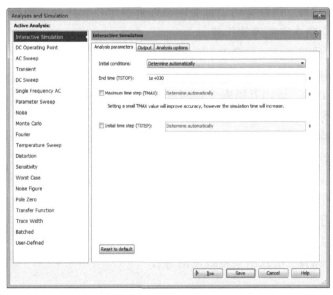

图 4-6　交互仿真分析"Analysis parameters"选项卡

2. 基尔霍夫电流定律

基尔霍夫电流定律的定义：对于集总电路中的任意节点，流入该节点的电流和流出该节点的电流代数和恒等于零。在基尔霍夫电流定律中，流入或流出某节点的电流方向由参考方向确定。

根据基尔霍夫电流定律，建立如图4-7所示的电阻并联电路，其中A1~A3为直流电流表，放置方法如下：依次执行"Place"→"Component"命令，弹出放置元器件窗口，在"Group"下拉列表中选择"indicators"→"AMMETER"→"AMMETER-H"，即可在工作区添加直流电流表。也可选择"Instruments"下拉列表中的万用表"Multimeter"。

在交互仿真分析下单击"Run"按钮运行仿真，电流表读数如图4-7所示。对节点2，流入的电流为 $A3=0.027\,A$ ，流出的电流 $A1+A2=9.003\,mA+0.018\,A\approx0.027\,A$，即可验证基尔霍夫电流定律。

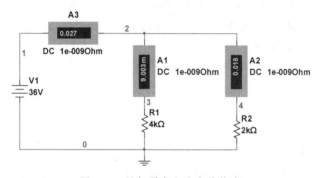

图4-7 基尔霍夫电流定律仿真

4.2.2 戴维南定理

在电路分析中，戴维南定理是处理端口电路的常用方法，其主要内容可以概括如下。

1）任何含有独立源、线性电阻以及受端口内部参量控制的受控源都可以用一个电压源和一个线性电阻的串联支路来等效代替。

2）电压源的数值等于该端口负载开路时的电压，电阻的数值等于该端口内部全部独立电源为零后的等效电阻。

在Multisim 14.0中，运用万用表分别测量电路的端口电压和端口短路电流，即可求得线性电路的戴维南等效电路。

图4-8所示电路含有一端口网络，从A-B两点看入的戴维南等效电路可以通过分别测量端口开路电压和短路电流的方法获得。其中XMM1为万用表。在交互仿真分析下运行仿真，双击XMM1图标，改变万用表档位，测量到的端口电压和短路电流分别为32 V和4 A，由此可得戴维南等效电阻为 $32/4=8\,\Omega$，仿真结果及戴维南等效电路如图4-9所示。

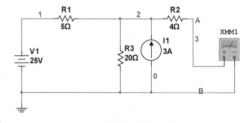

图4-8 戴维南定理仿真

a)   b)   c)

图 4-9　万用表仿真结果及戴维南等效电路

a）短路电流测量　b）端口开路电压测量　c）戴维南等效电路

4.2.3　诺顿定理

诺顿定理与戴维南定理比较相似，其内容可以简单概括如下。

1）任何含有独立源、线性电阻以及受控源电路都可以用一个电流源和一个线性电阻的并联支路来代替。

2）电流源的数值等于该端口输出端的短路电流，电阻的数值等于该端口内部全部独立电源为零后的等效电阻。

运用 Multisim 14.0 获得诺顿等效电路的方法与戴维南等效电路相同，不再赘述。图 4-8 的诺顿等效电路如图 4-10 所示。

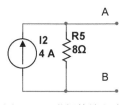

图 4-10　诺顿等效电路

4.2.4　特勒根定理

特勒根定理和基尔霍夫定律一样，也是对于集总电路普遍适用的基本定律，其内容可以简单概括为：对于一个具有 n 个节点和 b 条支路的电路，假设各支路电压和各支路电流取关联参考方向，则任意时刻 b 条支路电流和节点电压满足：

$$\sum_{k=1}^{b} u_k i_k = 0$$

建立图 4-11 所示仿真电路，该电路有 4 个元件（4 条支路），根据仿真数据可得：

$$\sum_{k=1}^{b} u_k i_k = 12 \times (-2.769) + (12 - 9.231) \times 2.769 + 9.231 \times 1.846 + 9.231 \times 0.923 = 0$$

仿真结果验证了特勒根定理。

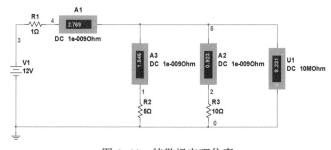

图 4-11　特勒根定理仿真

4.3　动态电路分析仿真

动态电路是指至少包含一个储能元件（电感或电容）的集总参数电路。当动态电路的结构或参数发生变化时，会产生过渡过程，使电路改变原来的工作状态，转变到另一种工作状态。

在一般情况下，当电路中含有 n 个动态元件时，通常将动态元件以外的线性电阻电路运用戴维南或诺顿定理置换为电压源和电阻的串联组合，或电流源和电阻的并联组合，以此建立 n 阶微分方程，这样的电路被称为 n 阶电路。本节主要讨论运用 Multisim 14.0 进行一阶、二阶电路仿真以及时域分析的方法。

4.3.1 一阶动态电路仿真

一阶电路的零输入响应与零状态响应可以由典型的 RC 电路输出波形进行分析。建立 RC 电路如图 4-12 所示。为了方便观测，选用频率为 100 Hz、幅值 2 V、占空比为 50%的方波作为激励源，在电路中添加示波器 XSC1，并通过其 A、B 两个通道分别测量电阻 $R1$ 和电容 $C1$ 的电压波形。为便于观测曲线，可将 B 通道连线改为蓝色，具体方法是：用鼠标右键单击对应的导线，选择 "Segment Color"，在弹出的对话框中选择相应颜色即可。

电路搭建完成后运行仿真，此时双击示波器，在弹出的对话框中分别调整显示时基 "Timebase" 及通道数据，直至曲线显示清晰、便于观察，如图 4-13 所示。

图 4-13 显示可见，电容两端电压波形呈指数规律充电、放电，与理论分析一致。

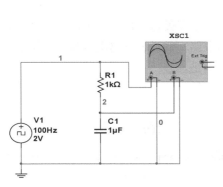

图 4-12　一阶 RC 电路仿真

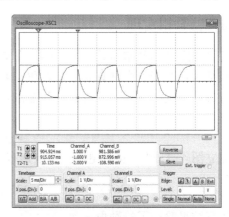

图 4-13　示波器波形显示

4.3.2 二阶动态电路仿真

用二阶微分方程描述的动态电路称为二阶电路，在二阶电路中，给定的初始条件应有两个，它们由储能元件的初始值决定。RLC 串联电路和 GLC 并联电路是最简单的二阶电路。下面以 RLC 振荡电路的 Multisim 14.0 仿真为例，介绍其动态响应分析方法。

建立图 4-14 所示的 RLC 串联电路，为了方便观测，信号源 V1 选用频率 500 Hz、幅值 5 V、占空比 50%的方波，示波器 XSC1 的 A、B 通道分别测量 V1 和电容 $C1$ 的电压波形。选用满量程为 10 kΩ 的电位器 $R1$，并将其属性对话框中 "Value" 选项卡的 "Increment" 值设为 1。

在交互仿真分析下运行仿真，通过自定义按键 "A" 小幅调节电位器 $R1$ 阻值，可分别观察过阻尼（$R1$ 调至 90%）、临界阻尼（$R1$ 调至 50%）、欠阻尼（$R1$ 调至 15%）及无阻尼时（R1 调至 0%）的 V1 及电容电压波形，如图 4-15 所示。

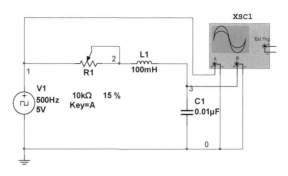

图 4-14　RLC 串联仿真电路

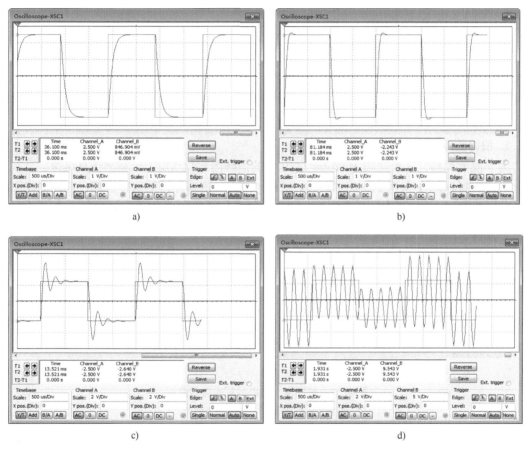

a)

b)

c)

d)

图 4-15　二阶动态电路仿真波形

a）过阻尼曲线　b）临界阻尼曲线　c）欠阻尼曲线　d）零阻尼曲线

4.4　谐振电路分析仿真

谐振电路一般分为串联谐振和谐振，本节分别介绍这两种电路基于 Multisim 14.0 的仿真和分析。

4.4.1 串联谐振电路仿真

LC 串联谐振电路如图 4-16 所示。该电路由 R、L、C 串联组成，串联谐振时电阻 r 最小，且与 $R1$ 串联在一起。

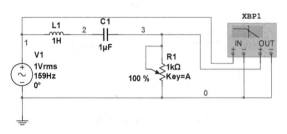

图 4-16　串联谐振电路仿真

由于电感和电容的阻抗随着信号频率的变化而变化，因此串联回路的总阻抗为 $Z(\omega)=R+j(\omega L-1/\omega C)$，当使串联电路的总阻抗表达式中虚部为零时，称所对应的频率为串联谐振频率。该电路谐振频率 f_0 为

$$f_0 = \frac{1}{2\pi\sqrt{L_1 C_1}} \approx 159\,\text{Hz}$$

1. 伯德图示仪观测仿真结果

为了便于观察，这里使用 Multisim 14.0 中的伯德图示仪 XBP1 来观测仿真结果。

1）将电位器 $R1$ 调至 100%，即 $R1=1\,\text{k}\Omega$。在交互仿真分析下运行仿真，打开伯德图示仪，可以得到图 4-17 所示的幅频特性曲线和相频特性曲线。

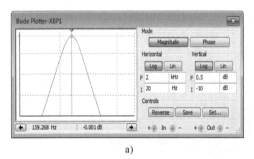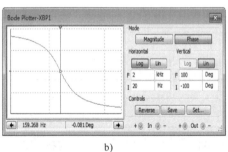

a)　　　　　　　　　　　　　　b)

图 4-17　串联谐振电路的频率特性曲线
a）幅频特性曲线　b）相频特性曲线

由图 4-17 可知，信号源频率为 159.268 Hz 时，幅值为 -0.001 dB ≈ 0 dB，相角为 -0.081° ≈ 0°，电路发生串联谐振，电路呈纯阻性。

2）调整 $R1$ 的阻值为 20%（即 $R1=200\,\Omega$），由于串联在谐振回路电阻 $R1$ 的减小，串联电路的品质因数增大，故此时振荡电路的选频作用增强，幅频特性如图 4-18 所示。

2. 通过傅里叶分析观测仿真结果

通过傅里叶分析查看其他谐波的幅频响应特性。"Fourier（傅里叶）"分析是周期性非正弦信号的一种数学分析方法，用于分析时域信号的直流分量、基频分量和谐波分量。该分析方法其实就是将周期性的非正弦信号转换成一系列正弦波和余弦波的组合，如下式所示。

$$f(t) = A_0 + A_1 \cos \omega t + A_2 \cos 2\omega t + \cdots + B_1 \sin \omega t + B_2 \sin 2\omega t + \cdots$$

其中，A_0 为原信号的直流分量；w 为基频分量；$A_1 \cos \omega t + B_1 \sin \omega t$ 是基波成分，其频率与周期与原信号相同，其他项为信号的 n 次谐波，A_i、B_i 为第 i 次谐波系数。显然信号谐波的阶次增加时，相应的谐波幅值逐渐减小。傅里叶分析需要设定一个基本频率，使它与交流源的频率相匹配，或者是多个交流源频率的最小公因数。

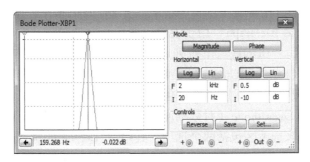

图 4-18　电路的选频特性观测

执行 "Simulate" → "Analyses and Simulation" 命令，弹出 "Analyses and Simulation" 窗口，在 "Active Analysis" 选项区中选择 "Fourier（傅里叶）" 分析，打开傅里叶分析对话框，其中 "Output"、"Analysis options" 和 "Summary" 选项卡的设置和前述其他分析方法的对话框设置相同。

"Analysis parameters" 选项卡用来设置傅里叶分析的基本参数和显示方式，如图 4-19 所示，该选项区中各项含义如下。

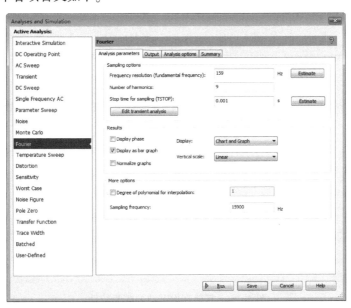

图 4-19　傅里叶分析 "Analysis parameters" 选项卡

1）Sampling options：设置傅里叶分析与采样有关的基本参数，主要包括 3 项内容如下。

①"Frequency resolution（fundamental frequency）"：该文本框用于设置基频。如果电路中有多个交流信号源，则取各信号源频率的最小公倍数。可以单击 "Estimate（估计）" 按

钮，系统会自动设置。

②"Number of harmonics"：该文本框用于设置希望分析的谐波总数（系统默认值为9）。

③"Stop time for sampling（TSTOP）"：该文本框用于设置停止取样的时间。可以单击"Estimate"按钮，系统会自动预估设置。

单击"Edit transient analysis"按钮，可设置瞬时分析选项，默认设置即可。

2）Results：选择仿真结果的显示方式。其中"Display phase"用于设置显示幅度频谱和相位频谱，"Display as bar graph"用于设置以线条绘出频谱图，"Normalize graphs"用于设置绘出归一化频谱图。"Display"下拉列表用来设置所要显示的项目，共包含 Chart（图表）、Graph（曲线）、Chart and Graph（图表和曲线）3 项内容。"Vertical scale"下拉列表用来设置频谱的纵轴刻度，其下拉列表中包括 Decibel（分贝刻度）、Octave（八倍刻度）、Linear（线性刻度）和 Logarithmic（对数刻度）。

3）More options：该选项区包括两个选项，其中，"Degree of polynomial for interpolation"复选框的功能是设定仿真中用于点间插值的多项式的次数，选中该复选框后，即可在其右边方框中指定多项式次数。"Sampling frequency"文本框用于指定采样率。

在"Analysis parameters"选项卡下，将"Frequency Resolution"设置为谐振频率 159 Hz，其余选择默认设置；"Output"选项卡下"All variables"选项区列出了串联谐振电路的所有变量，选中需要作为傅里叶分析的变量 V(3)（即 R1 两端的电压），单击"Add"按钮，将其添加至"Selected variables fou analysis"选项区中，其余选项默认设置。设置完后单击"Run"按钮，傅里叶分析结果如图 4-20 所示。

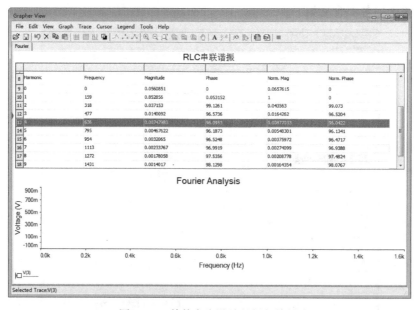

图 4-20　其他高次谐波的幅频特性

4.4.2　并联谐振电路仿真

并联谐振的定义与串联谐振的定义相同，即端口上的电压与输入电流同相时的工作状况称为谐振，由于发生在并联 RLC 振荡电路中，故称为并联谐振。建立如图 4-21 所示的 Multisim 14.0 仿真电路，并联回路总导纳为 $G(\omega)=1/R+\mathrm{j}(\omega C-1/\omega L)$ ，总导纳虚部为零时的频率称为并联谐振频率。该电路谐振频率 f_0 为

$$f_0=\frac{1}{2\pi\sqrt{L_1C_1}}\approx50\,\mathrm{Hz}$$

信号源 V1 为频率 50 Hz、有效值 100 V 的正弦波，其频率恰等于谐振频率，因此该电路处于并联谐振状态，电容和电感可视为开路，电路呈纯阻性且阻抗最大。计算可得 $R1$ 上电流有效值为 100 V/100 Ω = 1 A。在交互仿真分析下运行仿真，交流电流表 XMM1 读数为 999.986 mA，与理论计算一致。

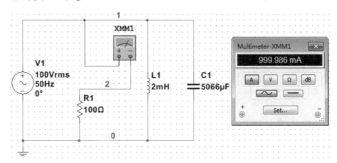

图 4-21　RLC 并联谐振电路

4.5　正弦电路功率分析仿真

功率表征了电路中电能的传输和分配能力，是实际电路应用的主要目的之一。

在正弦电路中，由于储能元件的存在，能量在电源和电路元件中往返交换，因此正弦电路的功率分析有一定难度。

为了合理分析正弦交流电路的功率，在电路分析中通常引入有功功率、无功功率、视在功率、复功率以及功率因数等参数对其进行分析，其公式表述见表 4-1。

表 4-1　正弦电路的功率参数

负 载 类 型	功 率 参 数	计 算 公 式
阻性元件	--	$P=UI=I^2R=\dfrac{U^2}{R}$
容性元件	视在功率	$S=UI=I^2\sqrt{R^2+X_C^2}=\dfrac{U^2}{\sqrt{R^2+X_C^2}}$
	有功功率	$P=\lambda S$
	功率因数	$\lambda=\cos\varphi$
	容抗	$X_C=\dfrac{1}{2\pi fC}$
感性元件	视在功率	$S=UI=I^2\sqrt{R^2+X_L^2}=\dfrac{U^2}{\sqrt{R^2+X_L^2}}$
	有功功率	$P=\lambda S$
	功率因数	$\lambda=\cos\varphi$
	感抗	$X_L=2\pi fL$

在 Multisim 14.0 中，使用功率表可以直接测量出实际的有功功率以及功率因数，并通过表 4-1 公式可以计算出其他无功功率和视在功率。本节以正弦电压源 RC 串联电路为例，介绍 Multisim 14.0 中功率表的应用以及正弦电路的功率分析方法。

建立图 4-22 所示的电路。XWM1 为虚拟仪表仪表库中的"Wattmeter（功率表）"，功率表左侧电压接口与待测电路两端并联，右侧电流接口与待测电路串联。在交互仿真分析下运行仿真，功率表读数如图 4-22 所示，可得该电路有功功率为 4.452 W，功率因数为 0.30327，视在功率 $S = P/\lambda = 4.452/0.30327 = 14.68\ \text{V} \cdot \text{A}$。

用户可自行调节电阻值或电容值，观察不同参数下的电路功率因数变化。

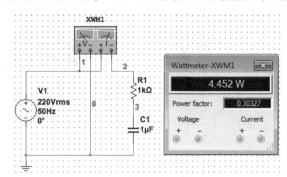

图 4-22　正弦交流电路的功率测量

4.6　电路网络函数分析仿真

线性无源网络 N 在单一激励下，其零状态响应的象函数 $C(s)$ 与输入信号的象函数 $E(s)$ 之比定义为网络函数 $H(s)$，也称传递函数。$H(s)$ 仅取决于网络的参数与结构，一般是复变量 s 的有理分式，若其为真分式且分母 $D(s)$ 具有单根，即成一阶系统，其极点为负实根时，阶跃响应为按指数规律单调上升的过程，无超调量，调节时间为 $(3\sim5)\tau$（τ 为电路时间常数）。

建立 RC 一阶电路如图 4-23 所示。其中开关 S1 在"Basic"基础元件库"SWITCH"下拉列表中，选择"DIPSW1"即可。由理论分析可知该电路网络函数为：$H(s) = V_2(s)/V_3(s) = 1/(RCs + 1) = 1/(10^{-3}s + 1)$，因此网络函数有一个极点 $p_1 = -1000$，时间常数为 $\tau = RC = 0.001\ \text{s} = 1\ \text{ms}$。

可用 Multisim 14.0 的零极点分析功能求出网络函数的零、极点。执行"Simulate"→"Analyses

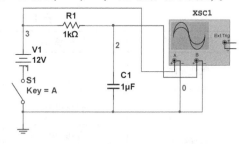

图 4-23　RC 一阶电路的网络函数分析

and simulation"命令，弹出"Analyses and Simulation"窗口，在"Active Analysis"选项区选择"Pole Zero（零极点）"分析，打开零极点分析对话框，其"Analysis parameters"选项卡如图 4-24 所示，各个参数的含义如下。

1）Analysis type：用于设置零极点分析的分析类型，该选项区共有 4 个模式，Gain Analysis（电压增益分析），即输出电压/输入电压；Impedance Analysis（电路互阻抗分析），即输出电压/输入电流；Input Impedance（电路输入阻抗）和 Output Impedance（电路输出阻抗）。

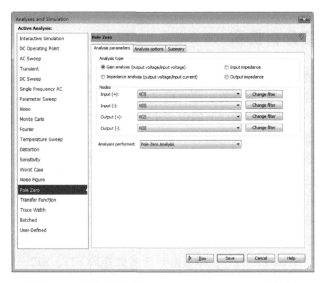

图 4-24 零极点分析 "Analysis parameters" 选项卡

2) Nodes: 用于设置输入/输出的节点 (正、负端点)。该选项区包括 "Input(+)" 下拉列表，即正的输入端点；"Input(−)" 下拉列表，即负的输入端点 (通常接地，即节点 0)；"Output(+)" 下拉列表，即正的输出端点；"Output(−)" 下拉列表，即负的输出端点 (通常接地，即节点 0)。

3) Analysis performed: 用于设置分析的对象，有 Pole Analysis (只求出极点)、Zero Analysis (只求出零点) 和 Polo-Zero Analysis (同时求出零点和极点) 3 种选择。

"Analysis options" 和 "Summary" 选项卡的设置与前述分析方法类似，不再赘述。

在 "Analysis parameters" 选项卡下，将 "Nodes" 选项区 "Input(+)" 选择 "V(3)"，"Input(−)" 选择 "V(0)"，"Output(+)" 选择 "V(2)"，"Output(−)" 选择 "V(0)"，其余选择默认设置。单击 "Run" 按钮，零极点分析结果如图 4-25 所示。可见该电路网络函数有一个极点为 −1.00000 k，与理论分析一致。

在交互仿真分析下运行仿真，打开示波器 XSC1 观察输入输出波形，某个时刻闭合开关 $S1$ (即输入幅值为 12 V 的阶跃信号)，RC 一阶电路的阶跃响应曲线如图 4-26 所示，移动游标 1 与游标 2 的位置，可见其调节时间为 4.735 ms，也与理论分析一致。

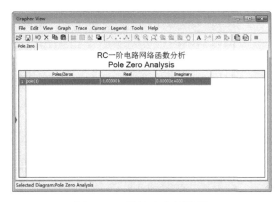

图 4-25 零极点分析结果

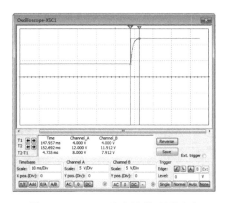

图 4-26 RC 一阶电路的阶跃响应

4.7 二端口网络分析仿真

二端口网络就是把电路中两对端口间的电路包含在一起，视为一个电路进行分析。

在分析二端口网络时，通常只关心两对端口处的电压和电流关系。两对端口中接电源的称为入口，接负载的称为出口。端口上的电压 $V1$、$V2$ 和电流 $i1$、$i2$ 分别称为端口电压和端口电流，也称端口变量。端口变量之间的关系可用 Z 参数、H 参数、Y 参数和 S 参数表示。本节以电流控制电流源（二端口）网络为例，运用网络分析仪测试相关参数。

在 Multisim 14.0 中 "Sources" 列表 "CONTROLLED_CURRENT_SOURCES" 下，选择 "CURRENT_CONTROLLED_CURRENT_SOURCES"，即可添加一个电流控制电流源，把其参数修改为 100 A/A，然后添加网络分析仪 "XNA1"，建立如图 4-27 所示电路。

在交互仿真分析下运行仿真，双击网络分析仪，在弹出的 "Network Analyzer" 窗口中的 "Graph" 选项区选择 "S-parameters"，即可得到 S 参数矩阵 S11、S12、S21、S22 的具体参数如图 4-28 所示。其对角线上的元素 S11 表示当端口 2 上的电阻匹配时，端口 1 的反射系数；非对角线的元素代表传输系数，即接负载的端口从电源上获得的可用功率之比。默认黑色背景，单击 "Functions" 选项区 "Set up" 按钮，可设置背景色、网格线颜色、文本颜色等。

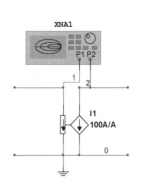

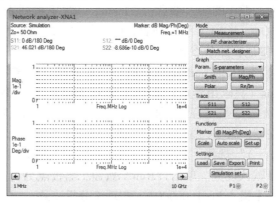

图 4-27　二端口网络仿真电路　　　　　　　图 4-28　S 函数仿真结果

在 "Graph" 选项区选择 "H-parameters" 或 "Z-parameters" 还可得到 H 参数或 Z 参数矩阵，分别如图 4-29 和图 4-30 所示，读者可自行测试 Y 参数。

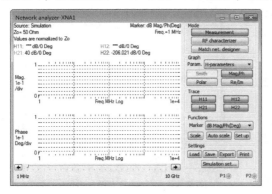

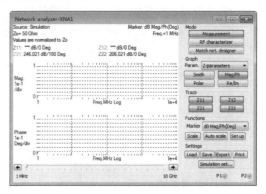

图 4-29　H 函数仿真结果　　　　　　　图 4-30　Z 函数仿真结果

4.8 含耦合电感的电路分析仿真

耦合电感是线性电路中一种重要的多端元件。

耦合电感的电压不仅与通过本电感的电流有关，还与通过其他耦合电感的电流有关。分析含有耦合电感的电路一般采用的方法有列方程分析和应用等效电路分析两类。考虑到耦合电感的特性，在分析中要注意其以下特殊性。

1) 耦合电感上的电压、电流关系（VCR）式与其同名端位置有关，与其上电压、电流参考方向有关。

2) 由于耦合电感上的电压是自感电压和互感电压之和，因此在列方程分析这类电路时，如不采用去耦等效，则多采用网孔法和回路法，不宜直接应用节点电压法。

3) 应用戴维南定理（或诺顿定理）分析时，等效内阻抗应按含受控源电路的内阻抗求解法。但当负载与有源二端网络内部有耦合电感存在时，戴维南定理或诺顿定理不宜使用。

在 Multisim 14.0 的"Basic"列表中"TRANSFORMER"下选择"COUPLED INDUC-TORS"可在工作区添加一个耦合电感（注意，Multisim 10.0 之前的版本并无该器件）。耦合电感的同名端在元件上并未标明，可以通过测试的方式进行确定，测试电路如图 4-31 所示。在交互仿真分析下运行仿真，电压表读数为正值，因此图 4-31 中网络标号 2 和 3 互为同名端。

建立图 4-32 所示的仿真电路。其中 T1 为耦合电感，双击 T1，打开"COUPLED IN-DUCTORS"窗口，在"Value"选项卡下，"Primary coil inductance（一次线圈感值）"设置为 10 mH，"Secondary coil inductance（二次线圈感值）"设置为 8 mH，"Coefficient of coupling（耦合系数）"设置为 0.8。为了得到该电路的等效阻抗，在电压源支路放置一个探针"PR1"，并对"PR1"进行交流扫描分析，而后得出幅频、相频特性曲线的方法实现。具体步骤如下：

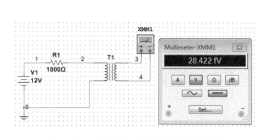

图 4-31 耦合电感器件同名端测试

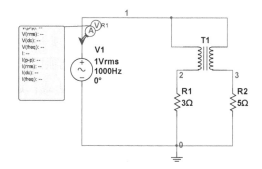

图 4-32 含有耦合电感的电路分析

1. 交流扫描分析

执行"Simulate"→"Analyses and Simulation"命令，弹出"Analyses and Simulation"窗口，在"Active Analysis"选项区中选择"AC Sweep（交流扫描）"，打开"AC Sweep"分析对话框，其"Frequency parameters"选项卡如图 4-33 所示，参数说明如下。

图 4-33 交流扫描分析 "Frequency parameters" 选项卡

1) Start frequency (FSTART)：设定交流分析的起始频率。

2) Stop frequency (FSTOP)：设定交流分析的终止频率。

3) Sweep type：设定交流分析的扫描方式。其中包括 Decade（十倍频扫描）、Octave（八倍频扫描）及 Linear（线性扫描），通常采用 Decade，以对数方式展现分析结果。

4) Number of points per decade：设定每十倍频中的采样点数。

5) Vertical scale：设定垂直刻度，其中包括 Decibel（分贝）、Octave（八倍频程）、Linear（线性）及 Logarithmic（对数）。通常采用 Logarithmic 或 Decibel 选项。

6) Reset to default：将所有设定恢复为默认值。

"Output"、"Analysis options"、"Summary" 选项卡设置与前述分析方法类似，不再赘述。

2. 幅频相频表达式

在交流扫描分析 "Output" 选项卡下单击 "Add Expression" 按钮，弹出 "Analysis Expression" 窗口，在 "Functions" 选项区双击 mag()，然后在 "variables" 选项区分别双击 V(PR1)、I(PR1) 将其添加至表达式；运用同样的方法添加 ph() 表达式，即分别分析电路的幅频、相频特性曲线，添加完成的表达式如图 4-34 所示。

3. 复阻抗分析

添加完成后单击 "OK" 按钮，再单击 "Run" 按钮，即可得出交流扫描分析结果如图 4-35a 所示。执行 "Cursor" → "Show Cursors" 命令，游标读数如图 4-35b 所示。移动游标可查看不同频率下的幅值与相位，即可得到在当前频率下的复阻抗。如当前

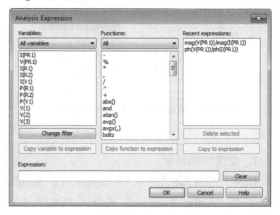

图 4-34 幅频、相频特性表达式

游标 1 所在位置 X1 频率为 101.2144 Hz，阻抗模值为 5.6602，相位约为 0°，游标 2 所在位置 X2 频率为 406.8520 kHz，阻抗模值为 19.9563 k，相位约为 0°。

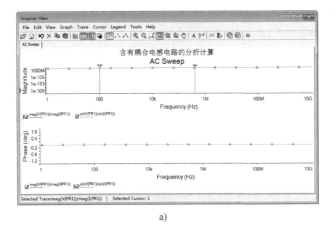

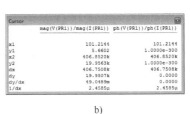

a)   b)

图 4-35　耦合电感电路复阻抗分析计算

a）交流扫描分析结果　b）游标读数

4.9　典型案例电路分析仿真

4.9.1　实例一：简单直流电路仿真

简单直流电路分析是电路分析理论的基础。本节通过一个简单实例介绍 Multisim 14.0 应用于直流电路分析的方法。

在 Multisim 14.0 中建立图 4-36 所示的直流电路，该电路为线性电路，在电流表 A1 和电压表 U1 为理想元件时，根据欧姆定律可以计算出回路中的电流为 0.012 A，这一结果通过仿真结果即可证明。需要注意，在进行电路仿真时应该兼顾电路中电压表、电流表、功率表等的内阻问题，通过设置阻值，可以得出与实际电路最为接近的仿真效果。

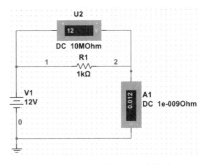

图 4-36　简单直流电路仿真

4.9.2　实例二：复杂直流电路仿真

在直流电路中，当出现多个电压源、电流源以及多个电阻元件的混联时，直流电路的分析变得相对复杂，通常采用电路定理列写电压、电流方程并对其求解的方式实现对电路的分析，当电路复杂到一定程度时，就要借助计算机进行辅助计算。下面介绍 Multisim 14.0 在复杂直流电路中的仿真方法。

在 Multisim 14.0 中建立图 4-37 所示的电路。电路中包含两个独立电压源 V1、V2，一个独立电流源 I2，一个电压控制电流源 I1。对于此类电路可采用网孔电流法或节点电压法求解，而在 Multisim 14.0 中通过 "DC Operating Point" 分析可快速得出电路的所有参数。

电路搭建完成后，执行"Simulate"→"Analyses and Simulation"命令，弹出"Analyses and Simulation"窗口，在"Active Analysis"选项区中选择"DC Operating Point"，在"Output"选项卡下"Variables in Circuit"选项区列表中将 I(R1)、I(R2)、V(1)、V(2)、P(R1)、P(V1)等参数添加到右侧"Selected variables for analysis"列表中，再单击"Run"按钮，得到静态工作点的分析结果如图 4-38 所示。由图 4-38 可知，V(1) = 2 V，V(2) = 526.31579 mV，I(R1) = −1.47368 A，I(R2) = 2.6358 A，P(R1) = 2.17175 W，P(V1) = −2.94737 W。

通过对比简单直流电路与复杂直流电路分析方法不难看出，运用电流表、电压表测量的方法进行电路分析更加适用于简单直流电路，而直流工作点分析方法更加适用于复杂直流电路。实际应用时可以采用二者相结合的方法灵活地实现可变电路的分析。

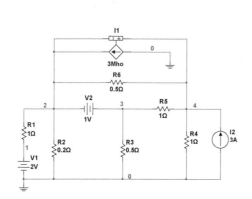

图 4-37　复杂直流电路仿真

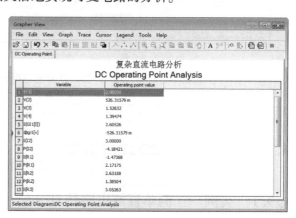

图 4-38　复杂电路直流工作点分析

4.9.3　实例三：平衡电桥电路仿真

当电桥电路对角线桥臂阻值乘积相等时，称为电桥平衡状态，此时桥路输出电压、电流为零，运用惠斯通电桥可以比较精确的测量电阻，本节通过一个典型电桥电路对其进行分析和仿真。

建立图 4-39 所示的电路，其中 R4 为满量程 8 kΩ 的电位器，根据电桥平衡原理不难得出，当 R4 阻值为 4 kΩ 时，电流表"XMM1"所在支路电流为 0。在交互仿真分析下运行仿真，调节电位器阻值至 50%，得到此时电流表读数为 2.667 pA≈0 A，与理论推导结果一致。

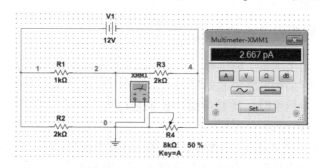

图 4-39　平衡电桥电路仿真

4.9.4　实例四：正弦交流电路仿真

正弦电路通常采用相量法进行分析，在 Multisim 14.0 中可以采用幅频、相频特性分析的方法得到回路的相量表达式，从而对电路参数进行求解。

本节通过一个正弦交流电路的仿真介绍对电路参数相量表达式的计算方法。

建立图 4-40 所示的正弦交流电路，其中交流电压源和交流电流源的频率均为 10 kHz，幅值分别为 100 V 和 50 A，初相位分别为 30°和 60°。若计算 $C2$ 两端电压（即 $V(2)$）相量，可执行"Simulate"→"Analyses and Simulation"命令，弹出"Analyses and Simulation"窗口，在"Active Analysis"选项区中选择"AC Sweep"，并在其"Output"选项卡的"All Variables"下拉列表中将 V(2) 添加到右侧"Selected variables for analysis"列表中，再单击"Run"按钮，得到交流扫描分析的结果如图 4-41 所示。

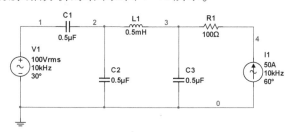

图 4-40　正弦交流电路

在图 4-41（"Grapher View"）窗口，执行"Cursor"→"Show sursors"，分别移动"Magnitude（幅频特性）"和"Phase（相频特性）"栏红色游标 1 至 10 kHz 处，可观察到幅频特性 y1 = 39.4826，相频特性 y1 = -78.4290，即 V(2)电压相量模值为 39.4826，初相位为 -78.4290°。

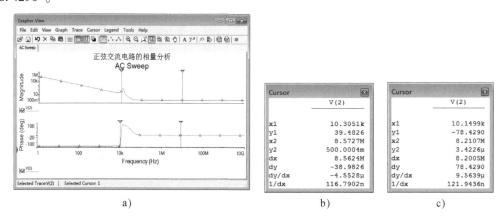

图 4-41　正弦交流电路交流扫描分析结果

a）V(2)幅频、相频特性曲线　b）游标 1 读数　c）游标 2 读数

4.9.5　实例五：非正弦波傅里叶分析仿真

在 Multisim 14.0 中建立图 4-42 所示电路，其中 V1 为幅值 5 V、周期 1 ms 的三角波信号。在交互仿真分析下运行仿真，示波器 XSC1 的工作波形如图 4-43 所示。可知电容 $C1$ 两

端电压（即 V(2)）波形近似频率为 1000 Hz 的正弦波信号。

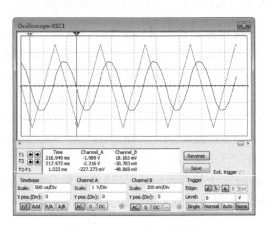

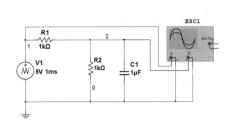

图 4-42　非正弦波信号仿真电路　　　　图 4-43　示波器工作波形

执行"Simulate"→"Analyses and Simulation"命令，弹出"Analyses and Simulation"窗口，在"Active Analysis"选项区中选择"Fourier（傅里叶）"，并在其"Analysis parameters"选项卡下，将"Frequency Resolution（基频）"设置为 1000 Hz，其他默认设置；在"Output"选项卡下"All variables"列表中选择 V(2)（即 C1 两端的电压），将其添加至右侧"Selected variables fou analysis"列表中，其他默认设置。

设置完后单击"Run"按钮，弹出傅里叶分析结果窗口如图 4-44 所示。可见 V(2)的幅频特性中，基波信号频率幅值最大，其他频率幅值都很小，几乎为 0，与理论分析一致。

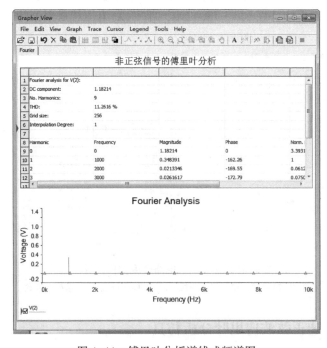

图 4-44　傅里叶分析谱线式频谱图

4.9.6 实例六：*LC* 阻尼振荡电路仿真

LC 振荡电路是指用电感 *L*、电容 *C* 组成选频网络的振荡电路，该类电路运用了电感和电容的储能特性，通过电能、磁能的交替转换，实现了振荡效果。在实际电路中，由于电路元件以及能量传输过程中的损耗，*LC* 振荡电路通常为阻尼振荡，下面通过一个简单实例对 *LC* 的阻尼振荡进行仿真分析。

建立图 4-45 所示电路，为模拟实际电路中的损耗，在 *LC* 电路中串联一个电位器 *R*1。由理论分析可知该电路振荡频率：$f_0 = \dfrac{1}{2\pi\sqrt{L_1 C_1}} \approx 5\ \text{kHz}$。

将 *R*1 阻值调至 0%，开关 S1 打向左侧，即先给电容充电。在交互仿真分析下运行仿真后，再将开关 S1 打向右侧，此时示波器工作波形如图 4-46 所示，可见电路处于振荡状态，振荡周期为 200.758 us，频率为 5 kHz，与理论分析一致。读者可自行改变 *R*1 的阻值，观察其对振荡波形的影响。

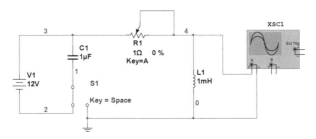

图 4-45　*LC* 阻尼振荡电路仿真

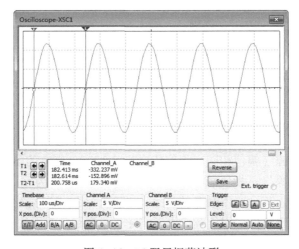

图 4-46　*LC* 阻尼振荡波形

4.9.7 实例七：移相电路分析仿真

移相电路是指能够对电压、电流波形的相位进行调整的一类电路，最简单的移相电路为 *RC* 移相，*n* 节 *RC* 电路可移相 *n*×(0~90°)。下面介绍用 Multisim 14.0 进行移相电路仿真的基本方法。

建立图 4-47 所示电路, 该电路由 3 节 RC 移相电路构成, 移相范围为 0~270°。用 4 踪示波器 XSC1 可同时观察 $V(1)$、$V(2)$、$V(3)$、$V(4)$ 的波形。在交互仿真分析下运行仿真, 示波器工作波形如图 4-48 所示。可知 $V(2)$ 波形滞后 $V(1)$ 90°, $V(3)$ 波形滞后 $V(1)$ 180°, $V(4)$ 波形滞后 $V(1)$ 270°, 与理论分析一致。读者可自行修改电路参数, 观察其对移相效果的影响。

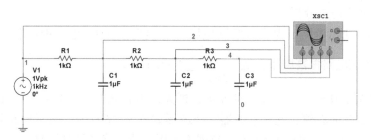

图 4-47　移相电路仿真

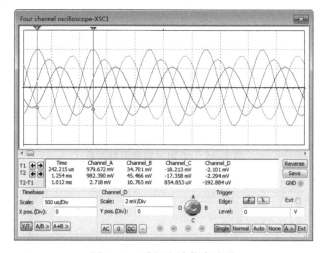

图 4-48　移相电路仿真波形

4.9.8　实例八: 三相交流电路分析仿真

由三相对称交流电源 (幅值相同、相位依次相差 120°) 供电的电路称为三相交流电路, 应用非常广泛。三相电源与三相负载的连接有 4 种接法, 分别为丫-丫联结、丫-△联结、△-丫联结、△-△联结, 其中应用最多的是丫-丫联结。丫-丫联结又分三相四线制和三相三线制, 三相三线制适用于对称三相负载。由于实际三相电路负载无法做到完全对称, 因此常采用三相四线制连接方式。

建立三相交流电路如图 4-49 所示, 该电路为典型照明电路。为研究三相四线制中性线的重要性, 在中性线中放置一个开关, 用来模拟实际电路中性线断开故障现象。

在交互仿真分析下运行仿真, 首先闭合开关 S5, 依次断开开关 S1~S4, 可观测到各相负载均可独立工作, 彼此互不影响, 无论负载如何变化, 中性线电流接近于零 (1.2 fA) 且保持不变。此时若将开关 S5 断开, 则会出现白炽灯灯丝断开的现象, 表示该电元件损毁, 从而验证了三相四线供电方式中性线必须可靠接地。

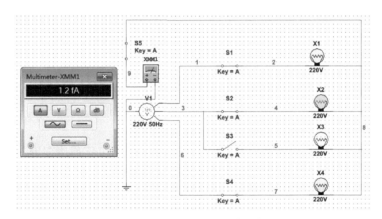

图 4-49　三相交流电路仿真

4.10　思考与习题

1. 简述在 Multisim 14.0 中,运用静态工作点进行直流电路分析的一般步骤。

2. 简述 Multisim 14.0 提供的耦合电感模型的参数意义,建立简单电路确定其同名端,并讨论其原因。

3. 在 Multisim 14.0 中建立图 4-50 所示电路,求得图中探针所测电流和电路中所有节点电压,通过节点电压法列写方程并求解,验证仿真结果。

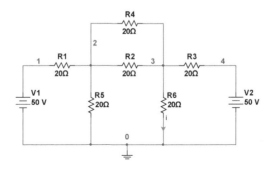

图 4-50　直流电路仿真练习

4. 试述运用双踪示波器进行波形分析时的一般步骤,当观测到的波形不理想时,应如何调整示波器参数?

5. 简述运用幅频、相频特性分析方法计算电路等效阻抗的一般步骤。

第5章　在模拟电路中的应用和仿真

模拟电子技术是电类学科重要的专业基础课，同时在电子产品中有着极其重要的应用。虽然随着电子技术的不断发展与进步，更多的电路朝着数字化、集成化、微型化和低功耗的方向发展，但是模拟电子技术特有的应用领域和基本分析方法仍然不可替代。利用 Multisim 14.0 对模拟电路进行仿真分析具有实践意义，能够帮助学生深刻理解基本概念和电路原理，有利于理论和实践的紧密结合和相互渗透。

本章通过 Multisim 14.0 介绍模拟电子技术的基本放大电路、集成电路、有源滤波器、运算放大器电路、反馈电路等，并通过对典型应用实例的仿真与分析，提升用户对模拟电子应用电路的设计能力和实践技能。

5.1　单管共射放大电路的分析和仿真

单管共射放大电路是放大电路的基本形式，也是模拟电子技术这门课程的重要的知识点。放大电路的控制元器件是晶体管，主要功能是实现对微弱信号的不失真放大。为此，必须设置合适的静态工作点，保证晶体管工作在放大状态。电压增益 A_v、输入电阻 R_i 和输出电阻 R_o 是放大电路的重要动态指标。

本节以图 5-1 所示的单管共射放大仿真电路为例，应用 Multisim 14.0 对其进行静态和动态的分析与仿真。通过观察和分析不同的电路参数对放大电路性能指标的影响，加深对放大电路性能的理解，掌握使用 Multisim 14.0 进行模拟电路设计和仿真的方法。

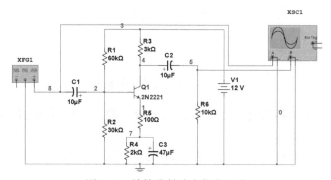

图 5-1　单管共射放大仿真电路

5.1.1　静态工作点分析仿真

静态工作点分析过程如下。

1. 建立共射放大电路

（1）选取元器件

1）电源 V1：单击元器件工具栏的"Place Source"按钮，在打开的窗口的"Family"

列表框中选择"POWER_SOURCES"，在"Component"列表框中双击"DC_POWER"，将直流电源 V1 置于工作区，并将其设置为 12 V。(以上放置电源操作可以简化为：执行"Place Source"→"POWER_SOURCES"→"DC_POWER"命令，下面操作类同)

2）接地：执行"Place Source"→"POWER_SOURCES"→"GROUND"命令，选取电路中的接地符号。

3）函数信号发生器：在基本操作界面右侧虚拟仪器工具条中调出虚拟信号发生器 XFG1，将其置于工作区，双击图标"XFG1"，将其设置成 1 kHz、5 mV 的正弦波。

4）示波器：在基本操作界面右侧虚拟仪器工具条中调出虚拟双踪示波器 XSC1，将其置于工作区，双击图标"XSC1"，把 Timebase 设置成 500 μs/div，Channel A 设置成 10 mV/div，Channel B 设置成 200 mV/div。

5）电阻：执行"Place Basic"→"RESISTOR"命令，选择电阻，分别设置为 20 kΩ、10 kΩ、3 kΩ、2 kΩ、6 kΩ。

6）电容：执行"Place Basic"→"CAP_ELECTROLIT"命令，选择电容，分别设置为 10 μF、47 μF。

7）晶体管：执行"Place Transistor"→"GJT_NPN"→"2N2221"命令。

（2）连接仿真电路

将设置好的元器件按图 5-1 连线，建立单管共射放大电路。

执行"Edit"→"Properties"命令，弹出"Sheet Properties"对话框，在"Net names"下选中"Show All"选项，将电路中各个节点编号显示出来。

2. 静态工作点分析

执行"Simulate"→"Analyses and Simulation"命令，弹出"Analyses and Simulation"窗口，在"Active Analysis"选项区中选择"DC Operating Point"，打开直流工作点分析对话框，如图 5-2 所示。

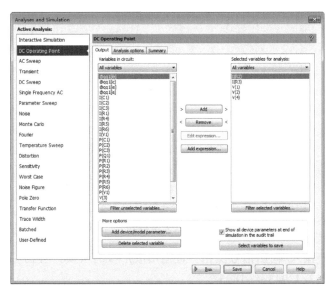

图 5-2　直流工作点分析对话框

在弹出的对话框中的"Output"选项卡下"Variables in Circuit"列表中依次选择I(R2)、I(R3)、V1、V2、V4,分别添加到右侧"Selected variables for analysis"列表中,单击"Run"按钮,得到静态工作点的分析结果,如图5-3所示。

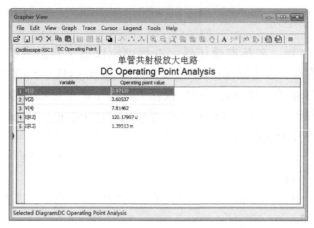

图5-3 单管共射放大电路静态工作点分析结果

可以看出,集电极电流 $I_{CQ} = I(R3) \approx 1.39\,\text{mA}$,集-射极压降 $V_{CE} = V(4) - V(1) = 7.81462 - 2.97120 = 4.84342\,\text{V}$,在电源电压为12 V时,该放大电路的静态工作点合适。

5.1.2 放大电路动态分析仿真

1. 电压放大倍数测量

在交互仿真分析下运行仿真,双击示波器 XSC1 图标,单管共射放大电路输入/输出波形如图5-4所示。

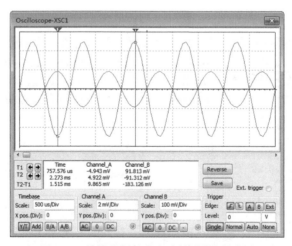

图5-4 单管共射放大电路输入/输出波形

由图5-4可知,输入/输出信号反相,且输出波形没有失真。在游标1处,电压放大倍数 $A_v = Vo/Vi = -91.813/4.943 \approx -18.57$。

2. 输入电阻测量

1)删除示波器 XSC1,在放大电路的输入回路串接电流表 XMM1、并接电压表 XMM2,

在放大器的输入端串接 $R7=1\,\text{k}\Omega$ 的电阻模拟信号源的内阻，如图 5-5 所示。

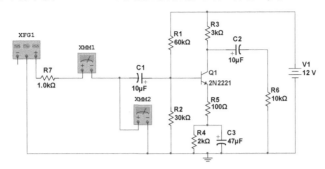

图 5-5　单管共射放大电路输入电阻的测量

2）双击电流表 XMM1，选择交流电流档，双击电压表 XMM2，选择交流电压挡，在交互仿真分析下运行仿真，测量结果如图 5-6 所示。

3）由仿真结果可得：输入电阻 $R_i = V_i/I_i = 3.007\,\text{mV}/528.079\,\text{nA} \approx 5.69\,\text{k}\Omega$。但在实际的测量电路中，由于电压表和电流表都不是理想的仪表，通常采用间接测量的方法。

图 5-6　输入电阻测量结果

3. 输出电阻测量

1）输出电阻的测量采用外接激励法。删去信号发生器 XFG1，增加内阻 $R7$，负载 $R6$ 开路，在输出端外接峰值 $1000\,\text{mV}$、频率 $1\,\text{kHz}$ 的正弦交流电压源，串接电流表 XMM1、并接电压表 XMM2，如图 5-7 所示。

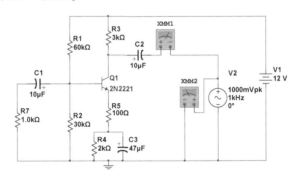

图 5-7　单管共射放大电路输出电阻的测量

2）双击电流表 XMM1，选择交流电流档，双击电压表 XMM2，选择交流电压挡，在交互仿真分析下运行仿真，测量结果如图 5-8 所示。

3）由仿真结果可得：输出电阻为 $R_o = V_o/I_o = 707.079\,\text{mV}/252.766\,\mu\text{A} \approx 2.80\,\text{k}\Omega$。

图 5-8　输出电阻测量结果

5.1.3　放大电路单一频率交流分析

"Single Frequency AC（单一频率交流）"分析即测试电路对某个特定频率信号的响应。

打开图 5-1 所示单管共射放大电路，执行 "Simulate" → "Analyses and Simulation" 命令，弹出 "Analyses and Simulation" 窗口，在其 "Active Analysis" 选项区中选择 "Single Frequency AC"，进入 "Single Frequency AC" 对话框，选择 "Frequency parameters" 选项卡，如图 5-9 所示，各项含义如下。

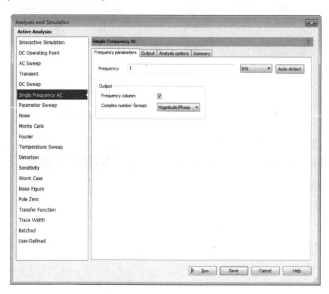

图 5-9　单一频率交流分析 "Frequency parameters" 选项卡

1) Frequency：设置待分析的信号源频率，这里设置为 1 kHz。

2) Output：设置输出信号。选择 "Frequency column（频率栏）"；"Complex number format（复数格式）" 有两个选项："Real/Imaginary（实部/虚部）" 形式和 "Magnitude/Phase（幅值/相位）" 形式，选择 "Magnitude/Phase" 形式。

"Single Frequency AC" 对话框的 "Output" 选项卡如图 5-10 所示。

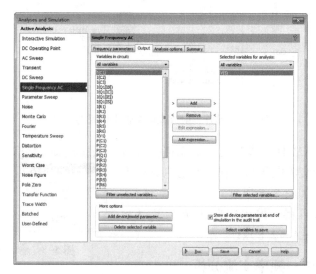

图 5-10　单一频率交流分析 "Output" 选项卡

在"Variables in circuit"选项区选择 V(5)（即 R6 两端的电压），将其添加至右侧"Se-lected Variables for analysis"列表中，其他选项卡默认设置。设置完后单击"Run"按钮，单一频率交流分析结果如图 5-11 所示。

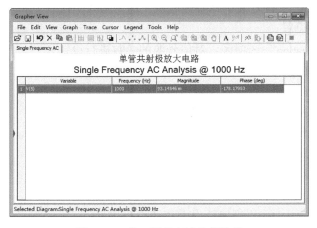

图 5-11　单一频率交流分析结果

可以看出，信号源频率为 1 kHz 时，V(5) 幅值为 93.14546 mV，相位为 -178.17993° ≈ -180°，与前述动态分析和仿真结果基本一致。

读者可自行调整信号源频率，观察 V(5) 的幅值、相位随频率变化的情况。

5.1.4　定制放大电路仿真

Multisim 14.0 为用户提供了定制电路仿真的功能，即根据用户的需要和工作习惯来设计电路，下面以单管共射放大电路为例介绍定制放大电路的过程。

执行"Tools"→"Circuit Wizards"→"CE BJT Amplifier Wizard"命令，打开如图 5-12 所示"BJT Common Emitter Amplifier Wizard"对话框，在对话框中设置参数，完成定制电路。

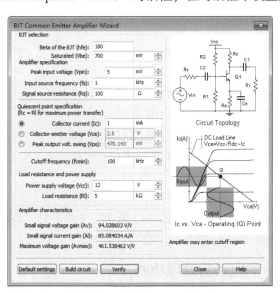

图 5-12　单管共射放大电路的定制

（1）晶体管参数设置

"BJT selection"选项区：对放大电路中的晶体管进行参数设置。

1）Beta of the BJT（hfe）：设置晶体管的放大倍数。

2）Saturated（Vbe）：设置发射结导通电压，通常为0.7 V。

（2）信号源参数设置

"Amplifier specification"选项区：对信号源的参数进行设置。

1）Peak input voltage：设置交流信号源的峰值电压。

2）Input source frequency：设置交流信号源的频率。

3）Signal source resistance：设置交流信号源的内阻。

（3）设置静态工作点

"Quiescent point specification"选项区：设置静态工作点。

1）Collector curren：设置集电极静态电流I_{CQ}。

2）Collector-emitter voltage：设置集电极和发射极的电压V_{CEQ}。

3）Peak output volt. swing：设置输出电压的变化幅度。

在"Quiescent point specification"选项区，当用户选择其中一项后，Multisim 14.0会自动计算出另外两个选项的值，通常选择"Collector current"或"Collector-emitter voltage"的值来定义静态工作点，从而定制电路。

（4）设置负载电阻和直流源参数

"Load resistance and power supply"选项区：设置负载电阻和直流电源的参数。

1）Power supply voltage：设置直流电源的大小。

2）Load resistance：设置负载电阻大小。

（5）显示结果

"Amplifier characteristics"选项区：显示放大的结果。

1）Small Signal voltage gain：显示电压放大倍数。

2）Small Signal current gain：显示电流放大倍数。

3）Maximum voltage gain：显示最大电压放大倍数。

按照图5-12所示参数进行设置后，单击"Verify"按钮，检验设置的参数是否符合电子线路的基本要求。如果参数设置不当，将会弹出对话框提示用户参数设置不当并简要说明改进方法。如果参数设置得当，单击"Build Circuit"按钮，定制的单管共射放大电路将随着鼠标的移动出现电路工作区，建立单管共射放大电路如图5-13所示。同样可以对这个定制电路进行静态和动态特性分析。

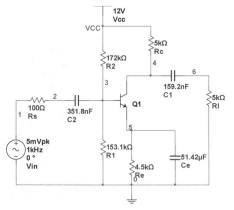

图5-13 定制单管共射放大电路

5.1.5 Multisim 14.0的电路后处理功能

从前面的例子可以看出，仿真和分析后的结果通常是以图形或图表的形式显示的，在

Multisim 14.0 中, 还提供了对仿真结果进行进一步的处理, 即电路后处理功能。

Multisim 14.0 提供的后处理器 (Postprocessor) 是专门对仿真结果进行数学运算处理的工具, 既能对单个仿真结果进行处理, 也可以实现对多个仿真结果求和、差、乘积、除法等数学运算, 处理的结果仍然以图形或图表的形式显示出来。

下面以图 5-13 所示定制单管共射放大电路为例介绍后处理器的使用方法。

1. 瞬态分析和仿真

打开图 5-13 所示定制单管共射放大电路, 执行 "Simulate" → "Analyses and Simulation" 命令, 弹出 "Analyses and Simulation" 窗口, 在其 "Active Analysis" 选项区中选择 "transient (瞬态)" 分析, 打开 "transient" 对话框, 其 "Analysis parameters" 选项卡如图 5-14 所示, 各选项含义如下。

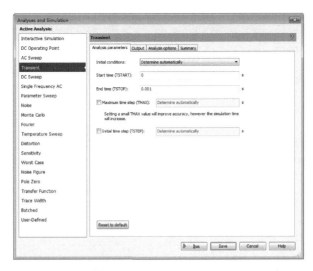

图 5-14 瞬态分析 "Analysis parameters" 选项卡

1) Intial conditions: 设置初始条件, 即电路中含有储能元件电容、电感时, 设置其初始值。有 4 个选项, 分别为 Set to zero (设置为 0)、User defined (用户自定义)、Calculate DC operating point (计算直流静态工作点)、Determine automatically (自动决定), 这里选择 "Determine automatically"。

2) Start time (TSTART): 设置仿真起始时间, 设置为 0 s。

3) End time (TSTOP): 设置仿真结束时间, 设置为 0.001 s, 即 1 ms。

4) Maximum time step (TMAX): 设置最大时间步长, 可以不选择。

5) Initial time step (TSTEP): 设置初始时间步长, 可以不选择。

瞬态分析 "Output" 选项卡与前述直流工作点分析类似, 不再赘述, 此处选择对 $V(3)$ 和 $V(6)$ 进行瞬态分析。$V(3)$ 即晶体管的基极电位 (直流电压 V_B 叠加交流电压); $V(6)$ 即电阻 RL 两端电压 (交流电压)。设置完后单击 "Run" 按钮, 仿真结果如图 5-15 所示。

2. 后处理器的使用

执行 "Simulate" → "Postprocessor" (后处理器) 命令, 打开 "Postprocessor" 对话框, 如图 5-16 所示, 对对话框中的 "Expression" 选项卡进行如下操作。

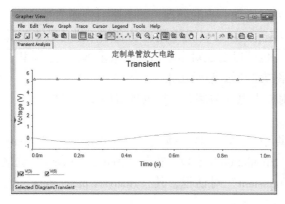

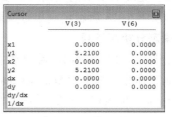

图 5-15　定制单管共射放大电路瞬态分析

图 5-16　后处理器"Expression"选项卡设置

1）"Select Simulation Results"选项区中显示了之前操作过的仿真分析的电路名称、分析的项目和次数，单击鼠标左键选择"定制单管放大电路-＊＊-Transient Analysis（tran01）"。

2）在"Variables"下拉列表中选择"All"，在"All"列表中分别选择 $V(6)$ 和 $V(3)$，单击"Copy Variable to expression"按钮，将变量 $V(6)$ 和 $V(3)$ 复制到下方"Expressions"列表框的"1"（即函数1）栏处，然后单击"Add"按钮。

3）在"Functions"列表下选择"All"，在"All"列表中选择符号"/"，单击"Copy function to Expression"按钮，把"/"复制到"expressions"列表的"1"栏处，键盘输入相应的字符，使"1"栏的函数为" $V(6)/(V(3)-5.21)$ "，从而完成函数1的编辑。

接着对后处理器对话框中"Graph"选项卡进行如下操作。

1）单击"Page"选项区右侧的"Add"按钮，显示处理后的结果。

2）单击"Diagrams"选项区右侧的"Add"按钮，设置后处理结果的显示模式，"Type"下的结果显示模式有 Analog graph、Digital graph 和 Chart 三种。

3）选择"Expressions available"列表中的公式" $V(6)/(V(3)-5.21)$ "，单击"＞"按

钮，将其添加到"Expressions selected"列表中。若不需要计算某个函数，可单击"<"按钮将其移回"Expressions available"列表，如图 5-17 所示。

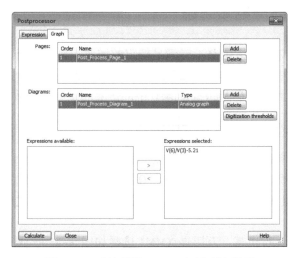

图 5-17 后处理器"Graph"选项卡设置

4）单击"Graph"选项卡中左下角"Calculate"按钮，后处理结果如图 5-18 所示。该图反映了瞬态分析后，$V(6)/(V(3)-5.21)$ 随时间（0~1ms）变化的曲线。

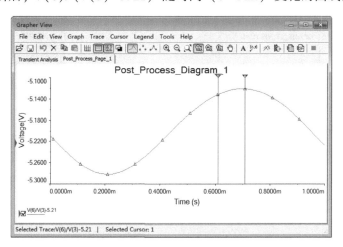

图 5-18 后处理结果 1

在图 5-18 窗口中执行"Cursor"→"show cursors"命令，弹出后处理结果如图 5-19 所示。其中，$x1$ 和 $y1$ 对应游标 1 的横坐标和纵坐标的值，$x2$ 和 $y2$ 对应游标 2 的横坐标和纵坐标的值，dx 表示 $x2$ 和 $x1$ 的差值，dy 表示 $y2$ 和 $y1$ 的差值。

一般情况下，总希望放大电路的放大倍数越大越好，输入电阻越大越好，输出电阻越小越好。而单管共射放大电路的反相放大倍数较大，输入电阻较小，输出电阻较大，即单管共射放大电路无法兼顾所有动态性能指标。为此可以添加单管共集电极放大

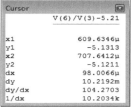

图 5-19 后处理结果 2

电路作为放大电路的输入级，以提高输入电阻、减小输出电阻，获得更好的性能指标。

5.2 仿真电路中的子电路封装

在大多数情况下，单级放大电路不能满足特定的增益、输入电阻、输出电阻及电路稳定性的要求，在实际应用中通常将单级放大电路组成多级放大电路，以提高电路性能。

本节仅介绍集成放大电路在 Multisim 14.0 中的仿真和子电路封装方法。

5.2.1 单级反相比例放大电路分析和仿真

由集成运放构成的单级反相比例放大电路如图 5-20 所示。

图 5-20 中，采用理想的虚拟集成运放 "OPAMP_3T_VIRTUAL" 作为核心放大元件，输入电压 $V1$、输入电阻 $R1$、反馈电阻 $R2$，同相端接地（一般通过电阻接地），放大倍数 $A_{vf} = -R2/R1 = -2$。

在交互仿真分析下运行仿真，万用表 XMM1 读数如图 5-21 所示。该电路输出电压放大了 2 倍，并且输入与输出为反相关系，与电路计算一致。

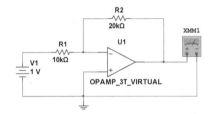

图 5-20　单级反相比例放大电路　　　　图 5-21　反相比例放大电路仿真结果

5.2.2 两级集成运算放大子电路封装和仿真

实际应用中常将两个或多个集成运放电路级联，以达到对参数和应用的要求。在单级反相比例放大电路后再加一级反相比例放大电路，构成两级集成运算放大电路，如图 5-22 所示。

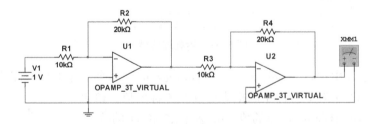

图 5-22　两级集成运算放大电路

该电路为同相放大，仿真结果如图 5-23 所示，输出电压放大了 4 倍，与电路计算一致。

由图 5-22 可知，两级运放电路的结构和功能是相同的，可以利用 Multisim 14.0 中的子电路建立功能，将电路结构和电路功能类似的电路创建成子电路，该子电路可以作为比较复杂电路中的一个模块，以便于电路的设计与管理。

封装子电路的步骤如下。

1）删除图 5-20 所示单级反相比例放大电路中的电源、地符号和万用表。执行"Place"→"Connectors"→"Hierarchial Connectors"命令，依次添加和连接连接器 IO1、IO2、IO3，如图 5-24 所示。

图 5-23　两级集成运算放大电路仿真结果

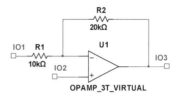

图 5-24　封装子电路

2）选中电路中的所有元器件，选中的元器件呈现蓝色边框。

3）执行"Place"→"New subcircuit"命令，弹出如图 5-25a 所示对话框。

4）在文本框中输入子电路的名称（字母或者数字），本例中将子电路命名为"opm1"，单击"OK"按钮，完成"Subcircuit Name"的设置。子电路图标如图 5-25b 所示，它由子电路符号、方框和两个输入端口以及一个输出端口构成。

5）此时，有一个虚影随着鼠标移动，在工作区单击鼠标左键，子电路图标即添加在工作区。

a)　　　　　　　　　　　　　　　b)

图 5-25　封装子电路

a）对话框　b）子电路图标

按照同样的方法，可以将图 5-22 所示的两级放大电路设置成子电路 SC2，再与 SC1 连接，构成两级封装电路。连接方法与普通的元器件相同，连接后的电路如图 5-26 所示。两个子电路的放大倍数分别为-2 和 4，级联以后放大倍数为-8。

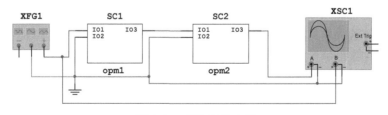

图 5-26　两级封装电路

为了直观的观察两级封装电路的仿真结果，信号源 XFG1 选择幅值 1 V、频率 100 Hz 的正弦波，输出端接双踪示波器，在交互仿真分析下运行仿真，输出波形如图 5-27 所示。

由图 5-27 可以看出，游标 1 处放大倍数 $A_v = -7.995$ V/999.358 mV ≈ -8，相位差为 180°，与电路计算一致。

在图 5-28 所示 "Design Toolbox（设计工具箱）" 可以看到，在未进行子电路建立时，电路中只存在一个单一的仿真原理图，而子电路建立后又增加了两个二级子电路，即存在层次化的结构，如果需要对电路参数或结构进行修改，可切换到二级子电路修改后再进行仿真，操作起来非常便捷。

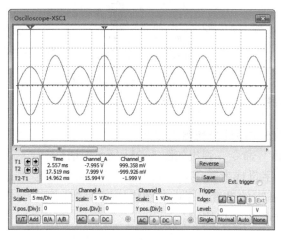

图 5-27　输入/输出波形

图 5-28　设计工具箱窗口

通过以上示例可以看出，在 Multisim 14.0 中，对于同一个仿真电路而言，无论采用分立器件的常规设计方法还是采用子电路的设计方法，结果都是一样的。子电路的设计方法更加简单直观，可使复杂系统的设计模块化、层次化，增加电路的可读性，提高设计效率，缩短电路设计周期。

5.3　有源滤波器的设计仿真

能够通过有用频率信号而同时抑制无用频率信号的电路称为滤波电路（滤波器）。

滤波器根据通带频率的不同可以分为低通滤波器、高通滤波器、带通滤波器、带阻滤波器和全通滤波器；根据滤波器电路中有无有源元件又可以分为无源滤波器和有源滤波器，有源滤波器的性能通常比无源滤波器的性能好，但是只能应用于小功率系统。

由于集成运算放大器具有开环增益和输入阻抗高、输出阻抗低，它和 R、C 构成的有源滤波电路还具有一定的电压放大和缓冲作用。因此本节主要讨论在 Multisim 14.0 中由集成运算放大器构成的有源滤波器。

5.3.1　滤波电路的分析仿真

1. 一阶低通滤波电路

在一级无源 RC 低通滤波电路的基础上添加一个同相比例放大器，就构成了一阶有源低通滤波器，如图 5-29 所示。其中，R_1 和 C_1 的主要作用是确定电路的截止频率，即选频作用。截止频率为 $f_0 = 1/(2\pi RC)$，通带内一阶有源滤波器的电压放大倍数为 $A_0 = 1 + R_3/R_2 \approx 4.4$。

在交互仿真分析下运行仿真，示波器 XSC1 的工作波形如图 5-30 所示。由图 5-30 可知，游标 1 处电压放大倍数 $A_v = 4.2\,\mathrm{V}/1.0\,\mathrm{V} \approx 4.2$，仿真输出数据与计算值基本相同（略有衰减）。

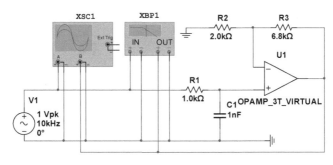

图 5-29 一阶有源低通滤波器

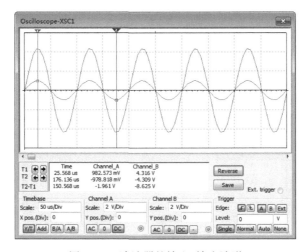

图 5-30 滤波器的输入/输出波形

双击伯德图示仪 XBP1，得到低通滤波器的幅频特性如图 5-31 所示，相频特性如图 5-32 所示。

在图 5-31 中，移动红色游标 1 到达使一阶有源低通滤波器的电压放大倍数下降 3 dB 的位置（即 9.782 dB）处，该处即为一阶有源低通滤波器的上限截止频率，显示为 161.995 kHz，在图 5-32 中移动红色游标 1 到达频率为 161.995 kHz 的位置，相位为 -45.908°，与理论分析一致。

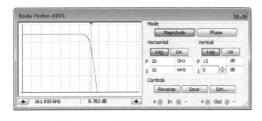

图 5-31 滤波器的幅频特性

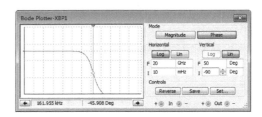

图 5-32 滤波器的相频特性

以上分析可以看出，一阶有源低通滤波器虽然可以滤掉较高频率的输入信号，但其滤波性能不太好。因为图中高频段输出电压以 -20 dB/10 倍频的斜率衰减，曲线的斜率较小，即衰减比较缓慢。因此,可以采用二阶有源低通滤波电路提高滤波性能。

2. 二阶低通滤波电路

搭建二阶低通滤波电路如图5-33所示。

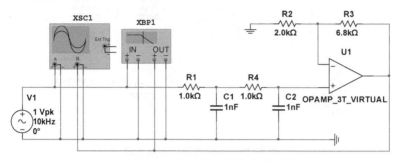

图5-33 二阶低通滤波电路

在交互仿真分析下运行仿真,示波器XSC1工作波形如图5-34所示,输入信号的幅度为969.540 mV,输出为4.324 V,放大了4.459倍,但输出波形滞后于输入波形。

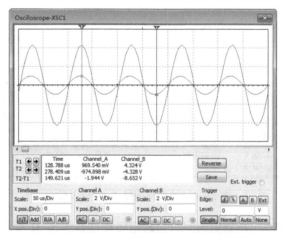

图5-34 二阶低通滤波电路输入输出信号

由伯德图测试仪XBP1观察到的幅频特性如图5-35所示,相频特性如图5-36所示。

由幅频特性和相频特性计算可得,二阶有源低通滤波电路的幅频特性曲线以-40 dB/10倍频的斜率下降,衰减较快,而且在截止频率附近,信号也得到了一定的提升。因此,与一阶有源低通滤波电路频率特性相比,二阶有源低通滤波电路的转折区更陡峭,即滤波性能更理想。

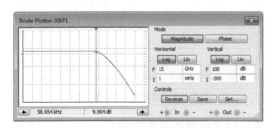

图5-35 二阶低通滤波电路幅频特性

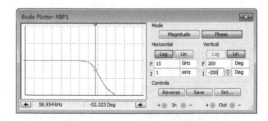

图5-36 二阶低通滤波电路相频特性

5.3.2 定制滤波电路的分析和仿真（低通、高通、带通、带阻）

Multisim 14.0 为用户提供了滤波电路的定制功能，包括低通、高通、带通、带阻电路的定制分析。

执行"Tools"→"Circuit Wizards"→"Filter Wizard"命令，弹出如图 5-37 所示的"Filter Wizard"对话框，可在对话框中设置参数进行滤波器电路的定制。

图 5-37 中各个选项的含义如下。

1）Type：用于选择定制的滤波电路的类型，有"Low pass filter（低通滤波器）"、"High pass filter（高通滤波器）"、"Band pass filter（带通滤波器）"、"Band reject filter（带阻滤波器）"4 个选项。

2）Pass frequency：设置滤波器的通带截止频率。

3）Stop frequency：设置滤波器的阻带截止频率。

4）Pass band gain：设置通带所允许的最大衰减。

5）Stop band gain：设置阻带应该达到的最小衰减。

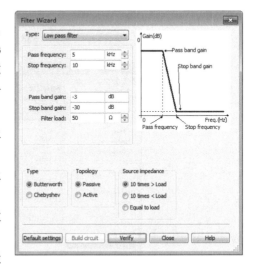

图 5-37　滤波电路的定制

6）Filter load：设置滤波器电阻值。

7）Type：选择滤波器类型是"Butterworth（巴特沃斯滤波器）"或者"Chebyshev（切比雪夫滤波器）"。

8）Topology：选择滤波器是"Active（有源滤波器）"或"Passive（无源滤波器）"。

9）Source impedance：设置源阻抗范围，是通过源阻抗和负载电阻的倍数来确定的，有 3 种选择：源电阻的数值比负载电阻大 10 倍以上、源电阻的数值比负载电阻小 10 倍以下、源电阻的数值等于负载电阻值。

10）Default settings：恢复滤波器参数设置对话框中的默认设置。

11）Build circuit：建立滤波器电路。

12）Verify：验证各个参数设置是否合理，如果合理，单击"Verify"按钮后会提示"calculation was successfully completed"，即建立滤波电路设置完成。

1. 低通滤波电路的定制

设计一个巴特沃斯低通滤波器，滤波器的通带截止频率为 5 kHz，阻带截止频率为 10 kHz，通带所允许的最大衰减 3 dB，阻带应该达到的最小衰减为 30 dB。

按照如图 5-37 所示的参数定制低通无源滤波器，单击"Verify"按钮，检验设置的参数是否符合电子线路的基本要求，新建立的无源低通滤波电路如图 5-38 所示。由于在电路中引入了电源内阻和负载电阻，因此，它是一个双边带负载的 *LC* 网络。对该电路的处理要比 *RC* 电路复杂，在这里仅讨论空载 *LC* 网络电路。

1）执行"Simulate"→"Analyses and simulation"命令，弹出"Analyses and Simulation"

窗口，在其"Active Analysis"选项区中选择"Pole-Zero"分析，打开如图 5-39 所示对话框，选择输入节点为 V(2)，输出节点为 V(5)，其余保持默认设置。

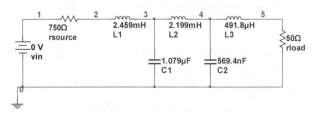

图 5-38　无源低通滤波电路

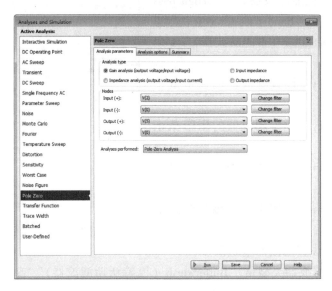

图 5-39　零极点分析

2）单击零极点分析对话框中的"Run"按钮，得到无源滤波电路的幅频特性如图 5-40 所示。图中列出了低通滤波电路的极值点，可以验证，图中的结果与理论计算基本一致。

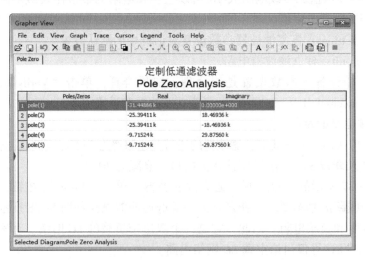

图 5-40　零极点分析结果

3）在电路中添加伯德图示仪，在交互仿真分析下运行仿真，测得该电路的幅频特性如图 5-41 所示，相频特性如图 5-42 所示。

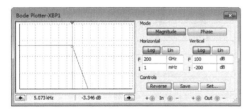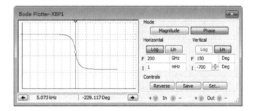

图 5-41　无源滤波电路幅频特性　　　　图 5-42　无源滤波电路相频特性

2. 高通滤波电路的定制

高通滤波电路的定制过程与低通滤波电路相似，执行"Tools"→"Circuit Wizards"→"Filter Wizard"命令，弹出"Filter Wizard"对话框，在 Type 类型中选择"High pass filter"，其他参数设置如图 5-43 所示。

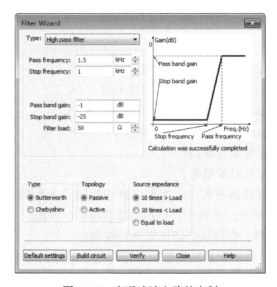

图 5-43　高通滤波电路的定制

单击"Verify"按钮，检验设置的参数是否符合电子线路的基本要求。新建立的无源高通滤波电路如图 5-44 所示。

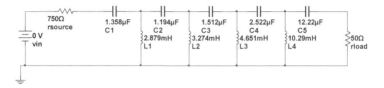

图 5-44　无源高通滤波电路

3. 带通滤波电路的定制

执行"Tools"→"Circuit Wizards"→"Filter Wizard"命令，弹出"Filter Wizard"对话框，在"Type"下拉列表中选择"Band pass filter"，其他参数设置如图 5-45 所示。

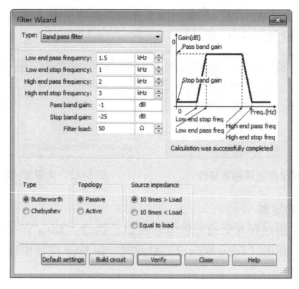

图 5-45　带通滤波电路的定制

各参数含义如下。

1）Low end pass frequency：设置通带下限频率的大小。

2）Low end stop frequency：设置阻带下限频率的大小。

3）High end pass frequency：设置通带上限频率的大小。

4）High end stop frequency：设置阻带上限频率的大小。

5）Pass band gain：设置通带增益。

6）Stop band gain：设置阻带增益。

7）Filter load：设置滤波器的大小。如果选择切比雪夫类型则需要选择通带的纹波值，单位为分贝，在数字调制的通信系统中，所用的滤波器的纹波值，一般以不高于 0.5 分贝为宜。通带含有纹波的滤波器，都以具有切比雪夫特性为主。

单击"Verify"按钮，检验设置的参数是否符合电子线路的基本要求，新建立的无源带通滤波电路如图 5-46 所示。

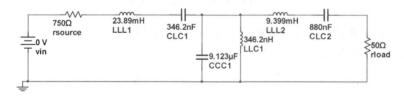

图 5-46　带通滤波电路

4. 带阻滤波电路的定制

执行"Tools"→"Circuit Wizards"→"Filter Wizard"命令，弹出"Filter Wizard"对话框，在 Type 类型中选择"Band reject filter"，其他参数设置如图 5-47 所示。

单击"Verify"按钮，检验设置的参数是否符合电子线路的基本要求，新建立的无源带阻滤波电路如图 5-48 所示。

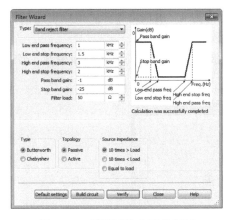

图 5-47　带阻滤波电路的定制

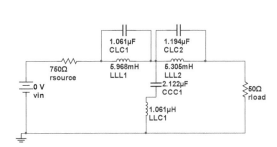

图 5-48　带阻滤波电路

5.4　集成运算放大电路的应用仿真

集成运算放大器（简称集成运放或运放）是一种高放大倍数、高输入阻抗、低输出阻抗、功耗低、可靠性高的线性器件。集成运放在引入深度负反馈后可以在很宽的信号频率范围内实现各种数学运算电路，同时还可以应用在对信号进行处理的电路中，在这些应用中经常利用其理想模型进行计算和分析。

本节主要介绍 Multisim 14.0 在线性电子电路中的仿真和应用，如比例运算电路、基本运算电路、微分和积分运算电路、测量放大电路、三角波-方波发生电路、电压-频率转换电路等。

5.4.1　比例运算电路仿真

常见的比例运算电路有同相比例运算电路和反相比例运算电路，这里仅介绍同相比例运算电路的仿真分析，其步骤如下。

1）选择理想集成运放、电阻、交流信号源和双踪示波器等，建立同相比例运算电路，如图 5-49 所示。

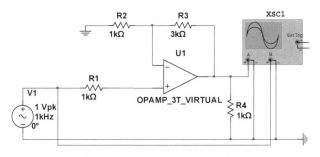

图 5-49　同相比例运算电路

2）在交互仿真分析下运行仿真，双击示波器图标 XSC1，得到输入/输出波形如图 5-50 所示。从波形上可以看到输入/输出同相位，调整幅值测试线 1 或 2，1 处显示输入信号幅值

982.420 mV，输出信号幅值为 3.930 V，输出/输入比值为 4。由理论计算可得该电路的输出/输入关系为 $V_o/V_i = 1 + R3/R2 = 4$，仿真结果与计算一致。

如果在较大范围内调整负载电阻 R4 的值，输出波形的形状和幅值无明显变化，说明该电路具有较强的带负载能力。

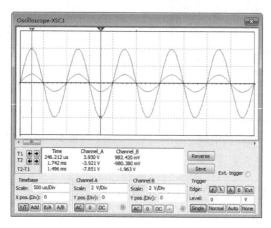

图 5-50　同相比例输入输出波形

3）调整 R2、R3 的值，或改变交流信号的幅值、频率，重复上述步骤，观察各种参数对电路输出结果的影响。

由仿真结果可见，集成运放构成的线性比例运算电路具有电路简单、带负载能力强的特点，可广泛应用于各种信号调理、放大、检测等电路。

5.4.2　基本运算电路仿真

利用集成运放可以实现加、减、乘、除等基本运算电路，下面以加法运算电路为例介绍 Multisim 14.0 对其进行的设计和仿真，其步骤如下。

1）选择理想集成运放、电阻、交流信号源、直流信号源、万用表等，建立反相比例加法运算电路，如图 5-51 所示。

2）在交互仿真分析下运行仿真，双击万用表图标 XMM1，可得仿真结果为 -8 V，如图 5-52 所示。由理论计算可知该电路输出电压 $V_o = -(V1 * R4/R1 + V2 * R4/R2 + V3 * R4/R3) = -8$ V，仿真结果与计算值一致。

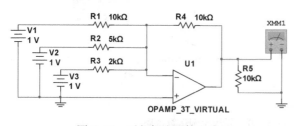

图 5-51　反相加法运算电路　　　　图 5-52　仿真运算结果

3）可将 V1、V2 和 V3 用信号源替换，万用表用示波器替换，观察输入/输出波形。

4）调整 R1、R2、R3、R4 以及负载 R5 的数值，观察其对仿真结果的影响。

由仿真结果可见，反相比例加法运算电路线性度好、带负载能力强、输出特性较好，可广泛应用于各种信号求和、放大、检测等电路。

5.4.3 微分和积分运算电路仿真

微分和积分电路可对模拟信号进行微分运算和积分运算，主要用于波形产生和波形变换。

1. 微分运算电路

1）选择理想集成运放、电阻、电容、交流信号源、示波器等，建立反相微分运算电路如图 5-53 所示。

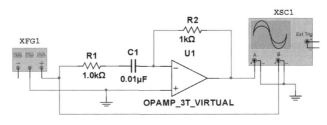

图 5-53 反相微分运算电路

2）信号发生器 XFG1 选择方波，频率为 1 kHz，占空比为 50%，幅值为 10 V。

3）在交互仿真分析下运行仿真，示波器 XSC1 的工作波形如图 5-54 所示。由图 5-54 可以看出，输入为方波信号，输出为尖脉冲信号，输出/输入波形是反相微分关系。

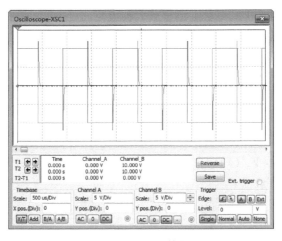

图 5-54 微分运算结果

4）改变微分时间常数可改变微分尖脉冲的宽度，可以通过改变 $C1$ 和 $R2$ 的数值，观察其对输出脉冲的影响。

5）$R1$ 的作用是滤除高频干扰，防止电路发生自激振荡。

2. 积分运算电路

1）选择理想集成运放、电阻、电容、交流信号源、直流信号源、万用表等，建立反相积分运算电路，如图 5-55 所示。

2）信号发生器 XFG1 选择方波，频率为 500 Hz，占空比为 50%，幅值为 10 V。

3）在交互仿真分析下运行仿真，示波器 XSC1 的工作波形如图 5-56 所示。由图 5-56 可以看出，输入为方波信号，输出为三角波信号，输出/输入波形是反相积分关系。

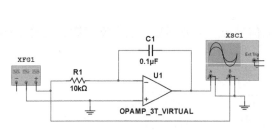

图 5-55　积分运算电路

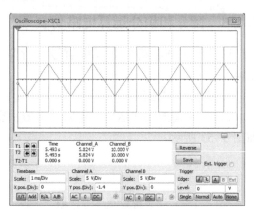

图 5-56　积分运算结果

4）读者可自行改变 $C1$ 和 $R1$ 的数值，即积分时间常数，观察其对输出波形的影响。

5.4.4　测量放大电路仿真

测量放大器又称为数据放大器或仪表放大器，是一种高增益、直流耦合放大器，具有差分输入、单端输出、高输入阻抗和高共模抑制比等特点，常用于热电偶、应变电桥流量计、生物电测量以及其他有较大共模干扰的缓变、微弱信号的检测。

图 5-57 所示为同相并联式高阻抗测量放大器电路。

1）电路前级为同相差动放大结构，要求两运放 $U1$、$U2$ 的性能完全相同，这样电路除具有差模、共模输入电阻大的特点外，两运放的共模增益、失调及其漂移产生的误差也相互抵消，因此不需精密匹配电阻。

2）第二级 $U3$ 的作用是抑制共模信号，将第一级的双端输出转变为单端输出，以适应接地负载的需要。第二级的电阻精度要求匹配。

3）增益分配一般第一级取高值，第二级取低值。由理论计算可知，电路的电压增益：

$$Av = V_o/(V1-V2) = -R6/[R4(1+R2/R1)] = -210。$$

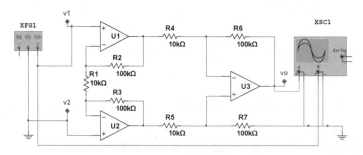

图 5-57　测量放大电路

信号发生器 XFG1 选择正弦波，频率为 1 kHz，幅值为 5 mV。在交互仿真分析下运行仿真，示波器 XSC1 的输入、输出波形如图 5-58 所示。

由图 5-58 可以看出，输出信号幅值为 1.044 V 时，输入信号幅值为-4.971 mV，放大倍数为-210.0。

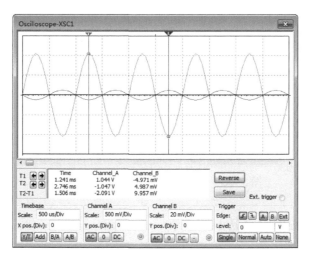

图 5-58　测量放大电路输入/输出波形

5.4.5　三角波-方波发生电路仿真

方波发生电路本质上是一个滞回比较器，通过与阈值信号的比较输出高低电平产生矩形波，对方波进行积分即可得到三角波，其步骤如下。

1）选用运放 741、电阻、电容、稳压二极管、双踪示波器等器件，建立三角波-方波发生电路如图 5-59 所示。运放 741 中的 $U1$ 与 $R1$、$R2$、$R3$、$R4$、$D1$、$D2$ 构成滞回比较器，稳压管 1N4097 的稳压值 $V_z = 10$ V。$U2$ 与 $R6$、$R5$、$C1$ 构成反相积分电路。

由理论分析可知，方波振荡周期 $T = 2R3C\ln(1+2R2/R3) \approx 1.726$ ms，三角波幅值 $V_{om} = \pm(R2/R3)Vz \approx \pm 3.33$ V，方波幅值约为±10 V。

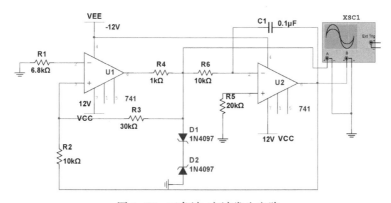

图 5-59　三角波-方波发生电路

2）在交互仿真分析下运行仿真，示波器 XSC1 的工作波形如图 5-60 所示。由图 5-60 可知，方波幅值约为±10 V，三角波幅值约为±3.3 V，与理论计算基本一致。周期为 1.439 ms，与计算值略有差别。

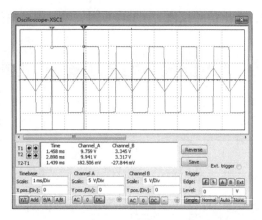

图 5-60　三角波-方波发生电路工作波形

5.4.6　电压-频率转换电路仿真

电压-频率转换电路的功能是将输入的直流电压（模拟量）转换成频率（数字量）的输出，其输出频率与输入电压成比例，故简称压控振荡器。

电压-频率转换电路广泛应用于模-数转换、调频、遥测、遥感等各种设备中。其电路形式很多，可由运算放大器构成，也可以由其他集成芯片构成。本节介绍由运算放大器构成的电压-频率转换仿真电路，其操作步骤如下。

1）建立电路。建立电压频率转换电路如图 5-61 所示。其中输入电压 V_i 由电阻 $R8$ 与电位器 $R9$ 串联分 12 V 直流分压得到，调节 $R9$ 可得所需的 V_i。

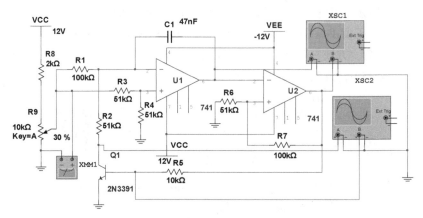

图 5-61　电压-频率转换电路

在图 5-61 中，$U1$ 用作积分器，其同相端和反相端的电压相同，即 $V_- = V_+ = R4/(R3 + R4) = V_i/2$；$U2$ 用作比较器，与 $R6$、$R7$ 构成滞回比较器。当它的输出电压为低电平时，晶体管 $Q1$ 截止，此时积分电路中电容充电的电流为 $I_C = (V_i - V_-)/R1 = V_i/2R1$，随着电容的充电，$U1$ 的输出逐渐下降，下降到 $V_{o1} = -R6/(R6 + R7)$ 时，比较器发生翻转，输出为高电平，晶体管 $Q1$ 导通，电容开始放电，放电电流为 $I'_C \approx -V_i/2R1$。电容放电时，$U1$ 输出逐渐上升，上升到 $V_{o1} = |V_{o2}| R6/(R6 + R7)$ 时，比较器发生翻转，输出变为低电平，电容开始充电，如此往复。可得 V_{01} 表达式为

$$V_{o1} = |V_{o2}| \frac{R_6}{R_6 + R_7} = \frac{1}{C} \int_0^{T/4} \frac{V_i}{2} R_1 \mathrm{d}t = \frac{V_i \cdot T}{8R_1C}$$

在电阻、电容不变的情况下，振荡周期与控制电压成反比，振荡频率与控制电压成正比。

2）在交互仿真分析下运行仿真，输出电压 V_{o1} 与 V_{o2} 的工作波形如图 5-62 所示，晶体管基极电位 V_b 与集电极电位 V_c 和振荡周期 T 的关系如图 5-63 所示。

3）调节电位器 $R9$，改变控制电压 V_i，可得到不同的电压与振荡周期值，能够验证振荡周期与控制电压成反比。

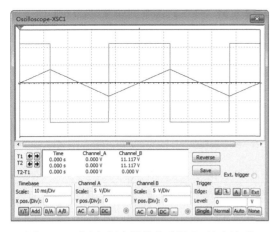 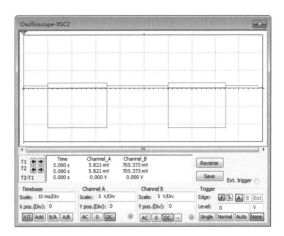

图 5-62　电压-频率转换电路输入/输出波形　　图 5-63　晶体管基极和集电极电位与振荡周期的关系

5.5　反馈放大电路中的分析和仿真

在放大电路中，反馈对电路的各种性能和参数指标有重大的影响。按照极性的不同，反馈可分为负反馈和正反馈。

正反馈会造成放大电路的工作不稳定，但在波形产生或振荡电路中需要引入正反馈，以构成自激振荡的条件。

负反馈可以改善放大电路的性能，如稳定放大倍数、改善输入电阻和输出电阻、扩展频带改善放大电路的频率特性、抑制非线性失真等。

5.5.1　负反馈放大电路分析和仿真

选择信号源 XFG1（信号频率为 10 kHz、幅值为 20 mV 的正弦波）、万用表、直流电压源、晶体管、电阻、电容等建立负反馈放大电路，如图 5-64 所示。其中，Rf 和 $Re1$ 构成反馈网络，引入电压串联负反馈。

1）执行"Simulate"→"Analyses and Simulation"命令，弹出"Analyses and Simulation"窗口，在"Active Analysis"选项区中选择"DC Operating Point"，在其"Output"选项卡下"Variables in Circuit"列表中选择 V2、V4、V5、V6、V7 作为输出节点进行直流分析，仿真结果如图 5-65 所示。

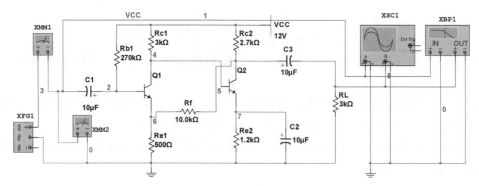

图 5-64　负反馈放大电路

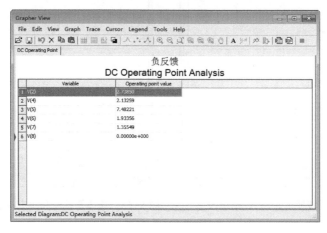

图 5-65　负反馈放大电路的直流分析结果

测得 Q2 集电极与发射极之间的电压 $V_{CE}=V(5)-V(7)=6.13\mathrm{V}$，静态工作点合适。

2）在交互仿真分析下运行仿真，双踪示波器 XSC1 的工作波形如图 5-66 所示。在游标 1 处，输入电压 V_i 为 19.689 mV，输出电压 V_o 为 331.958 mV，电压放大倍数：$A_f=V_o/V_i\approx17$，而 $1/F=Re1+Rf/Re1=21$，在深度负反馈时，认为 $A_f\approx1/F$ 是可以的。

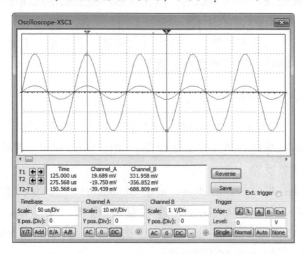

图 5-66　负反馈放大电路输入/输出波形

3）双击伯德图仪图标 XBP1，观察负反馈对放大倍数的影响，其幅频特性如图 5-67 所示，可以看到下限频率 50.501 Hz，中频带增益为 24.928 dB。

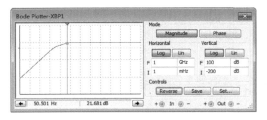

图 5-67　负反馈放大电路幅频特性

4）电路中不再引入负反馈时（将 Rf 断开）。此时用伯德图示仪 XBP1 观察幅频特性如图 5-68 所示。可知下限频率变为 312.252 Hz，中频带增益为 42.123 dB。

由此可见，有负反馈时，放大倍数降低，而频带却展宽了。

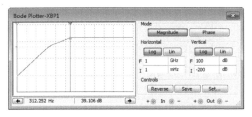

图 5-68　无反馈时放大电路的幅频特性

5）负反馈对输入电阻的影响。在交互仿真分析下运行仿真，打开电流表 XMM1、电压表 XMM2，其读数如图 5-69 所示。输入电阻 Rif = 14.142 mV/1.121 μA ≈ 12.61 kΩ。

图 5-69　负反馈放大电路输入电阻的测量

6）断开反馈电阻 Rf，重复上述操作，测得电流表 XMM1 读数为 2.834 μA，电压表读数仍为 14.142 mV，输入电阻为 14.142 mV/2.834 μA ≈ 5 kΩ，由此可见，引入串联负反馈可提高输入电阻。

7）观察负反馈对输出电阻的影响。将放大电路的输入端对地短接，断开负载电阻 R_L，且在输出端接交流信号源 XFG1（频率 10 kHz、幅值 20 mV 的正弦波），串接电流表 XMM1，并接电压表 XMM2，如图 5-70 所示。

在交互仿真分析下运行仿真，电压表与电流表读数如图 5-71 所示。输出电阻为 14.142 mV/78.75 μA ≈ 179.6 Ω。

8）断开反馈电阻 Rf，重复上述操作，测得电流表读数为 5.238 μA，电压表读数仍为 14.142 mV，输出电阻为 14.142 mV/5.238 μA ≈ 2699.8 Ω，由此可见，引入电压负反馈可以

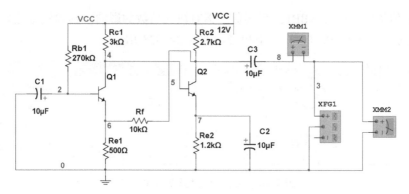

图 5-70 负反馈放大电路输出电阻的测量

图 5-71 负反馈放大电路输出电阻的测量

减小输出电阻。

　　读者可自行建立并联负反馈放大电路观察其对输入电阻的影响，结论是并联负反馈可以减小输入电阻。建立电流负反馈放大电路观察其对输出电阻的影响，结论是电流负反馈可以增大输出电阻。

5.5.2　正反馈放大电路分析和仿真

　　RC 桥式正弦波振荡电路能够输出<1 MHz 的正弦波低频信号，是正反馈技术的典型应用，下面用 Multisim 14.0 对该电路进行仿真分析。

　　1）选择电阻、电容、运放 LM324AD、二极管、双踪示波器，建立如图 5-72 所示正反馈放大仿真电路。

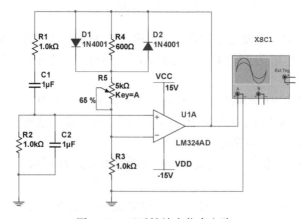

图 5-72　正反馈放大仿真电路

① LM324AD 中的 $U1A$ 与 $R3$、$R4$、$R5$ 组成反相比例放大电路，引入电压串联负反馈，其闭环放大倍数 $A=1+(R5+R4//r_{D1}//r_{D2})/R3$，$r_{D1}$、$r_{D2}$ 分别是二极管 $D1$、$D2$ 的等效电阻。

② $R=R1=R2$、$C=C1=C2$ 组成选频网络，只有频率 $f_0=1/2\pi RC$ 的信号才能与同相比例放大电路构成正反馈，且正反馈系数 $F=1/3$。

③ 电路起振条件为 $AF>1$，只要 $A>3$ 即可。

④ 二极管 $D1$、$D2$ 起限幅作用，输出波形幅值过高时，$D1$ 或 $D2$ 导通，使 $R4$ 短路，可降低放大倍数 A，防止输出波形失真。

2）在交互仿真分析下运行仿真，示波器工作波形如图 5-73 所示。可观察到振荡器电路正反馈的起振过程，最后成为稳定幅值的正弦波。该正弦波的周期为 6.439 ms，即 155 Hz，与计算值 159.23 Hz 基本一致。

调整 R5，可以改善输出波形。

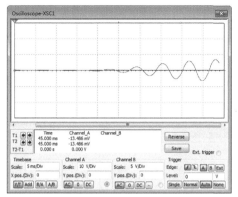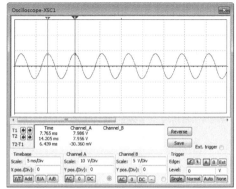

图 5-73　正反馈放大电路工作波形

5.6　典型应用案例分析和仿真

5.6.1　实例一：多功能信号发生器分析和仿真

多功能信号发生器可以产生正弦波、三角波和方波，在工业生产、产品设计、自动控制等科学研究等领域的应用广泛。信号发生器可以由分立器件或运放电路构成，也可以由集成电路实现。

（1）建立电路

建立多功能信号发生器仿真电路如图 5-74 所示。

该电路由 3 级运放电路组成。

1）第 1 级 $U1A$ 运放实现的 RC 正弦波振荡电路，输出正弦波信号，该电路仍采用图 5-72 所示电路结构。

2）第 2 级 $U2B$ 运放构成过零电压比较器，该电路把 $U1A$ 输出的正弦波作为 $U2B$ 的输入信号，通过过零电压比较器转换为方波信号输出。

3）第 3 级 $U3C$ 与 $R6$、$C3$ 构成反相积分电路，该电路把 $U2B$ 输出的方波作为 $U3C$ 的输入信号，通过反相积分电路转换为三角波信号输出。

4 踪示波器的 *A-B-C* 通道分别用于显示 *U1A*、*U2B*、*U3C* 输出信号的波形。

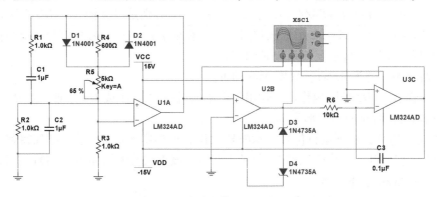

图 5-74　多功能信号发生器电路

（2）仿真运行

在交互仿真分析下运行仿真，4 踪示波器 XSC1 的工作波形如图 5-75 所示。可以看出，方波、三角波的周期与正弦波周期相同，均为 6.401 ms。输出方波的幅值由与二极管 *D*3、*D*4 限幅，三角波的幅值与积分时间常数 *R*6、*C*3 有关，读者可自行调整参数，观察其对输出波形的影响。

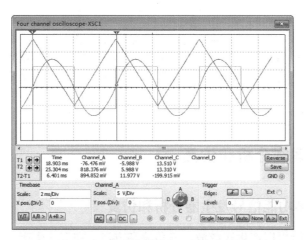

图 5-75　多功能信号发生器仿真结果

5.6.2　实例二：二阶 *RC* 有源高通滤波器分析和仿真

二阶有源高通滤波器仿真电路如图 5-76 所示。

在输入低频信号时，电容 *C*1、*C*2 处于开路状态，移相范围为 0～180°，通带截止频率 $f_0 = 1/(2\pi R1C1) \approx 1.94\,\mathrm{kHz}$，同相比例电路的通带增益 $A_{\mathrm{UP}} = 1 + R4/R3 \approx 1.62$，换算成分贝为 $20\lg^{1.62} \approx 4.19\,\mathrm{dB}$。

1）设置信号发生器 XFG1 选择频率 50 kHz、幅值 100 mV 的正弦波。

在交互仿真分析下运行仿真，示波器 XSC1 的工作波形如图 5-77 所示。由图 5-77 可以看出，输入/输出信号频率相同且同相位。游标 1 处，输入信号幅值为 98.150 mV，输出信号幅值为 152.725 mV，其放大倍数约为 1.56，与理论计算基本一致。

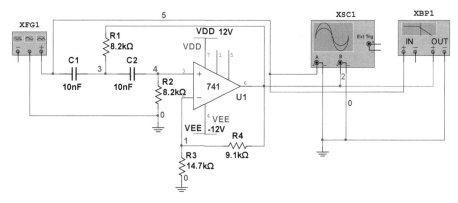

图 5-76 二阶 RC 有源高通滤波器

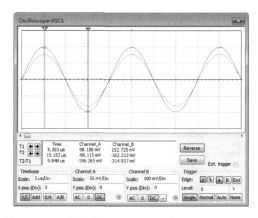

图 5-77 输入 50 kHz 高频信号时二阶 RC 高通有源滤波器的工作波形

2）信号发生器 XFG1 输出的正弦波的频率设为 500 Hz，运行仿真，示波器 XSC1 的工作波形如图 5-78 所示。由图 5-78 可以看出，输入/输出波形频率相同，但相位差约 180°。游标 1 处，输入信号幅值为 98.265 mV，输出信号幅值为 -8.120 mV，可见输出信号衰减，即 500 Hz 频率的信号被滤除。

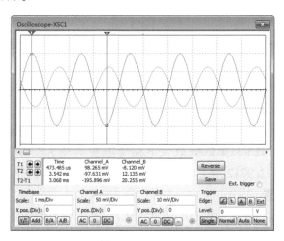

图 5-78 输入 500 Hz 低频信号时二阶 RC 高通有源滤波器的工作波形

3）双击伯德图示仪 XBP1 可得二阶 RC 高通滤波器的幅频特性如图 5-79 所示。由图 5-79 可得：滤波器的截止频率为 1.894 kHz，通带增益为 4.114 dB，与理论计算一致。阻频带呈现以 40 dB/10 倍频的衰减趋势，其滤波特性较为明显。

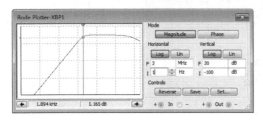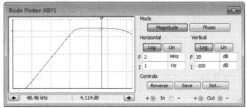

图 5-79　二阶 RC 高通有源滤波器幅频特性

5.6.3　实例三：多级低频阻容耦合放大器分析和仿真

多级放大电路中，每两个单级放大电路之间采用电阻、电容连接，称为阻容耦合。阻容耦合是低频交流放大电路中最典型的耦合方式。

两个单级共射放大电路通过阻容耦合组成两级放大电路，如图 5-80 所示。

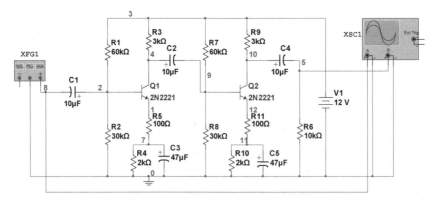

图 5-80　两级低频阻容耦合放大器

1. 静态工作点测量

执行 "Simulate" → "Analyses and Simulation" 命令，弹出 "Analyses and Simulation" 窗口，在 "Active Analysis" 选项区中选择 "DC Operating Point"，弹出直流工作点分析对话框，选择对 I(R3)、I(R9)、V(1)、V(4)、V(9)、V(10)、V(12) 进行仿真分析。设置完毕单击 "Run" 按钮，直流分析结果如图 5-81 所示。

由图 5-81 可知，第一级放大电路集电极电流 $I_{CQ1} = I(R3) \approx 1.40 \, \text{mA}$，$V_{CE1} = V(4) - V(1) = 7.81462 - 2.97120 = 4.84342 \, \text{V}$；第二级放大电路集电极电流 $I_{CQ2} = I(R9) \approx 1.40 \, \text{mA}$，$V_{CE2} = V(10) - V(12) = 7.81462 - 2.97120 = 4.84342 \, \text{V}$，电源电压为 12 V，静态工作点合适。

2. 电压放大倍数测量

在交互仿真分析下运行仿真，双击示波器 XSC1，其工作波形如图 5-82 所示。由图 5-82 可以看出，输出信号与输入信号同相位，且没有失真。在游标 1 处，输入信号幅值为 4.964 mV，输出信号幅值为 1.466 V，电压放大倍数 $A_u = V_o/V_i = 1.466 \, \text{V}/4.964 \, \text{mV} \approx 295$，与计算值基本一致。

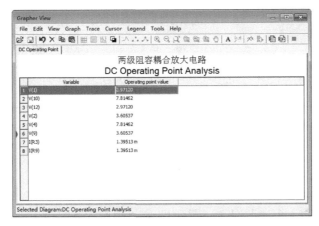

图 5-81　两级阻容耦合放大电路静态工作点

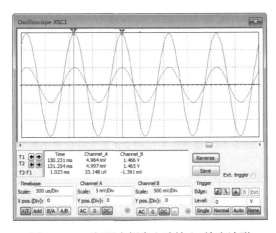

图 5-82　两级阻容耦合电路输入/输出波形

3. 输入电阻测量

多级放大电路的输入电阻为前级放大电路的输入电阻，参考 5.1.2 节，测得为 5.69 kΩ。

4. 输出电阻测量

多级放大电路的输出电阻为后级放大电路的输出电阻，参考 5.1.2 节，测得为 2.80 kΩ。

5.6.4　实例四：集成运放交流放大器设计分析和仿真

集成运放构成的交流放大器电路简单、性能稳定，为减小零点漂移，通常将运放设计成双电源供电，同时也可以增大动态范围。

（1）建立电路

双电源反相输入式交流放大器仿真电路如图 5-83 所示。

其中 C1、C2 为耦合电容，电容的大小决定了放大电路频带的低频特性。

在交流输入信号为音频时，耦合电容值可选择 1～22 μF 之间，各电阻区值在 10～300 kΩ之间；在交流输入信号为高频时，耦合电容值可选择 100 pF～0.01 μF 之间，各电阻取值在 500～5000 Ω 之间。

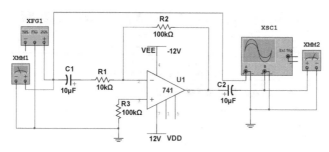

图 5-83　集成运放反相交流放大器

$R2$ 引入交流电压并联负反馈，为保证输入偏置电路对称，减小零点漂移，应使 $R3 = R2$。引入深度负反馈后，$A_{uF} = V_o / V_i \approx -R2/R1$，输入电阻为 $R1$，输出电阻近似为 0。

（2）运行仿真

信号发生器 XFG1 选择 1 kHz、5 mV 的正弦波，在交互仿真分析下运行仿真，XMM1 和 XMM2 的读数如图 5-84 所示。可知电压放大倍数 $A_u = -V_O/V_I \approx -9.997$，计算值为 -10。

图 5-84　集成运放反相交流放大器仿真结果

示波器 XSC1 的工作波形如图 5-85 所示。

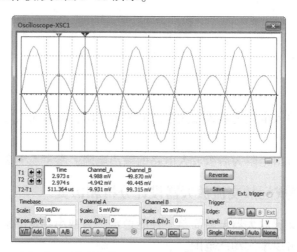

图 5-85　集成运放反相交流放大器输入/输出波形

读者可自行设计集成运放同相交流放大电路，运放也可采用单电源供电。

在引入深度交流负反馈的情况下，运放交流放大器的电压增益、输入电阻等参数的大小仅与集成运放外接的电阻有关，相对于晶体管交流放大电路而言，运放交流放大电路的设计更方便，电路性能参数的一致性也更好。

5.6.5 实例五：直流稳压电源分析和仿真

直流稳压电源为各类放大电路中的晶体管或集成电路提供偏置，以保证电路中的半导体器件正常工作，同时也为电路中的能量转换提供能源。

小功率直流稳压电源一般是交流电网供电，由电源变压器、整流、滤波和稳压电路四部分组成。

（1）建立电路

在 Multisim 14.0 环境下建立由集成运放构成的串联型稳压电源仿真电路如图 5-86 所示。

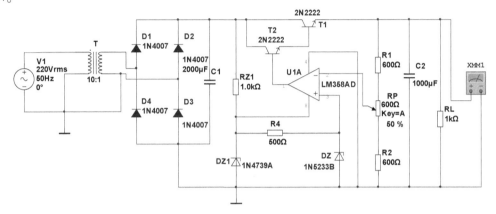

图 5-86　由集成运放构成的串联型直流稳压电源

在图 5-86 电路中，电源 V1 为 220 V、50 Hz 交流电压源；T 为变比为 10∶1 的变压器，输出为 22 V、50 Hz 交流电；二极管 D1~D4 构成桥式整流电路，输出为全波整流后的直流脉动电压；电容 C1 起滤波作用，滤波后输出比较平缓的直流电压波形；稳压二极管 DZ1、DZ 以及电阻 RZ1、R4 为运放 LM358AD 提供基准电压；晶体管 T1、T2 构成复合晶体管作为调整环节；R1、RP、R2 组成输出电压取样环节；RL 为负载。

当电位器 R_P 抽头在中间位置时，RL 两端电压为

$$U_o = \frac{R_1 + R_2 + R_P}{0.5 R_P + R_2} U_z = \frac{600 + 600 + 600}{300 + 600} \times 6 = 12 \text{ V}$$

（2）运行仿真

在交互仿真分析下运行仿真，调节 RP 至 50%的位置，万用表 XMM1 读数如图 5-87 所示，显示输出电压为 11.931 V，与电路计算值基本一致。

图 5-87　仿真结果

当电位器 RP 抽头向上移动时，稳压电源的输出电压降低；当电位器 RP 抽头向下移动时，稳压电源的输出电压升高。在一定的范围内，稳压电源的输出电压值是可以调整的。

5.6.6 实例六：含高低音控制的交流功率放大器的分析和仿真

本例利用 Multisim 14.0 仿真分析交流功率放大电路。

（1）建立电路

含高低音控制的音响交流功率放大仿真电路如图 5-88 所示。

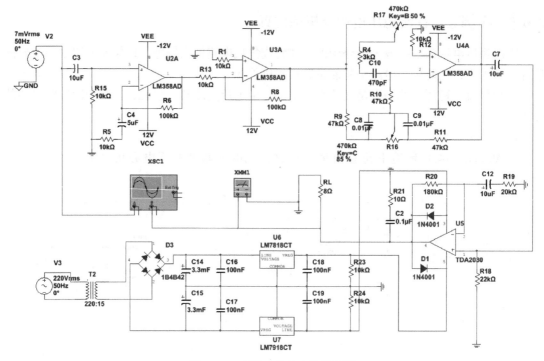

图 5-88　交流功率放大仿真电路

在图 5-88 电路中，电路结构包括对音频信号的前置放大、中间电压放大、有源音频滤波（高低音控制）、功率放大及电源 5 个模块。放大电路采用双电源，输入音频信号 $V2$，集成功率放大器 TDA2030 的输出控制负载（喇叭）$RL=8\,\Omega$，总放大倍数为各级放大倍数的乘积（1100），放大器最大输出功率 $P_M<=15\,W$（注意：电源电压的输出功率必须大于放大器的输出功率）。

1）前置放大。由集成运放 U2A 为控制元件组成的前置（输入）同相交流放大电路，放大倍数为 $1+R6/R5=11$。该级采用电压串联交流负反馈。

2）中间电压放大。由集成运放 U3A 为控制元件组成的中间电压反相交流放大电路，放大倍数为 $-R8/R13=-10$。该级采用电压并联负反馈。

3）高低音有源滤波。由集成运放 U4A 为控制元件组成的高低音有源滤波电路，在中频段范围内放大倍数约为 -1。可以根据需要，通过调整电位器 $R16$ 和 $R17$ 分别对低频信号和高频信号的放大倍数进行提升和衰减（$R16$、$R17$ 对中频信号基本无影响）。

4）功率放大。TDA2030 集成功率放大器实现放大器的功率放大，双 18 V 供电，其输出控制负载（喇叭）$RL=8\,\Omega$，输出最大交流信号的有效值为 11 V。该级放大倍数为

$$1+R20/R19=10$$

5）双电源模块。由变压器、硅桥和三端稳压器等元器件组成的双 18 V 电源为功率放大器提供偏置及能量转换。稳压器必须按要求采用散热器片散热，并且稳压电源的输出额定功率必须大于放大器的输出功率。

（2）运行仿真

在设计并建立放大电路后运行仿真，结果如下。

1) 在输入信号频率为 1 kHz（中频）时，示波器显示输入、输出仿真波形如图 5-89 所示。其输入与输出信号同相，放大倍数为 8.958 V/8.367 mV ≈ 1100，与电路计算值基本一致。

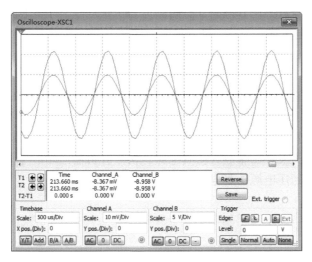

图 5-89　输入/输出信号仿真波形

2) 在输入信号频率为 50 Hz 时，在线调整 R16 为 25% 时，放大器的放大倍数为 17.769 V/8.003 mV ≈ 2200，低频放大倍数明显提升，如图 5-90 所示。

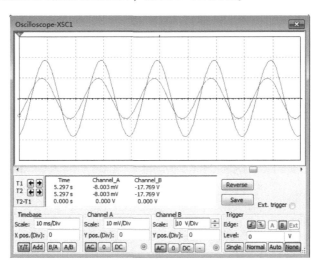

图 5-90　输入信号频率为 50 Hz、R16 为 25% 时输入、输出仿真波形

注意，在输出信号频率较低时，喇叭的阻抗降低，负载电流增大，加之放大倍数提升，其 TDA2030H 和电源器件的功耗分别显著增加，但要注意不要超出功放和电源器件允许的额定功耗。

5.7　思考与习题

1. 建立一个共射极放大仿真电路，分析其静态工作点 Q，并将 Q 点设置在合适的位置，通过仿真分析其交流电压放大倍数、输入电阻、输出电阻。

2. 建立两级运算放大器组成的交流负反馈放大仿真电路，观察输出信号和输入信号之间的关系及伯德图。

3. 建立一个二阶有源带阻滤波器仿真电路，要求通带频率为 1 MHz ~ 10 MHz，仿真分析其频率特性。

4. 建立一个乙类互补功率放大仿真电路，仿真分析输出端信号，观察交越失真。

5. 建立一个甲乙类互补功率放大仿真电路，仿真分析输出端信号。

6. 建立一个集成稳压电源仿真电路，并进行仿真分析。

第6章　在数字电路中的应用和仿真

数字电路是现代电子技术、计算机硬件电路、通信电路、信息与自动化技术的基础，使用 Multisim 14.0 丰富的元器件库及仪器仪表，可以方便地完成各类数字电路的建立、仿真和分析。

本章通过 Multisim 14.0 仿真环境，介绍分立元件特性测试、组合逻辑与时序逻辑电路、555 定时器及 A–D、D–A 转换电路的分析与仿真。

6.1　分立元件特性测试与仿真

数字电路中逻辑变量有 0 和 1 两种取值，对应电子开关的断开和闭合。构成电子开关的基本元件有二极管、晶体管和 MOS 管。理想开关的开关特性如下。

1）静态特性。断开时，等效电阻 $R_{OFF} = \infty$，电流 $I_{OFF} = 0$；闭合时，等效电阻 $R_{ON} = 0$，电压 $U_{AK} = 0$。

2）动态特性。开通时间 $t_{on} = 0$，关断时间 $t_{off} = 0$。

本节主要介绍二极管和晶体管开关特性的测试与仿真。

6.1.1　二极管开关特性测试与仿真

二极管在正偏导通时，硅管导通压降为 0.7 V 左右（锗管 0.3 V 左右），导通电阻为几欧姆至几十欧姆，类似开关闭合；反偏截止时反向饱和电流极小、反向电阻很大（几百千欧），类似开关断开。

1. 使用伏安特性图示仪观察二极管伏安特性曲线

1）在 Multisim 14.0 环境下，单击元器件库栏 ⊬ 按钮，在弹出的窗口中的"Database"中选择"Master Datebase"，在"Group"中选择"Diodes"，在"Component"中选择"1N4001"，其他选择默认，单击"OK"按钮，把二极管"1N4001"放置在工作区。

2）双击仪器仪表库中 ▦（IV analyzer，伏安特性分析仪）按钮，把"XIV1"放置在工作区。

3）双击 XIV1 图标，打开"IV analyzer XIV1"对话框，在"Component"中选择"Diode"，在对话框右下角显示二极管符号，即要求外部接线时，左侧端口接"P"区，中间端口接"N"区；在"Current range"中设置显示区可显示的电流仿真范围："log"对数坐标，"lin"线性刻度坐标；在"Voltage range"中设置显示区可显示的 PN 结电压仿真范围；单击"Reverse"按钮可改变显示区底色（黑变白）；在"Simulate param"（仿真参数）中可设置电源电压范围。

4）在交互仿真分析下运行仿真，二极管伏安特性如图 6-1 所示。

由图 6-1 可知，二极管"1N4001"流过的电流为 628.355 mA 时，其端口电压为 895.522 mV。移动游标 1（显示区中的竖线），可观察二极管流过任意电流时的端口电压。

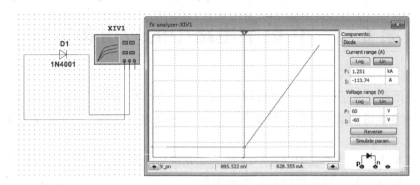

图 6-1　用伏安特性分析仪观察二极管伏安特性曲线

2. 二极管开关特性测试

二极管由截止到导通所需的时间称为导通时间 t_{on}，由导通到截止所需的时间称为反向恢复时间 t_{re}。可通过图 6-2a 所示电路对二极管进行动态开关特性测试，示波器通道 A 测量电阻 $R1$ 两端的电压波形，通道 B 测量信号源 $V1$ 两端的电压波形。

在交互仿真分析下运行仿真，示波器的工作波形如图 6-2b 所示。

由图 6-2b 可以看出，$V1$ 由正半周变为负半周时，二极管并不能马上由导通变为截止，而是维持一段时间后，电路电流才开始逐渐减小，当减小至二极管的反向饱和电流时，二极管完全截止；$V1$ 由负半周变为正半周时，二极管经过一段时间后才导通。由于二极管的动态导通和动态截止的时间非常短，在一般情况下可以忽略。

$R1$ 两端的电压波形出现了毛刺和纹波，是二极管 PN 结的结电容效应导致的。

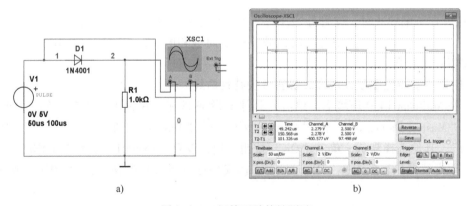

图 6-2　二极管开关特性测试

a）测试电路　b）示波器工作波形

6.1.2　晶体管的开关特性测试与仿真

晶体管作为开关元件，主要工作在饱和与截止两种状态，放大区只是极短暂的过渡状态。截止时，晶体管发射结和集电结都反偏，集电极电流几乎为 0，集电极与发射极之间类似开关断开；饱和时，晶体管发射结和集电结都正偏，$U_{BES}=0.7V$，$U_{CES}=0.3V$（硅），集电极与发射极之间类似开关闭合。

1. 使用伏安特性图示仪观察晶体管伏安特性曲线

1）单击元器件库栏 按钮，在弹出窗口中的"Database"中选择"Master Database"，在"Group"中选择"Transistors"，在"Component"中选择"2N2221"，其他选择默认，把晶体管"2N2221"放置在工作区。

2）单击仪器仪表库中 （IV analyzer，伏安特性分析仪）按钮，放置在工作区。双击伏安特性分析仪，打开设置窗口，在"Component"中选择"BJT NPN"，可在设置窗口右下角看到晶体管符号，左侧端口为"b"区，中间端口为"e"区，右侧端口为"c"区。在"Current range"中设置显示区可显示的集电极电流仿真范围；在"Voltage range"中设置显示区可显示的集电极与发射极之间的电压（U_{CE}）仿真范围；在"Simulate para（仿真参数）"中可设置电源电压及基极电流的仿真范围。

3）在交互仿真分析下运行仿真，晶体管伏安特性如图6-3所示。由图6-3可知，晶体管工作在放大状态下 $U_{CE}=1V$ 时，$I_B=1mA$，$I_C=52.933mA$，其电流放大系数 β 约为53。单击任意一条输出特性曲线，可观察给定 U_{CE} 时 I_C 与 I_B 的值；左右移动游标1，可观察给定 I_B 时的 U_{CE} 与 I_C 的值，可以更好地理解晶体管在截止、放大与饱和状态下的特点。

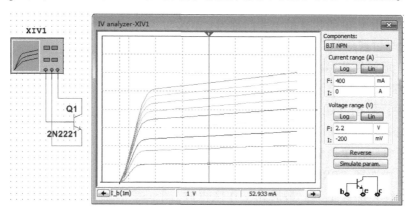

图6-3　用伏安特性分析仪观察晶体管伏安特性曲线

2. 晶体管开关特性测试

晶体管的开关特性可用开启时间与关闭时间来描述。晶体管从截止到饱和所需的时间称为开启时间 t_{on}，从饱和到截止所需的时间称为关闭时间 t_{off}，通常有 $t_{off}>t_{on}$。

晶体管开关特性测试电路如图6-4a所示，示波器通道A测量电阻 $R1$ 两端的交流电压波形，通道B测量信号源 $V1$ 两端的电压波形。

在交互仿真分析下运行仿真，示波器的工作波形如图6-4b所示。

在图6-4b中，$V1$ 由正半周变为负半周时，晶体管并不能马上由导通变为截止，延迟一段时间后才截止；$V1$ 由负半周变为正半周时，晶体管也不是瞬时导通，而是延迟一段时间后才导通。与二极管相比，晶体管的开启时间与关闭时间更短，通常为 μs 或 ns 数量级。

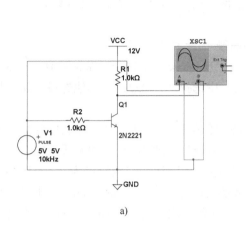

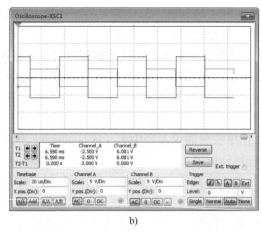

a)　　　　　　　　　b)

图 6-4　晶体管开关特性测试

a) 测试电路　b) 示波器工作波形

6.1.3　TTL 与非门逻辑功能测试与仿真

正逻辑体制规定下，与非门的特点是"见 0 出 1，全 1 为 0"。由晶体管搭建的与非门称为 TTL 与非门，由 MOS 管搭建的与非门称为 CMOS 与非门。下面介绍 TTL 与非门 74LS00 的逻辑功能测试与仿真。

单击基础元器件库 ⚡ 图标，在"SWITCH"中选择"SPDT"，在工作区的空白区域放置 2 个双刀单掷开关；单击 TTL 元器件库图标 ⚡，在"74LS"中选择"74LS00N"，在工作区放置 1 个二输入端的与非门；单击显示元器件库 ▦ 图标，在"PROBE"中选择"PROBE-DIG-RED"，在工作区放置 1 个红光探针工具，最后在工作区再放置 1 个数字地和一个 5 V 的直流电源，建立与非门功能测试电路如图 6-5 所示。

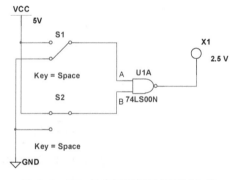

图 6-5　TTL 与非门逻辑功能测试电路

在交互仿真分析下运行仿真，用鼠标（也可用空格键）控制开关 S1、S2 的状态，观察红光探针的变化规律，可验证"与非门"的逻辑功能。其他门电路的逻辑功能测试方法与之类似，不再赘述。

6.1.4　逻辑关系表示方法之间的相互转换

常用逻辑关系的表示方法有真值表、逻辑函数、逻辑图等。利用仪器仪表库的逻辑转换仪 ▦（Logic Converter）可方便地完成各表示方法之间的互相转换以及逻辑函数的化简。注意，实际数字仪器中无逻辑转换仪设备。

1) 单击仪器仪表库的 ▦，在工作区放置一个逻辑转换仪图标 XLC1，如图 6-6a 所示。其下方有 9 个端口，最右侧是数字电路输出端口，其余 8 个均为输入端口。

2) 双击逻辑转换仪打开设置对话框，如图 6-6b 所示。选择变量 A、B、C、D，真值表区域自动列出 16 种组合。鼠标光标移至真值表区域右侧输出栏"？"位置，光标将变成手型，在相应"？"处第 1 一次单击变为"0"，第 2 次单击变为"1"，第 3 次单击变为"X"（任意值）。

3）真值表列好后，单击"Conversions"栏 [1011 → AB] 按钮，可在真值表下方空白栏得到标准与或式（全部由最小项构成）。单击 [1011 SIMP AB] 按钮，可得到最简与或式；单击 [D → 1011] 按钮由逻辑电路列真值表；单击 [AB → 1011] 按钮可由逻辑表达式得到真值表；单击 [AB → D] 按钮可由逻辑表达式得到逻辑电路；单击 [AB → NAND] 按钮可由表达式得到全部由与非门搭建的逻辑电路。

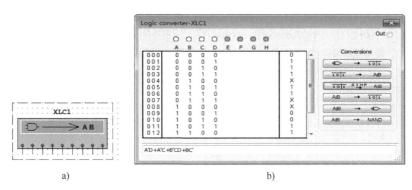

a)　　　　　　　　　　　　　　　　　b)

图 6-6　逻辑转换仪

a) 逻辑转换仪图标　b) 逻辑转换仪设置窗口

如将逻辑函数 $Y(A,B,C,D) = \sum m(1,2,3,5,6,11,12) + \sum d(4,7,8,13)$ 化为最简与或表达式，可根据题目要求把最小项 1、2、3、5、6、11、12 设为"1"，无关项 4、7、8、13 设为"X"，其他设为"0"，单击 [AB → D] 按钮，系统自动生成电路如图 6-7a 所示，单击 [AB → NAND] 按钮，系统生成全部由与非门搭建的电路如图 6-7b 所示。

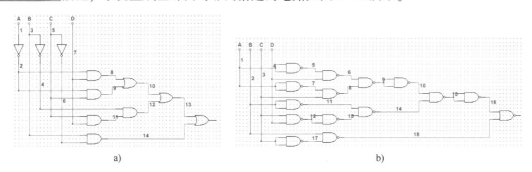

a)　　　　　　　　　　　　　　　　　b)

图 6-7　生成电路

a) 由与、或、非门搭建的电路　b) 全部由与非门搭建的电路

6.2　组合逻辑电路分析和仿真

组合逻辑电路的特点是任意时刻的输出仅取决于当前时刻的输入，与电路的原来状态无关，也没有记忆能力。

组合逻辑电路的分析是指对给定的逻辑电路进行分析，获得其逻辑功能。传统的分析方法是由逻辑电路图求得表达式，然后化简得到最简表达式，再列出真值表，最后由真值表得出其逻辑功能，在 Multisim 14.0 中，电路的逻辑功能可以通过逻辑转换仪进行仿真分析。

6.2.1 静态组合逻辑电路的分析仿真

静态组合逻辑仿真电路的分析方法如下。建立逻辑电路，把输入接至逻辑转换仪 XLC1 的输入端口，输出接至逻辑转换仪的输出端口，通过控制逻辑转换仪的转换按钮分析电路功能。

单击 TTL 元器件库图标，在 "74LS" 中选择 "74LS12N"，在工作区放置 1 个三输入端的与非门；在 "74STD" 中分别选择 "7427N" "7408N" "7404N" "7432N" 放置在工作区，再选择 1 个数字地和一个 5 V 的电源，建立电路如图 6-8 所示。

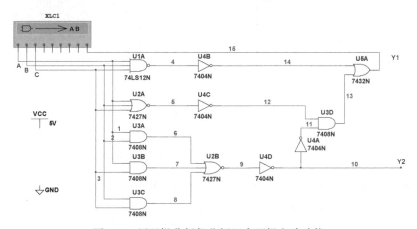

图 6-8　用逻辑分析仪分析组合逻辑电路功能

应该说明的是，在用 Multisim14.0 进行数字电路仿真时，有时电路本身没有设置接电源和地的端口，但是仿真时务必把电源和地放在电路旁边，否则会报错。

把 A、B、C 分别接至逻辑转换仪最左侧的 3 个输入端口，输出 Y1 接至逻辑转换仪输出端口，单击逻辑转换仪的 按钮可得 Y1 真值表如图 6-9a 所示；把 Y1 断开，Y2 接至逻辑分析仪输出端口，单击 按钮可得 Y2 真值表如图 6-9b 所示。若把 A 作为 1 位

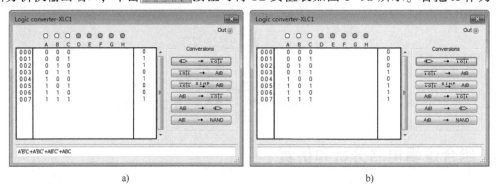

a)　　　　　　　　　　　　　　b)

图 6-9　图 6-8 所示电路功能分析

a) Y1 真值表及表达式　b) Y2 真值表及表达式

二进制数的被加数，B 为加数，C 为低位来的进位，$Y1$ 作为本位的和，$Y2$ 作为向更高位的进位，由图 6-9 可知，该电路可以实现全加器的逻辑功能。

6.2.2 键控 8421BCD 编码器测试与仿真

在数字系统里，为了区分一系列不同的事物，常将其中的每个事物用一个二进制代码表示，然后把二进制代码按一定的规律编排，使每组代码具有一定的含义，这个过程称为编码。具有编码功能的逻辑电路称为编码器，常用的编码器有普通编码器和优先编码器。

在优先编码器电路中，允许同时输入两个以上的编码信号，只对其中优先权最高的一个进行编码。下面介绍 74LS147N（8421BCD 码优先编码器）的功能测试及仿真。

单击基础元器件库 图标，在 "SWITCH" 中选择 "DIPSW9"，在工作区的空白区域放置 9 个单刀单掷开关；在 "RPACK" 中选择 "9Line-Isolated"，在工作区放置一个含有 9 个 1 kΩ 电阻的电阻排。单击 TTL 元器件库图标，在 "74LS" 中选择 "74LS04D"，在工作区放置 4 个反相器；选择 "74LS147N"，在工作区放置 1 个 8421BCD 码优先编码器。单击显示元器件库 图标，在 "HEX-DISPLAY" 中选择 "DCD-HEX-DIG-YELLOW"，在工作区放置 1 个黄光 LCD 显示器；最后在工作区再放置 1 个数字地和 1 个 5 V 的直流电源，搭建键控 8421BCD 编码器仿真电路如图 6-10 所示。

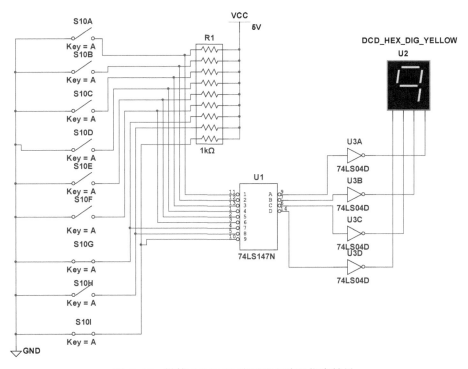

图 6-10　键控 8421BCD 编码器电路及仿真结果

在交互仿真分析下运行仿真，所有开关均不按下时，表示没有编码请求，显示器显示 "0"，当有多个开关按下时，显示器显示优先级最高的编码。图 6-10 中，开关 G 和 I 同时按下，显示器显示 "9"。

6.2.3　由译码器构成数据分配器测试与仿真

译码是编码的逆过程，其功能是将每个输入的二进制代码，译成对应的输出高、低电平信号。常用的译码器电路有：二进制译码器、二－十进制译码器、显示译码器三大类。二进制译码器的输入是一组二进制代码，输出是一组与输入代码一一对应的高、低电平信号。

译码器还可用来构成数据分配器、实现多输出的组合逻辑电路。下面介绍用 3/8 线译码器 74LS138 构成数据分配器。

单击基础元器件库 ～ 图标，在"SWITCH"中选择"DIPSW1"，在工作区的空白区域放置 3 个单刀单掷开关；在"RESISTOR"中选择"1.0 kΩ"，在工作区放置 3 个 1.0 kΩ 的电阻。单击 TTL 元器件库图标 ，在"74LS"中选择"74LS138N"，在工作区放置 1 个 3/8 线译码器；单击二极管元器件库图标 ，在"LED"中选择"BAR-LED-BLUE"，把含有 8 个蓝色发光二极管的二极管条放在工作区；最后在工作区再放置 1 个数字地和一个 5 V 的数字电源，搭建数据分配器仿真电路如图 6-11 所示。

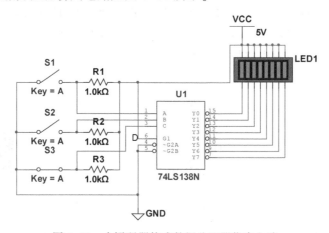

图 6-11　由译码器构成数据分配器仿真电路

注意，发光二极管排 LED1 为共阳极接法，即当译码器相应端口输出低电平 0 时二极管点亮。设 $G1$ 端口为 1 位数据端 D，D 接高电平+5 V 时，在交互仿真分析下运行仿真，若 $S3S2S1=011$，对应 $Y3$ 发光二极管点亮，即相当于把数据 $D=1$ 求反以后分配至 $Y3$。以此类推，$S3S2S1$ 的状态决定了把数据 D 分配至哪一路输出端口。

6.2.4　由译码器构成 16 位循环移位电路测试与仿真

选用两片 3/8 线译码器 74LS138，先级联成 4/16 线译码器，进而可构成 16 位循环移位电路。单击仪器仪表库栏字发生器图标 ，在工作区放置 1 个字发生器 XWG1；单击 TTL 元器件库图标 ，在"74LS"中选择"74LS138N"，在工作区放置 2 个 3/8 线译码器；单击显示元器件库图标 ，在"PROBE"中选择"PROBE-DIG-RED"，在工作区放置 16 个红光探针工具；最后在工作区再放置 1 个数字地和一个 5 V 的数字电源，搭建译码器构成的 16 位循环移位仿真电路如图 6-12a 所示。

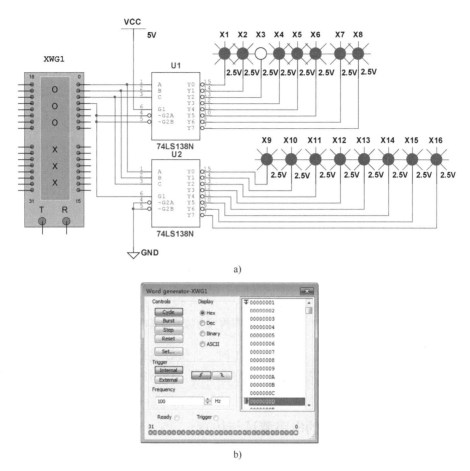

a)

b)

图 6-12　由译码器构成 16 位循环移位电路测试与仿真

a) 16 位循环移位电路　b) 字发生器设置窗口

在图 6-12b 中的"Display"选项区选择"Hex"，在窗口右侧区域显示的是 8 个十六进制的字元，代表 32 位输出的状态。鼠标左键单击第二行最后一列，键入 1，下面每一行最后一列依次键入 2、3、4、5、6、7、8、9、A、B、C、D、E、F，且在"F"所在的行单击鼠标右键，选择"Set Final Position"（设置末尾位置），在"Frequency"选项区选择 100 Hz，在交互仿真分析下运行仿真，可观察到探针 1 至探针 16 以 100 Hz 的频率依次点亮。

6.2.5　由数据选择器构成全加器电路测试与仿真

在数字传输过程中，需要从多路数据中选出一路输出时，要用到数据选择器，也称为多路开关。常用的数据选择器芯片有 74LS153（双四选一）、74LS151（八选一）等。数据选择器不仅能够实现数据选择的基本功能，还能实现组合逻辑电路。

两个 1 位二进制数相加时，同时考虑来自低位的进位，得到本位和向更高位的进位，这种运算称为全加，实现全加的逻辑电路称为全加器。

下面介绍由数据选择器 74LS153（双四选一）实现全加器。

单击基础元器件库 图标，在"SWITCH"中选择"DIPSW1"，在工作区的空白区域放置 3 个单刀单掷开关；在"RESISTOR"中选择"1.0 kΩ"，在工作区放置 3 个 1.0 kΩ 的电阻。单击 TTL 元器件库图标 $\mathbb{D}$，在"74LS"中选择"74LS153N"，在工作区放置 1 个双四选一数据选择器；在"74LS"中选择"74LS04D"，在工作区放置 1 个反相器，单击显示元器件库 $\boxdot$ 图标，在"PROBE"中选择"PROBE-DIG-RED"，在工作区放置 2 个红光探针工具；最后在工作区再放置 1 个数字地和一个 5 V 的直流电源，搭建全加器仿真电路如图 6-13 所示。若 S3 代表被加数 A，S2 代表加数 B，S1 代表来自低位的进位 C_{i-1}，U1 芯片的 1Y 代表本位和 S，2Y 代表本位向高位的进位 C。

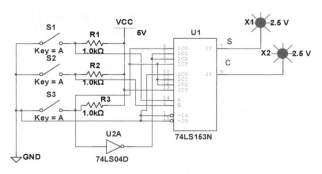

图 6-13　用数据选择器构成全加器仿真电路

在交互仿真分析下运行仿真，S3S2S1 = 111 时，S 和 C 输出均为高电平，两个探针均点亮，符合全加器的运算特点。读者可自行观察全加器 S3S2S1 不同输入状态时电路的输出状态。

6.2.6　8421 码转换 5421 码的电路测试与仿真

为了用二进制代码表示十进制数的 0~9 十个状态，二进制代码至少应当有 4 位。4 位二进制代码一共有十六个（0000~1111），取其中十个以及如何与 0~9 相对应，有许多种方案，常见的编码方案有 8421BCD 码、5421BCD 码、余 3BCD 码等。十进制数码与 8421BCD 码及 5421BCD 码的对应关系见表 6-1。可见 8421BCD 在大于等于 5 时加 3，否则加 0，即可得到 5421BCD 码。

表 6-1　8421 码与 5421 码的对应关系

十进制数码	8421BCD 码	5421BCD 码
0	0000	0000
1	0001	0001
2	0010	0100
3	0011	0011
4	0100	0100
5	0101	1000
6	0110	1001
7	0111	1010
8	1000	1011
9	1001	1100

单击基础元器件库 ~ 图标，在"SWITCH"中选择"DIPSW1"，在工作区的空白区域放置4个单刀单掷开关；在"RESISTOR"中选择"1.0 kΩ"，在工作区放置4个1.0 kΩ的电阻。单击TTL元器件库图标，在"74LS"中选择"74LS283N"，在工作区放置1个四位超前进位加法器；在"74LS"中选择"74LS85N"，在工作区放置1个四位数值比较器，单击显示元器件库 图 图标，在"PROBE"中选择"PROBE-DIG-RED"，在工作区放置4个红光探针工具；最后在工作区再放置1个数字地和一个5 V的电源，搭建代码转换仿真电路如图6-14所示。

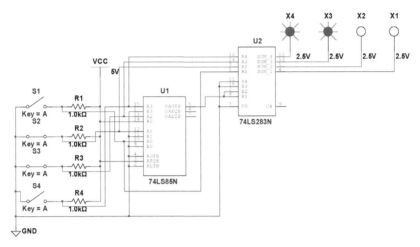

图 6-14　8421 码转换 5421 码仿真电路

在交互仿真分析下运行仿真，S4S3S2S1 = 0000 时，四个探针 X4X3X2X1 = 0000，均不亮；S4S3S2S1 = 1001 时，X4X3X2X1 = 1100，X4X3 对应的探针点亮，即实现了 8421BCD 码转换为 5421BCD 码输出。

6.2.7　竞争冒险电路测试与仿真

前述组合逻辑电路的测试与仿真都是在输入、输出处于稳定的逻辑电平下进行的。

为了保证系统工作的可靠性，有必要考察在输入信号逻辑电平发生变化的瞬间，电路是怎样工作的。事实上，由于引线和器件传输与变换时存在延迟，输出不一定能立即达到预定的状态，可能要经历一个过渡过程。在这个过程中，逻辑电路的输出端有可能产生瞬时的错误输出，这种现象称为险象。在较复杂的电路系统中，如果竞争冒险产生的尖峰脉冲使后级电路产生错误动作，就会破坏原有的设计功能。

文献资料表明，当函数表达式在某种条件下可化为 $X+X'$ 或 $X \cdot X'$ 时，变量 X 的变化有可能引起险象。

分别单击仪器仪表库栏的信号发生器图标 和双踪示波器图标 ，在工作区放置1个信号发生器和1个双踪示波器；单击TTL元器件库图标 ，在"74STD"中选择"7404N"，在工作区放置4个反相器；在"74STD"中选择"7408N"，在工作区放置3个二输入端的与门；在"74STD"中选择"7427N"，在工作区放置1个三输入端的或非门；最后在工作区再放置1个数字地和一个5 V的直流电源，搭建竞争冒险电路如图6-15a所示。

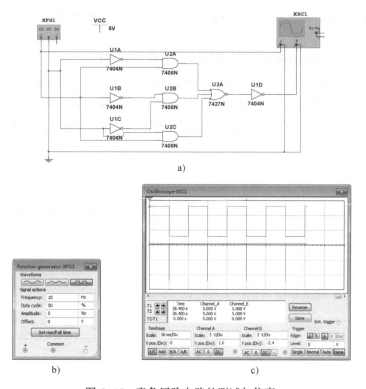

图 6-15　竞争冒险电路的测试与仿真

a）竞争冒险电路　b）信号发生器设置窗口　c）示波器显示波形

为了便于观察冒险现象，信号发生器设置窗口如图 6-15b 所示。用示波器通道 A 观察输入信号波形，通道 B 观察输出信号波形，

在交互仿真分析下运行仿真，由图 6-15c 可看到输入波形发生由 1 到 0 的跳变时，输出信号出现了短时的负跳变脉冲，即出现了险象。

根据组合逻辑电路竞争风险产生的原因不同，可以采用相应的措施消除风险，一般采用以下几种方法。

1）修改数字逻辑设计。对产生冒险现象的逻辑表达式添加冗余项。

2）选通法。在电路中加选通信号。

3）滤波法。在输出端加滤波电容器将脉冲滤除。

6.3　时序逻辑电路的分析和仿真

时序逻辑电路的基本构成单元是触发器。其特点是任意时刻的输出不仅取决于当前时刻的输入，还与电路的历史状态有关，具有记忆能力。

时序逻辑电路的分析是对给定的时序逻辑电路，分析其逻辑功能。一般的分析方法是由逻辑电路写时钟方程、驱动方程、输出方程以及状态方程，根据时钟方程和状态方程列状态转移真值表，由状态转移真值表总结其逻辑功能。

Multisim 14.0 提供了丰富的用于逻辑电路的测试仪器，用户可借助示波器、探针、示波器、逻辑转换仪等仪器仪表来分析时序逻辑电路的功能。

6.3.1 触发器逻辑功能测试与仿真

能够存储 1 位二进制信息的基本单元电路称为触发器。触发器电路的共同特点是：具有两个互补的输出端 Q 与 Q'，且 Q 端具有两个能自行保持的稳定状态，用来表示逻辑状态的 0 和 1 或二进制数的 0 和 1。还可以根据不同的输入信号置 Q 为 1 或 0 状态。

根据电路结构形式的不同，触发器分为基本 RS 触发器、同步 RS 触发器、主从触发器、维持阻塞触发器、CMOS 边沿触发器。根据逻辑功能的不同分为 RS 触发器、JK 触发器、T 触发器、D 触发器。根据存储数据的原理不同分为静态触发器和动态触发器。

下面主要介绍由与非门构成的基本 RS 触发器和 JK 触发器芯片 74LS112 的逻辑功能测试与仿真。

1. 基本 RS 触发器逻辑功能测试与仿真

单击基础元器件库 ∿ 图标，在"SWITCH"中选择"DIPSW1"，在工作区的空白区域放置 2 个单刀单掷开关；在"RESISTOR"中选择"1.0 kΩ"，在工作区放置 2 个 1.0 kΩ 的电阻；单击 TTL 元器件库图标 ，在"74STD"中选择"7400N"，在工作区放置 2 个二输入端与非门；单击显示元器件库 图标，在"PROBE"中选择"PROBE-DIG-RED"，在工作区放置 2 个红光探针工具；最后在工作区再放置 1 个数字地和一个 5 V 的直流电源，搭建由与非门构成的基本 RS 触发器仿真电路如图 6-16 所示。

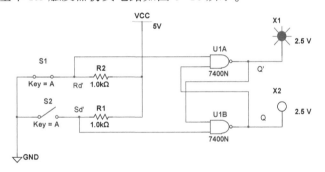

图 6-16 基本 RS 触发器逻辑功能测试

单击开关可改变输入数据，开关 $S1$ 闭合表示输入 $R'_d = 0$，开关 $S2$ 闭合表示输入 $S'_d = 0$，开关断开表示输入 1。在交互仿真分析下运行仿真，若令 $S1$ 闭合、$S2$ 断开，则 Q 对应探针不亮，Q' 对应探针亮，即 Q 被"清零"。同样的方法可观察触发器的"置 1""保持""无效"等现象。

2. JK 触发器 74LS112 逻辑功能测试与仿真

单击电源库 图标，在"SIGNAL-VOLTAGE-SOURCES"中选择"CLOCK -VOLTAGE"，在工作区放置 1 个 100 Hz、5 V 的数字信号源；单击基础元器件库 ∿ 图标，在"SWITCH"中选择"SPDT"，在工作区的空白区域放置 2 个双刀单掷开关；单击 TTL 元器件库图标 ，在"74LS"中选择"74LS112N"，在工作区放置 1 个下降沿触发的 JK 触发器；单击显示元器件库 图标，在"PROBE"中选择"PROBE-DIG-RED"，在工作区放置 2 个红光探针工具；单击仪器仪表库栏 图标，在工作区放置 1 个逻辑分析仪图标 XLA1；最后在工作区再放置 1 个数字地和一个 5 V 直流电源，搭建 JK 触发器逻辑功能测试电路如图 6-17a 所示。

逻辑分析仪（Logic Analyzer）XLA1 可以同步显示和记录 16 路逻辑信号，用于对数字

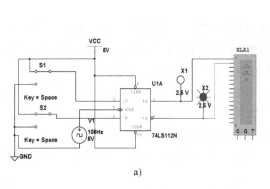
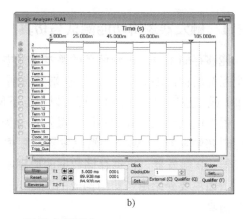

a)   b)

图 6-17 JK 触发器 74LS112 逻辑功能测试

a) JK 触发器逻辑功能测试电路 b) 逻辑分析仪显示波形

逻辑信号的高速采集和时序分析。逻辑分析仪的图标左侧有 1~F 共 16 个输入端口，使用时接到被测电路的相关节点上，图标下侧也有 3 个端子，C 是外时钟输入端，Q 是时钟控制输入端，T 是触发控制输入端。

双击逻辑分析仪图标，打开其面板窗口如图 6-17b 所示。面板分上下两部分，上半部分是显示窗口，下半部分是逻辑分析仪的控制窗口，控制信号有：Stop（停止）、Reset（复位）、Reverse（反相显示）、Clock（时钟）设置和 Trigger（触发）设置。

时钟设置"Clock Setup"对话框如图 6-18a 所示，在"Clock source"（时钟源）选项区可选择外触发或内触发，此处选择内触发；"Clock rate"（时钟频率）可在 1 Hz~100 MHz 范围内选择，此处选择 100 Hz；在"Sampling setting"（取样点设置）选项区中将"Pre-trigger samples"（触发前取样点）设为 100，"Post-trigger samples"（触发后取样点）设为 1000，"Threshold volt.（V）"（开启电压）设为 2.5 V。触发设置"Trigger Setting.."对话框如图 6-18b 所示，在"Trigger Clock Edge"（触发边沿）可选择 Positive（上升沿）、Negative（下降沿）或 Both（双向触发），此处选择下降沿触发；Trigger patterns（触发模式）可由 A、B、C 自定义触发模式。

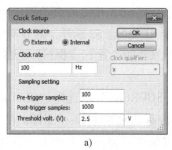

a)   b)

图 6-18 逻辑分析仪设置窗口

a) 时钟设置窗口 b) 触发方式设置窗口

若 $S1S2=11$，在交互仿真分析下运行仿真，观察到逻辑分析仪显示波形如图 6-17b 所示，可见在每一个脉冲的下降沿，Q（X1）端口状态翻转 1 次，Q' 与 Q 正好相反。读者可自行观察 JK 触发器的"清零""置 1""保持"功能。

6.3.2　D触发器构成的八分频电路测试与仿真

在数字电路中，把记忆输入时钟脉冲个数的操作称为计数，能够实现计数操作的电子电路称为计数器。

计数器是最典型的时序电路，按计数器中触发器是否同时翻转，可分为同步计数器和异步计数器；按计数过程中计数器中的数字增减分类，可分为加法计数器、减法计数器、可逆计数器（加/减计数器）；按计数器中数字的编码方式分类，可分为二进制计数器、二−十进制计数器、循环计数器；按计数容量来区分，可分为十进制计数器、六十进制计数器、N进制计数器等。

分频器是指使输出信号的频率降低为输入信号频率的若干分之一的电路。

在数字电路中通常用计数器实现分频器的功能。把输入的信号作为计数脉冲，由于计数器的输出端口是按一定的计数值输出脉冲的，所以可把由不同的端口输出的信号脉冲看作是对输入信号的"分频"，分频频率由计数器的模所决定。若是十进制计数器就是十分频，若是二进制计数器就是二分频，以此类推。

下面介绍由D触发器构成的八分频电路的测试与仿真。

单击电源库 ÷ 图标，在"SIGNAL-VOLTAGE-SOURCES"中选择"CLOCK –VOLTAGE"，在工作区放置1个1kHz、5V的数字信号源；单击TTL元器件库图标，在"74LS"中选择"74LS74N"，在工作区放置3个上升沿触发的D触发器；单击仪器仪表库栏 图标，在工作区放置1个双踪示波器图标"XSC1"；最后在工作区再放置1个数字地和一个5V的直流电源，搭建D触发器构成的八分频电路（即3位二进制计数器，模8）如图6-19a所示。

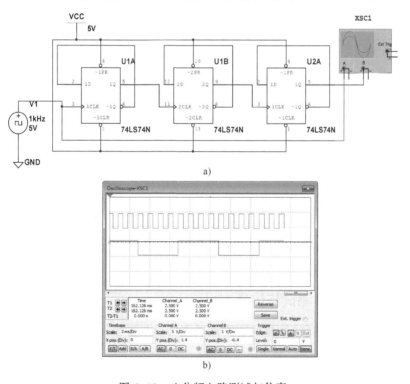

图6-19　八分频电路测试与仿真

a）八分频电路　b）示波器显示波形

在图 6-19a 中，示波器 A 通道接 $V1$ 信号源，B 通道接 U2A 的 Q 端输出，在交互仿真分析下运行仿真，可观察示波器显示波形如图 6-19b 所示。

由图 6-19b 可知，信号源频率为输出信号频率的八倍，实现了八分频。

6.3.3　二十四进制计数器测试与仿真

Multisim 14.0 提供了多种规模的集成计数器芯片供用户选用，如 74LS160 就是一个 4 位同步十进制加法计数器，计数状态时输出端口 $Q_D Q_C Q_B Q_A$ 按 8421BCD 码计数规律计数，同时该芯片还提供有附加功能如异步清零、同步置数、保持等。

下面介绍用 74LS160 的同步置数功能实现二十四进制计数器。

单击电源库 ⊹ 图标，在 "SIGNAL - VOLTAGE - SOURCES" 中选择 "CLOCK-VOLTAGE"，在工作区放置 1 个 10 Hz、5 V 的数字信号源；单击 TTL 元器件库图标 ⊕，在 "74LS" 中选择 "74LS160N"，在工作区放置 2 个十进制计数器；在 "74LS" 中选择 "74LS10D"，在工作区放置 1 个三输入端的与非门；单击显示元器件库 图 图标，在 "HEX-DISPLAY" 中选择 "DCD-HEX-DIG-BLUE"，在工作区放置 2 个蓝光 LCD 显示器；在工作区再放置 1 个数字地和 1 个 5 V 的直流电源；数据输入端口全部预先置 0（接地），由于是同步置数，因此把二十三（对应 8421BCD 码为 00100011）作为反馈置数的代码，通过与非门反馈至 74LS160 芯片的置数端口（LOAD），建立的二十四进制计数器仿真电路如图 6-20 所示。

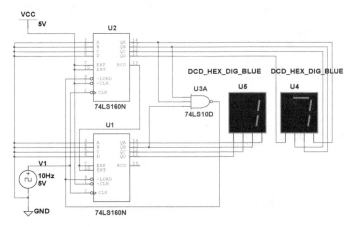

图 6-20　二十四进制计数器功能测试与仿真

在交互仿真分析下运行仿真，显示器在计数脉冲作用下依次显示 0、1、2、…、23 共二十四个状态，实现了二十四进制计数。

6.3.4　可变进制计数器测试与仿真

与 74LS160 相比，74LS161 也提供有附加功能如异步清零、同步置数、保持等，不同的是 74LS161 是一个 4 位同步二进制加法计数器。

74LS161 的输出端口 $Q_D Q_C Q_B Q_A$ 按二进制加计数规律计数，辅以简单的门电路，在控制信号作用下可用 74LS161 的同步置数功能实现可变进制计数器。

单击基础元器件库 ⌇ 图标，在 "SWITCH" 中选择 "SPDT"，在工作区的空白区域放置 1 个双刀单掷开关；单击电源库 ╈ 图标，在"SIGNAL-VOLTAGE-SOURCES"中选择"CLOCK-VOLTAGE"，在工作区放置 1 个 10 Hz、5 V 的数字信号源；单击 TTL 元器件库图标，在"74LS"中选择"74LS161N"，在工作区放置 1 个二进制计数器；在"74LS"中选择"74LS04D"，在工作区放置 1 个反相器；在"74LS"中选择"74LS15N"，在工作区放置 1 个三输入端的与门；在"74LS"中选择"74LS21D"，在工作区放置 1 个四输入端的与门；在"74LS"中选择的"74LS02D"，在工作区放置 1 个二输入端的或非门；单击显示元器件库 图标，在"HEX-DISPLAY"中选择"DCD-HEX-DIG-BLUE"，在工作区放置 1 个蓝光 LCD 显示器；在工作区放置 1 个数字地和 1 个 5 V 的直流电源，建立可变进制计数器仿真电路如图 6-21 所示。

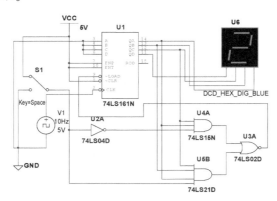

图 6-21   可变进制计数器测试与仿真

在交互仿真分析下运行仿真，开关 S1 = 0 时，显示器在计数脉冲作用下依次显示 0、1、2、3、4、5 共六个状态，实现了六进制计数；开关 $S1$ = 1 时，显示器在计数脉冲作用下依次显示 0、1、2、3、4、5、6、7、0 共八个状态，实现了八进制计数。

6.3.5   双向移位寄存器 74LS194 实现流水灯电路测试与仿真

寄存器用于存储一组二值代码，被广泛应用于各类数字系统和数字计算机中。

组成寄存器的基本单元也是触发器，只要求触发器具有置 1、置 0 的功能即可。用 N 个触发器组成的寄存器能存储一组 N 位的二值代码。为了增加使用的灵活性，有些寄存器电路中还附加了一些控制电路，使寄存器又增添了异步置 0、输出三态控制和"保持"功能。

移位寄存器指寄存器里存储的代码，能在移位脉冲的作用下依次左移或右移，因此移位寄存器不但可以用来寄存代码，还可以用来实现数据的串行-并行转换、数值的运算及数据处理等。

下面用双向移位寄存器 74LS194 实现流水灯电路的测试与仿真。

单击基础元器件库 图标，在"SWITCH"中选择"SPDT"，在工作区的空白区域放置 1 个双刀单掷开关；单击电源库 ╈ 图标，在"SIGNAL-VOLTAGE-SOURCES"中选择"CLOCK-VOLTAGE"，在工作区放置 1 个 10 Hz、5 V 的数字信号源；单击 TTL 元器件库图标，在"74LS"中选择"74LS194N"，在工作区放置 2 个双向移位寄存器；在"74LS"中选择"74LS04N"，在工作区放置 1 个反相器；单击显示元器件库 图标，在"PROBE"中选择"PROBE-DIG-GREEN"，在工作区放置 8 个绿光探针工具；在工作区放置 1 个数字地和 1 个 5 V 的直流电源，建立流水灯电路如图 6-22 所示。

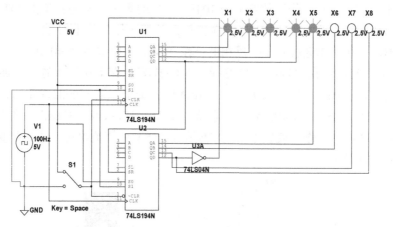

图 6-22　两片 74LS194 构成的 8 位流水灯电路

在交互仿真分析下运行仿真，开关 $S1 = 0$ 时，8 个探针均不点亮，即全部清零；开关 $S1 = 1$ 时，8 个探针依次点亮又依次熄灭，周而复始。

6.4　555 定时器在电路中的应用和仿真

555 定时器是一种多用途的数字-模拟混合的集成电路，利用它能极方便地构成施密特触发器、单稳态触发器和多谐振荡器。可用于波形的产生和变换、测量与控制等。

555 定时器产品型号繁多，但所有双极型产品型号最后的 3 位数码都是 555，所有 CMOS 产品型号最后的 4 位数码都是 7555，功能和外部引脚的排列完全相同。

6.4.1　555 定时器的创建和功能测试

单击混合元器件库图标　，在"TIMER"中选择"LM555CN"，在工作区放置 1 个 555 定时器，其逻辑功能测试仿真电路如图 6-23 所示。

在图 6-23 中，LM555CN 的引脚 1 为接地端 GND；引脚 2 为低电平触发输入端 TRI，该端电平低于 VCC/3（或 VCO/2）时，引脚 3 输出端 OUT 输出高电平；引脚 4 为复位端 RST，RST = 0 时，$Q = 0$；引脚 5 为控制电压输入端 CON；引脚 6 为高电平触发端 THR，该端电平高于 2VCO/3（或 VCO）时，输出 Q 为低电平；引脚 7 为放电端 DIS；引脚 8 为电源 VCC。当引脚 5 外接控制电压 VCO 时，引脚 6 的比较电压为 VCO，引脚 2 的比较电压为 VCO/2，下面测试 555 定时器的逻辑功能。

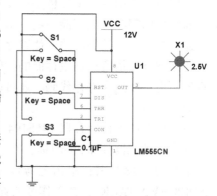

图 6-23　555 定时器逻辑功能测试

单击基础元器件库　图标，在"SWITCH"中选择"SPDT"，在工作区的空白区域放置 3 个双刀单掷开关；单击基础元器件库　图标，在

"CAPACITOR"中选择"0.1u",在工作区放置1个0.1 μF电容;单击显示元器件库 图图标,在"PROBE"中选择"PROBE-DIG-RED",在工作区放置1个红光探针工具;在工作区放置1个数字地和1个12 V的直流电源VCC,搭建555定时器功能测试电路如图7-23所示。

在交互仿真分析下运行仿真,S1=0时,探针不亮(复位)。S1=1时,S2=0(小于2VCC/3),S3=0(小于1VCC/3),探针亮。可分别观察S2S3=11、10、01时探针的状态,验证555定时器的功能。

6.4.2 555构成的多谐振荡器测试与仿真

多谐振荡器是一种自激振荡器,接通电源以后,不需要外加触发信号,便能自动产生矩形脉冲,由于矩形脉冲中含有丰富的高次谐波分量,所以习惯上把矩形波振荡器称为多谐振荡器。用555定时器很容易构成多谐振荡器。

单击混合元器件库图标 ,在"TIMER"中选择"LM555CN",在工作区的空白区域放置1个555定时器;单击基础元器件库 图标,在"CAPACITOR"中选择"0.1u",在工作区放置2个0.1 μF电容;单击基础元器件库 图标,在"RESISTOR"中选择"1.0K",在工作区放置2个1 kΩ的电阻;单击仪器仪表库栏 图标,在工作区放置1个双踪示波器图标"XSC1";在工作区放置1个模拟地和1个12 V的直流电源VCC,建立555定时器构成的多谐振荡器电路如图6-24a所示。

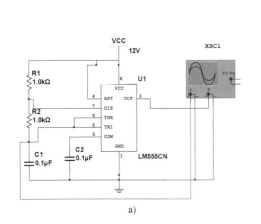
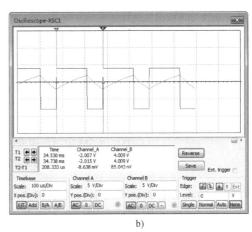

a)   b)

图6-24 由555定时器构成的多谐振荡器测试与仿真

a)由555定时器构成的多谐振荡器电路 b)示波器显示波形

在交互仿真分析下运行仿真,双击示波器图标,可观察A通道的输出波形及B通道电容$C1$两端的电压波形,如图6-24b所示。锯齿波形为电容$C1$两端的电压波形,矩形波为555定时器引脚3(OUT)的输出信号,显然电路不需外部激励,能够自动产生脉冲信号。

改变电阻$R1$、$R2$的值,可改变输出矩形波的频率及占空比。移动示波器面板的游标1和游标2,可测量负脉冲宽度TWL、正脉冲宽度TWH以及振荡频率f。

6.4.3 555构成的单稳态触发器测试与仿真

单稳态触发器有稳态和暂稳态两个不同的工作状态，在触发脉冲作用下，能从稳态翻转到暂稳态，暂稳态维持一段时间后，自动返回到稳态，暂稳态维持时间的长短取决于电路本身的参数，与触发脉冲的宽度和幅度无关。

单稳态触发器在数字电路中的作用有定时（产生一定宽度的矩形波）、整形（把不规则的波形变为规则的脉冲波形）以及延时（将输入信号延迟一定时间后输出）功能。

用555定时器外接简单的阻容元器件即可构成单稳态触发器电路。

单击电源库 图标，在"SIGNAL - VOLTAGE - SOURCES"中选择"CLOCK-VOLTAGE"，在工作区放置1个100 Hz、5 V的数字信号源；单击混合元器件库图标 ，在"TIMER"中选择"LM555CN"，在工作区的空白区域放置1个555定时器；单击基础元器件库 图标，在"CAPACITOR"中选择"1u"，在工作区放置1个1 μF电容；单击基础元器件库 图标，在"RESISTOR"中选择"1.0K"，在工作区放置1个1.0 kΩ的电阻；单击仪器仪表库栏 图标，在工作区放置1个四踪示波器图标"XSC1"；在工作区放置1个模拟地和1个12 V的直流电源VCC，建立555定时器构成的单稳态触发器电路如图6-25a所示。

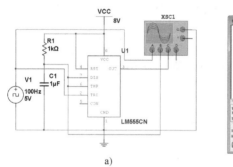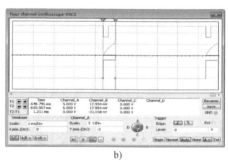

a) b)

图6-25 由555定时器构成的单稳态触发器电路测试与仿真

a）由555定时器构成的单稳态触发器电路 b）四踪示波器显示波形

在交互仿真分析下运行仿真，可观察A通道的V1波形、B通道电容C1两端的电压波形以及C通道555定时器输出端口3的电压波形，如图6-25b所示。

在图6-25b中，较窄的负脉冲波形为触发信号V1，锯齿波为电容C1两端的电压波形，较宽的正脉冲波形为555定时器引脚3（OUT）的输出信号，移动示波器面板的指针1和指针2，可测量输出波形的正脉冲宽度。显然输出正脉冲在受到触发以后其宽度由电容C1的充电时间决定，约为$1.1R1C1$。改变电阻$R1$、电容$C1$的值，可改变输出正脉冲的宽度。

6.4.4 555构成的施密特触发器测试与仿真

施密特触发器是脉冲波形变换中经常使用的一种电路。它在性能上有两个重要的特点。

1）输入信号从低电平上升的过程中电路状态转换时对应的输入电平，与输入信号从高电平下降过程中对应的输入转换电平不同。

2）在电路状态转换时，通过电路内部的正反馈过程使输出电压波形的边沿变得很陡。

利用施密特触发器状态转换过程中的正反馈作用，可把边沿变化缓慢的周期性信号变成边沿很陡的矩形脉冲信号，也可通过施密特触发器整形获得比较理想的矩形脉冲波形。

施密特触发器还能将幅度大于 VT+ 的脉冲选出，具有脉冲鉴幅能力，其应用非常广泛。用 555 定时器构成施密特触发器方法如下。

分别单击仪器仪表库栏的信号发生器图标 🖼 和双踪示波器图标 🖼，在工作区放置 1 个信号发生器和 1 个双踪示波器；单击混合元器件库图标 🔩，在 "TIMER" 中选择 "LM555CN"，在工作区的空白区域放置 1 个 555 定时器；在工作区再放置 1 个模拟地和 1 个 12 V 的直流电源 VCC，建立 555 定时器构成的施密特触发器电路如图 6-26a 所示。

双击信号发生器图标，打开信号发生器面板，其设置如图 6-26b 所示。示波器通道 A 测量信号发生器输出波形，通道 B 测量 555 定时器输出波形。

在交互仿真分析下运行仿真，示波器显示波形如图 6-26c 所示。显然该电路可把输入的正弦波变成矩形波信号，且输出信号状态变化的时刻对应的输入电位不同，即存在回差电压。移动示波器指针 1 和指针 2，可观察输入、输出波形及状态变化的时刻，测量 VT+ 和 VT−，计算回差电压 △VT。同样可把信号源改为三角波形，观察输出波形。

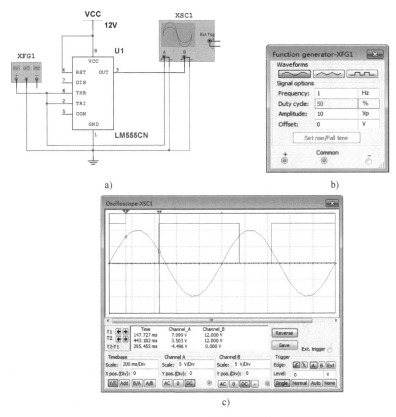

图 6-26　用 555 定时器构成施密特触发器电路测试与仿真

a）由 555 定时器构成施密特触发器电路　b）信号发生器面板　c）示波器显示波形

6.4.5　555 应用案例设计及仿真

采用两片 555 定时器并配以适当的外围元件可构成报警电路，其建立过程如下。

单击仪器仪表库栏的双踪示波器图标 ▦ ，在工作区放置 1 个双踪示波器；单击混合元器件库图标 ☷，在"TIMER"中选择"LM555CN"，在工作区放置 2 个 555 定时器；单击基础元器件库 ∿∿ 图标，在"CAPACITOR"中选择"10nF"，在工作区放置 4 个电容；单击基础元器件库 ∿∿ 图标，在"RESISTOR"中选择"1.0K"，在工作区放置 1 个 10 kΩ 的电阻；同样的方法再放置 2 个 5.1 kΩ 的电阻和 1 个 100 kΩ 的电阻；单击显示元器件库 ▣ 图标，在"BUZZER"中选择"BUZZER"，在工作区放置 1 个蜂鸣器；在工作区放置 1 个模拟地和 1个 5 V 的直流电源 VCC，建立 555 定时器构成的报警电路如图 6-27a 所示。

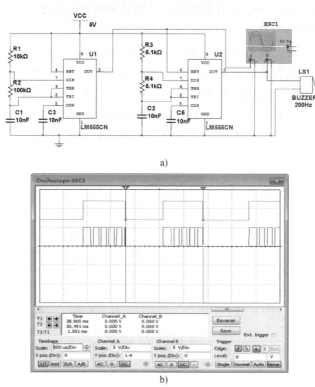

a)

b)

图 6-27　555 定时器搭建的报警器电路

a) 555 定时器搭建的报警器电路　b) 示波器显示波形

报警电路中 U1、U2 两片 555 定时器分别构成两个振荡频率不同的多谐振荡器。U1 振荡器的振荡频率为 $1.44/[(R1+2R2)C1] \approx 686$ Hz，U2 振荡器的振荡频率为 $1.44/[(R3+2R4)C2] \approx 9.4$ kHz。将 U1 振荡器的输出接到 U2 振荡器的复位端，利用 U1 振荡器的高、低电平控制 U2 振荡器产生两个不同频率的振荡，从而可驱动蜂鸣器产生报警音响效果。

示波器通道 A 测量 U1 输出电压波形，通道 B 测量 U2 输出电压波形。

为使蜂鸣器在仿真时能够发出声音，应注意蜂鸣器的参数频率可以设为 200 Hz、电流可以设为 0.05 mA、电压可以设为 5 V。

在交互仿真分析下运行仿真，示波器工作波形如图 6-27b 所示，可见 U2 振荡器只在U1 振荡器输出为高电平时才有振荡波形输出。

6.4.6 由设计向导配置 555 定时器电路

使用 Multisim 14.0 提供的"Circuit Wizard（设计向导）"，可方便地配置 555 定时器电路，生成单稳态触发器电路和多谐振荡器电路。

执行菜单命令"Tools"→"Circuit Wizard"→"555 Timer Wizard"，弹出设计向导窗口，如图 6-28a 所示。在"TYPE"中选择多谐振荡器或者单稳态触发器，根据需要键入合适的参数，然后单击"Build Circuit"按钮即可生成电路，如图 6-28b 所示。

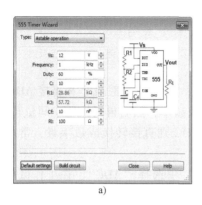 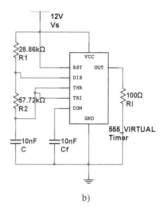

a)   b)

图 6-28　由设计向导配置 555 定时器电路

a）555 设计向导窗口　b）由设计向导搭建的多谐振荡器电路

6.5　A–D 和 D–A 转换中的应用和仿真

模拟信号转换为数字信号，称 A–D 转换；数字信号转换为模拟信号，称 D–A 转换。转换精度和转换速度是衡量 A–D 转换器和 D–A 转换器性能的主要指标。

6.5.1　倒 T 型电阻网络 D–A 转换器测试与仿真

数模转换器（DAC）的种类很多，常用的有权电阻型、倒 T 型、权电流型、权电容型。基本原理都是构造一组电流，电流大小与数字信号各位权值对应，将数字量等于 1 的位对应的各支路电流相加，最后转换为模拟电压信号。

单击基础元器件库 图标，在"RESISTOR"中选择"1.0 K"，在工作区放置 3 个 1 kΩ 的电阻，同样的方法再放置 5 个 2 kΩ 的电阻；单击基础元器件库 图标，在"SWITCH"中选择"SPDT"，在工作区放置 4 个双刀单掷开关；单击模拟元器件库图标 ，在"OPAMP"中选择"LM324J"，在工作区放置 1 个集成运放；单击仪器仪表库的万用表图标 ，在工作区放置 1 个万用表；在工作区放置 1 个 4 V、1 个 12 V 及 1 个 –12 V 的直流电压源及 1 个地。建立倒 T 型电阻网络 D–A 转换器如图 6-29 所示。

在交互仿真分析下运行仿真，令 $S4S3S2S1 = 1110$（S 开关右侧为 1，左侧为 0），万用表读数为 –6.993 V，即把数字量 1110 转换为模拟电压输出。

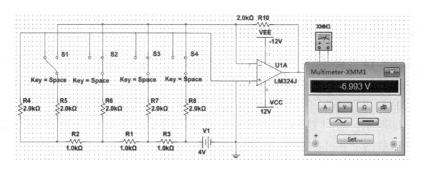

图 6-29　倒 T 型电阻网络 D-A 转换器电路

6.5.2　八位 ADC 测试与仿真

模数转换器的种类很多，按工作原理的不同，可分成间接 ADC 和直接 ADC。

间接 ADC 是先将输入模拟电压转换成时间或频率，然后再把这些中间量转换成数字量，常用的有中间量是时间的双积分型 ADC。直接 ADC 则直接转换成数字量，常用的有并联比较型 ADC 和逐次逼近型 ADC 。

单击混合元器件库 图标，在"ADC-DAC"中选择"ADC"，在工作区放置 1 个八位的直接转换型 ADC 芯片 U1，其逻辑符号如图 6-30 所示。其中，Vin：输入模拟电压；Vref+：参考电压+，与 Vref-之差是满度电压；Vref-：参考电压-；SOC：转换使能端，高电平有效；D0~D7：二进制数码，排列顺序为 D7~D0；$\overline{EOC}$：转换结束信号（低电平表明转换结束）。

单击基础元器件库 图标，在"SWITCH"中选择"SPDT"，在工作区放置 1 个双刀单掷开关；单击基础元器件库 图标，在"POTENTIOMETER"中选择"5K"，在工作区放置 1 个 5 kΩ 的电位器；单击仪器仪表库的万用表图标，在工作区放置 1 个万用表；单击显示元器件库 图标，在"PROBE"中选择"PROBE-DIG-RED"，在工作区放置 8 个红光探针工具；在工作区放置 1 个 5 V 的直流电源及 1 个地，建立八位 ADC 功能测试电路如图 6-30 所示。

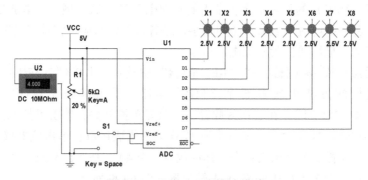

图 6-30　八位 ADC 测试与仿真

在交互仿真分析下运行仿真，令 S1=1（接通电源 VCC），调节 R1 为 20%，电压表读数为 4.000 V，探针 X3-X4-X7-X8 亮，即输出数字量为 D7D6D5D4D3D2D1D0=11001100，把模拟电压 4 V 转换为八位数字量输出。

6.6　思考与习题

1. 在 Multisim 14.0 中对组合逻辑 74LS138 译码器进行仿真分析。

2. 设计一位 7 段码显示器仿真电路，循环显示 0~9，并进行仿真分析。

3. 对 74LS151 芯片进行功能验证及仿真分析。

4. 试用两片 74LS161 芯片实现六十进制计数器，并进行仿真分析。

5. 试用 555 定时器设计向导设计多谐振荡器电路，振荡频率为 100 Hz，占空比为 0.6，并进行仿真分析。

第7章　在电力电子电路中的应用和仿真

本章将在介绍整流电路、变换电路和逆变电路工作原理基础上，主要介绍 Multisim 14.0 在电力电子技术方面的应用和仿真。

7.1　整流电路

将交变电压（电流）变换成单向脉动电压（电流）的过程称为整流。

整流电路的分类方法有很多种，其中按组成的器件可分为不可控、半控和全控三种方式。本节主要对可控的整流电路进行仿真分析。

7.1.1　单相半波可控整流电路

变压器的二次绕组通过串联一个整流二极管与负载相接，称为半波整流。半波整流电路的脉动成分太大，对滤波电路的要求高，故只适合于小电流整流电路。

从 Multisim 14.0 元件工具栏中分别调用元件库中的单向交流电压源 AC-POWER、晶闸管 SCR 及电阻元件，从仪器仪表库中调用信号发生器和示波器，按照单相半波可控整流电路拓扑结构图的要求建立仿真电路，如图 7-1 所示。电源器件参数设置为：$V1 = 220\,\text{V}$、$f = 50\,\text{Hz}$、$\varPhi = 0°$，$R1 = 1\,\Omega$，晶闸管型号为 2N3898。

设置晶闸管脉冲触发信号操作如下。

1）双击信号发生器，打开信号发生器窗口，选择方波作为晶闸管的触发信号，如图 7-2 所示。

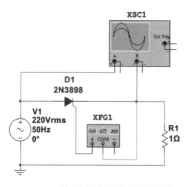

图 7-1　单相半波可控整流电路

图 7-2　信号发生器设置

2）单击图 7-2 中的按钮 "Set rise/Fall time"，可以设置或重新设置触发脉冲的上升时间和下降时间 t，从而改变晶闸管的触发角（触发角 $\alpha = t/0.02 \times 360$）。

当 $t = 0\,\text{ms}$ 时，触发角为 0°，运行仿真，电源两端和负载端电压仿真波形如图 7-3 所示。

从图 7-3 中可以看出，在电源电压正半周，晶闸管导通，单相半波可控整流电路负载有电流流过。在负半周，晶闸管断开，没有电流通过。

当 $t = 3.3\,\text{ms}$，触发角 α 为 $60°$，其他参数不变，输出波形如图 7-4 所示。

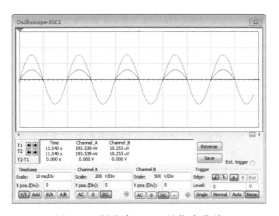

图 7-3　触发角 $\alpha = 0°$ 的仿真曲线

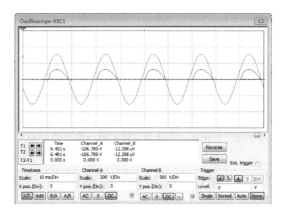

图 7-4　触发角为 $\alpha = 60°$ 的仿真曲线

当 $t = 5\,\text{ms}$、$10\,\text{ms}$ 时、相应的触发角 $\alpha = 90°$、$180°$，对应的波形分别如图 7-5、图 7-6 所示。

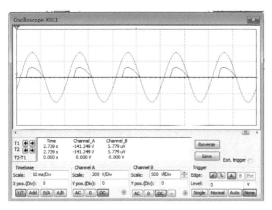

图 7-5　触发角 $\alpha = 90°$ 的仿真曲线

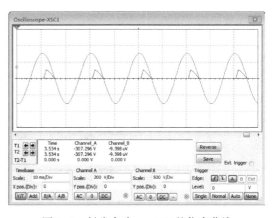

图 7-6　触发角为 $\alpha = 180°$ 的仿真曲线

根据单相半波带滤波可控整流电路的拓扑结构，在输出端并联滤波电容器 $C1$（$22\,\text{mF}$），电路如图 7-7 所示。仿真运行之后，仿真波形如图 7-8 所示。从图中可见，由于滤波电容的存在，使得负载电压的脉动减小，负载电压趋向平缓；适量增大电容器 $C1$ 容量为 $50\,\text{mF}$，负载电压更加平缓，仿真波形如图 7-9 所示。

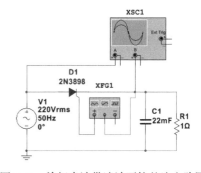

图 7-7　单相半波带滤波可控整流电路图

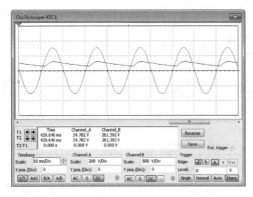
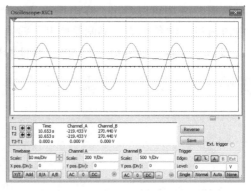

图 7-8　单相半波带滤波可控整流电路仿真波形 1　　　图 7-9　单相半波带滤波可控整流电路仿真波形 2

7.1.2　单相半控桥整流电路

单相桥式可控整流电路克服了单相半波整流电路的缺点，输出电压（电流）脉动减少，并提高了变压器的利用率。但单相桥式可控整流电路中，每次都要触发 2 只晶闸管导通，电路复杂。为了简化电路，每次采用一只晶闸管控制导电回路，另一只晶闸管使用整流二极管来代替，这样组成的单相桥式半控整流电路如图 7-10 所示。

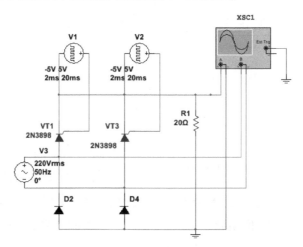

图 7-10　单相半控桥整流电路

其中 VT1 和 VT3 为触发脉冲相位互差 $180°$ 的晶闸管，D2 和 D4 为整流二极管。由于桥式电路的特点，只要晶闸管导通，负载总是加上正向电压，而负载电流总是单方向流动。

设置 V1、V2 触发脉冲参数如图 7-11 所示，周期脉宽为 20 ms（电压频率为 50 Hz），可以通过调整 V1 和 V2 的延迟参数，达到调节晶闸管 VT1 和 VT3 的触发延迟时间，从而改变触发角。

1）设置 V1 延迟时间为 0 ms、触发角 α 为 $0°$；V2 延迟时间 10 ms，触发角 α 为 $180°$。

V1 和 V2 之间相差 10 ms，VT1 和 VT3 的触发延迟角相差 $180°$，仿真波形如图 7-12 所示，输出脉动直流电压的平均值最大。

2）设置 V1 的延时时间为 2 ms、触发角 α 为 $36°$，V2 的延时时间为 12 ms，触发角

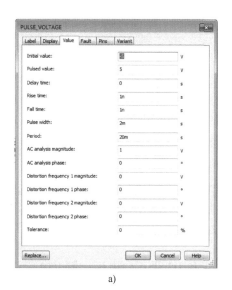
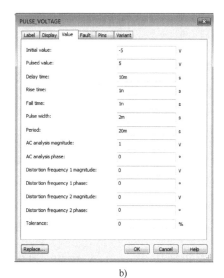

a)   b)

图 7-11　触发脉冲参数设置

a) V1 触发脉冲　b) V2 触发脉冲

α 为 216°。

V1 和 V2 之间相差仍然 10 ms，VT1 和 VT3 的触发延迟角相差保持 180°，仿真波形如图 7-13 所示，输出脉动直流电压的平均值在减小。

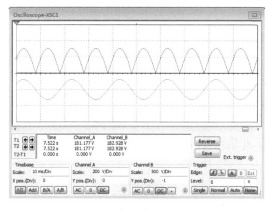
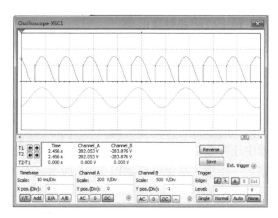

图 7-12　V1 的 α 为 0°时的波形图　　　　　图 7-13　V1 的 α 为 36°时的波形图

3) 设置 V1 的延时时间为 8 ms、触发角 α 为 144°，V2 的延时时间为 18 ms、触发角 α 为 324°，VT1 和 VT3 的触发延迟角相差保持 180°，仿真波形如图 7-14 所示，输出脉动直流电压的持续减小。

从以上波形可以看出，在 U2 正半波的 (0-α) 区间，晶闸管 VT1 和 D4 受正向电压，但 VT1 无触发脉冲，晶闸管 VT2 和 D3 承受反向电压，因此在 (0-α) 区间内，电路不导通。

晶闸管 VT1 和 D4 受正向电压，VT1 有触发脉冲，晶闸管 VT2 和 D3 承受反向电压，因此在 α-π 区间内，电路导通，负载上有电压和电流。

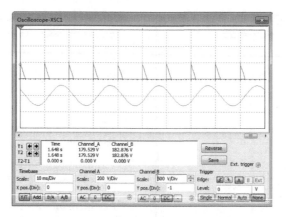

图 7-14　V1 的 α 为 144°时的波形图

在 U2 负半波的（π-π+α）区间，晶闸管 VT2 和 D3 受正向电压，但 VT2 无触发脉冲，晶闸管 VT1 和 D4 承受反向电压，因此在（π-π+α）区间内，电路不导通。

在 U2 正半波的（π+α-2π）区间，晶闸管 VT2 和 D3 受正向电压，VT2 有触发脉冲，晶闸管 VT1 和 D4 承受反向电压，因此在（α-π）区间内，电路导通，负载上有电压和电流。

7.1.3　三相桥式整流电路

三相桥式整流电路主要有三相半控桥整流电路和三相全控桥整流电路两种，本节主要讨论三相全控桥式整流电路。

三相桥式整流电路是由三相半波整流电路演变而来，它由三相半波共阴极接法和三相半波共阳极接法的串联组合。6 个二极管分别按照一定规律的脉冲触发导通，来实现对三相调用元器件交流电的整流。

三相半波整流电路虽然较单相整流电路来说在装置容量、输出电压的脉动等许多方面有了很大的改善，但三相半波整流电路的输出在每个电源周期中仍只有 3 个脉波，且整流变压器中还存在着严重的直流磁化电流问题。因此在工业生产中最大量使用的是三相桥式整流电路。三相桥式整流电路如图 7-15 所示。

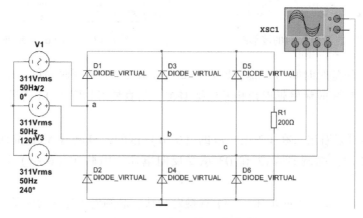

图 7-15　三相桥式整流电路图

从相应库里调用对应元件，放到合适的位置，创建三相桥式整流电路。电路中二极管 D1、D3、D5 按共阴极连接，D2、D4、D6 按共阳极连接，此外二极管 D1、D2 接 a 相，D3、D4 接 b 相，D5、D6 接 c 相。运行仿真，输入/输出波形如图 7-16 所示。

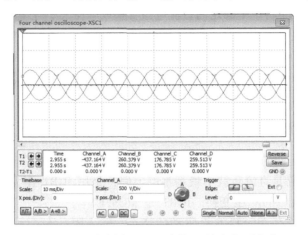

图 7-16　三相桥式整流电路输入/输出电压波形

由图 7-16 可以看出，仿真波形的一个周期可分为以下 6 个阶段。

1）第 1 段期间，a 相电位最高，因而共阴极组的整流管 D1 导通，b 相电位最低，所以共阳极组的整流管 D6 导通，这时电流由 a 相经 D1 流向负载，再经 D6 流入 b 相，变压器 a、b 两相工作，共阴极组的 a 相电流为正，共阳极组的 b 相电流为负，加在负载上的整流电压为 $u_{\mathrm{o}}=u_{\mathrm{a}}-u_{\mathrm{b}}=u_{\mathrm{ab}}$。

2）经过 $\pi/3$ 之后进行第 2 阶段。这时 a 相电位仍然最高，整流管 D1 继续导通，但是 C 相电位却变成最低，当经过自然换相点时整流管 D2 导通，电流即从 b 相换到 c 相，D6 承受反向电压而关断，这时电流由 a 相流出经 D1、负载、D2 流回电源 c 相。

这时 a 相电流为正，c 相电流为负，在负载上的电压为 $u_{\mathrm{o}}=u_{\mathrm{a}}-u_{\mathrm{c}}=u_{\mathrm{ac}}$。

3）经过 $2\pi/3$，进入第 3 阶段，这时 b 相电位最高，共阴极组在经过自然换相点时，导通整流管 D3，电流即从 a 相换到 b 相，c 相整流管 D2 因电位仍然最低而继续导通。此时 b、c 两相工作，在负载上的电压为 $u_{\mathrm{o}}=u_{\mathrm{b}}-u_{\mathrm{c}}=u_{\mathrm{bc}}$。

4）依次类推，在第 4 阶段，整流管 D3、D4 导通，电源 b、a 两相工作。

5）第 5 阶段，整流管 D4、D5 导通，电源 c、a 两相工作。

6）第 6 阶段，整流管 D5、D6 导通，电源 c、b 两相工作。

在第 6 阶段后，重复上述过程。

上述过程可以看出三相桥式电路具有以下特点。

1）在任何时刻都有 2 个整流管导通，其中电位最高相共阴极组的二极管和电位最低相的共阳极组的二极管导通，每个二极管导通 $2\pi/3$。

2）整流管导通的顺序 D1-D2-D3-D4-D5-D6-D1，循环往复。

3）整流输出电压在一个电压周期内以相同的波形脉动 6 次，出现在顶部。

在实际应用中，由于交流电源属三相供电形式，因此，三相桥式整流电路得到广泛的应用。

7.2 直流斩波变换电路

直流斩波变换电路是将一个固定的直流电压变换成电压大小可调的直流电压的电路，也称为直流变换电路。直流斩波技术被广泛应用在开关电源和直流电动机的驱动中，如不间断电源（UPS）、无轨电车、地铁列车、蓄电池供电的机动车辆及电动汽车的控制。

直流斩波电路的种类较多，本节主要介绍降压斩波电路、升压斩波电路、升降压斩波电路的仿真及分析。

7.2.1 直流降压斩波变换电路

1. 直流降压斩波电路的基本原理

IGBT 降压斩波电路是直流斩波中最基本的电路，是用 IGBT 作为全控型器件的降压斩波电路，用于直流到直流的降压变换。IGBT 是 MOSFET 与GTR 的复合器件。它既有 MOSFET 易驱动的特点，输入阻抗高，又具有功率晶体管电压、电流容量大等优点。

降压式斩波电路的输出电压平均值低于直流电压。其电路结构如图 7-17 所示。

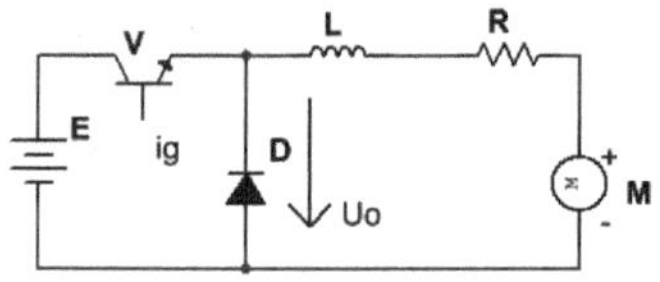

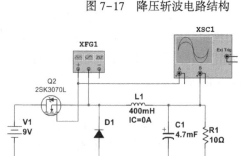

图 7-17　降压斩波电路结构

在 0 时刻驱动 V 导通，电源 E 向负载供电，负载电压 u_o=E，负载电流 i_o 按指数曲线上升。经过一段时间之后控制 V 关断，D 为续流二极管，负载电压 u_o 近似为零，负载电流呈指数曲线下降。通常串接较大电感 L 使负载电流连续且脉动小。

2. 直流降压斩波电路仿真分析

从元器件库选择所需器件，放置到电路（编辑）仿真工作区，进行连线，降压斩波电路如图 7-18 所示。

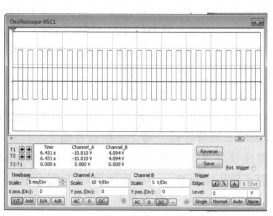

图 7-18　降压斩波电路

将 XFG1 设置为方波，频率为 500 Hz，振幅为 10 V，偏置为 0 V，占空比 50%，如图 7-19所示。运行仿真，输出波形如图 7-20 所示。

图 7-19　XFG1 设置

图 7-20　直流斩波降压电路输出波形

7.2.2 直流升压斩波变换电路

1. 直流升压斩波变换电路工作原理

直流升压斩波变换仿真电路如图 7-21 所示，输出电压 U_o 总是大于输入电压 UD，当开关 S 闭合时，二极管受电容 C 上的反偏电压影响而截止，于是将输出级隔离，由输入端电源向电感供应能量。

当开关 S 断开时，二极管正向导通，电源和电感的能量传送到输出端，在进行稳态分析时，假定输出滤波器足够大，确定输出端有稳定电压。

图 7-21　直流升压斩波仿真电路

2. 直流升压斩波变换电路

直流升压斩波仿真电路如图 7-22 所示。V1 是直流输入电源，电压为 9 V，Q1（2SK3070L）为开关管，栅极受脉冲发生器 XFG1 控制，用鼠标双击 XFG1，打开对话框，设置频率、幅值、占空比、偏置电压等参数，如图 7-23 所示。

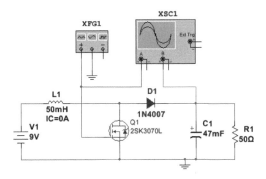

图 7-22　直流升压斩波电路

图 7-23　函数发生器设置对话框

当频率设置为 50 Hz 时，运行仿真，输出电压在短暂的上升之后，趋于稳定后约为 23 V，如图 7-24a 所示；当频率设置为 20 Hz 时，启动仿真，输出电压在短暂的上升之后，趋于稳定后约为 26 V，如图 7-24b 所示。

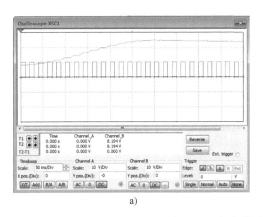
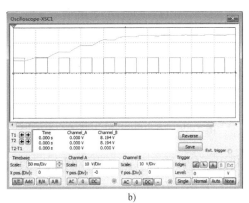

a)　　　　　　　　　　　　　　　b)

图 7-24　直流升压斩波电路仿真波形

a）设置 XFG1 频率为 50 Hz　b）设置 XFG1 频率为 20 Hz

输出电压值可以通过 XFG1 频率设置调整,随着 XFG1 频率设置降低,输出电压值升高。

7.2.3 直流降压-升压斩波变换电路

1. 直流降压-升压斩波变换电路工作原理

直流降压-升压斩波变换电路的输出电压可以高于或低于输入电压,具有相对输入电压公共端为负极性的输出电压,由直流降压和直流变换电路串接而成。稳态时,假定两个变换电路的开关具有相同的占空比,这时输出-输入电压的变换比是两个串接变换电路变换比的乘积。仿真电路模型如图 7-25 所示。

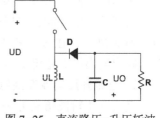

图 7-25 直流降压-升压斩波变换仿真电路

当开关闭合时,输入电压向电感提供能量,这时二极管反偏截止;当开关断开时,存储在电感中的能量被转移到输出端,这时,输入电源和输出端之间隔离断开没有能量输送。在稳态分析时,设电容器 C 的容量很大,输出端电压稳定值为

$$u_{o}(t) = U_{o}$$

满足公式 $\dfrac{U_{o}}{U_{d}} = \dfrac{D}{1-D}$。

2. 直流降压-升压斩波变换电路仿真分析

直流降压-升压斩波仿真电路如图 7-26 所示。V1 为输入直流电源,电压为 12 V,V2 为脉冲源,V3 为受控源,V2 和 V3 一起组成开关管驱动电路,2SK3070S 为开关管,栅极受电压控制电压源 V3 控制,V3 受脉冲源 V2 控制,鼠标双击 V2,弹出参数设置对话框,如图 7-27 所示。

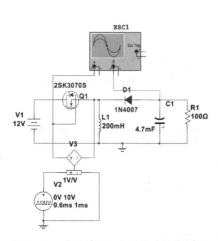

图 7-26 直流降压-升压斩波变换电路

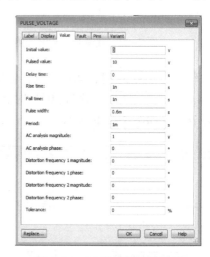

图 7-27 V2 脉冲源参数设置

可以通过改变占空比 D 来控制输出电压的值。

(1) 升压 ($D>0.5$)

在脉冲源 V2 对话框中设置初始值,脉冲值,脉冲宽度,周期等等,当设置脉冲宽度为 0.6 ms,脉冲周期为 1 ms 时,占空比 D 为 0.6,运行仿真,仿真结果如图 7-28 所示,可看到输出电压在一段时间后趋向稳定约为 17.3 V。

（2）降压（$D<0.5$）

在脉冲源 V2 对话框中设置初始值，脉冲值，脉冲宽度，周期等参数，当设置脉冲宽度为 0.2 ms，脉冲周期为 1 ms 时，占空比 D 为 0.2，运行仿真，在短暂的上升之后趋近稳定值，此时的输出电压约为 2.3 V，仿真波形如图 7-29 所示。

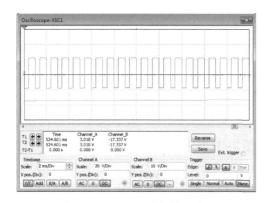

图 7-28　$D=0.6$ 时的输出波形

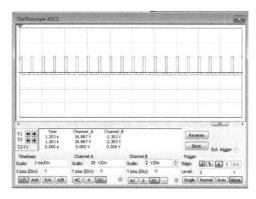

图 7-29　$D=0.2$ 时的输出波形

输出电压/输入电压关系基本满足公式

$$\frac{U_o}{U_d}=\frac{D}{1-D}$$

7.3　逆变电路

与整流电路相对应，逆变电路是指把直流电变为交流电输出的电路，当逆变电路输出端直接和负载连接时，称为无源逆变。无源逆变是以电子开关器件控制构成的 PWM 运行方式，一般情况下，逆变电路多指无源逆变电路。

逆变电路的基本功能是在控制电路的控制下，将直流电源转换为频率和电压都任意可调的交流电源输出。

逆变电路应用广泛，它是通用变频器的核心部件，在蓄电池、太阳能电池、风力发电等直流电源向交流负载供电时中都需要使用逆变电路。

7.3.1　DC-AC 全桥逆变电路

1. 逆变器的基本工作原理

以单相桥式逆变电路来说明其工作原理，其简化电路图如图 7-30 所示。

在图 7-30 中，$S1\sim S4$ 是桥式电路的 4 个臂，由电力电子器件及辅助电路组成。$S1$、$S4$ 闭合，$S2$、$S3$ 断开时，负载电压 u_o 为正。$S1$、$S4$ 断开，$S2$、$S3$ 闭合时，负载电压 u_o 为负，从而把直流电转变成交流电。改变两组开关切换频率，可改变输出交流电频率。输出交流电的频率与两组开关的切换频率成正比，由此就实现了直流电到交流电的逆变。当负载为电阻时，负载电流 i_o 和 u_o 的波形相同，相位也相同。当负载为阻感（RL）时，i_o 相位滞后于 u_o，波形也不同。

把图 7-30 中 $S1$、$S2$、$S3$、$S4$ 四个开关换成四个晶体管，为了给交流侧向直流侧反馈的无功能量提供通道，逆变桥各臂并联续流二极管，直流侧并联一个大电容，就组成了 DC-AC

全桥逆变电路。

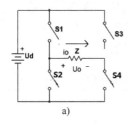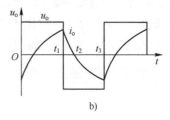

图 7-30 逆变电路基本原理及工作波形

a）逆变电路基本原理 b）工作波形

2. DC-AC 全桥逆变电路仿真分析

从元器件库选择所需器件，建立仿真电路如图 7-31 所示。

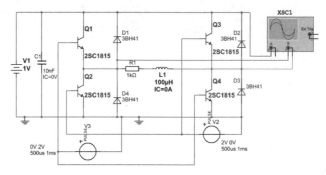

图 7-31 DC-AC 全桥逆变仿真电路

在图 7-31 的 4 个桥臂中，$Q1$、$Q4$ 桥臂和 $Q2$、$Q3$ 交替导通 180°，为此，在设置 $Q1$、$Q4$ 和 $Q2$、$Q3$ 的基极控制电压时，其相位互差 180°，参数设置如图 7-32 所示。

图 7-32 电压参数设置

a）V3 电压参数设置 b）V2 电压参数设置

运行仿真后，输入输出波形如图 7-33 所示。

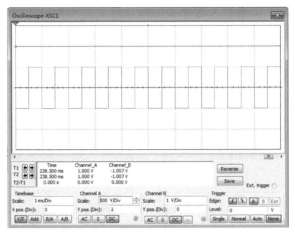

图 7-33　输入输出波形

在 0 到 0.5 ms 之间，V3 控制电压是正向电压，V2 控制电压为 0，这段时间内，$Q1$ 和 $Q4$ 导通，$Q2$ 和 $Q3$ 断开，负载上输出正向电压。

在 0.5 ms 到 1 ms 之间，V3 控制电压是 0，V2 控制电压为正向电压，$Q1$ 和 $Q4$ 断开，$Q2$ 和 $Q3$ 导通，负载上输出负向电压。输出电压的频率由控制电压决定。

当 $Q1$、$Q4$ 和 $Q2$、$Q3$ 导通时，负载由电源获得能量，当 D1、D4 和 D2、D3 导通时，负载中电能反馈到 $C1$ 中，反并二极管和 $C1$ 为无功电流提供了通路。

当负载参数变化时，基本上不会影响输出电压的波形，均为交变方波。

7.3.2　MOSFET DC-AC 全桥逆变电路

1. MOSFET DC-AC 全桥逆变电路

MOSFET DC-AC 全桥逆变仿真电路如图 7-34 所示。

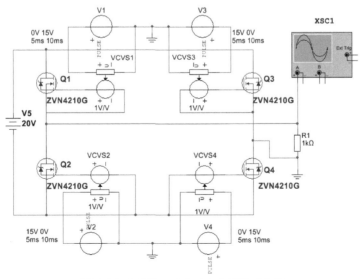

图 7-34　MOSFET DC-AC 全桥逆变电路

在图 7-34 中，U_d 为输入电压源，电压控制电压源（受控源）VCVS1～VCVS4 和脉冲电压源 V1-V4 组成 MOSFET 功率开关管驱动电路，开关管的栅极受电压控制电压源的控制，受控源又由对应的脉冲源控制。

鼠标双击电源 V1-V4 打开参数修改对话框，设置各项参数，V1、V4 和 V2、V3 相位互差 180°，相关设置如图 7-35 所示。脉冲宽度参数可以改变功率管的导通时间，触发角与延迟时间参数有关，修改延迟时间可以改变触发角 α。

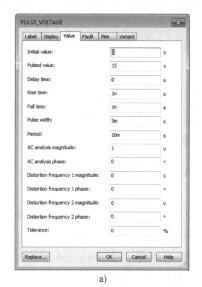
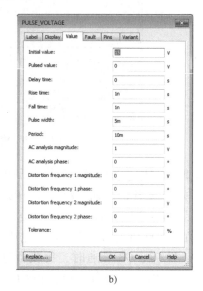

a)   b)

图 7-35　$\alpha=0°$ 时参数设置对话框

a) V1 和 V4 参数设置　b) V2 和 V3 参数设置

1) 对 V1-V4 的延迟时间设置为 0 ms，$\alpha=0°$ 时，运行仿真，输出波形如图 7-36 所示。

2) 对 V1-V4 的延迟时间设置为 1.25 ms，触发角 $\alpha=1.25\times 2\pi/10=45°$，运行仿真，输出波形如图 7-37 所示。

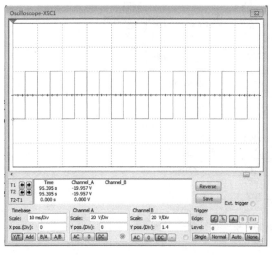
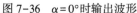
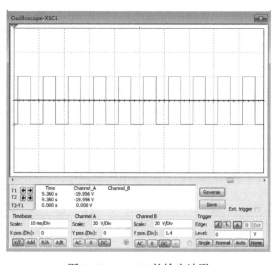

图 7-36　$\alpha=0°$ 时输出波形   图 7-37　$\alpha=45°$ 的输出波形

2. 带 *LC* 滤波的 MOSFET DC-AC 全桥逆变电路

在图 7-34 中增加一个滤波电感（1H）和电容（10μF），带 *LC* 滤波的 MOSFET DC-AC 全桥逆变电路如图 7-38 所示，重新仿真之后，可以看到经过一段时间稳定后输出一个正弦波，如图 7-39 所示。

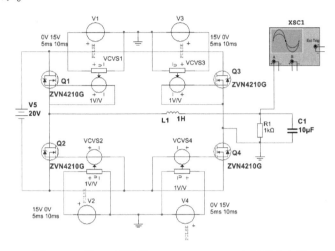

图 7-38　带 *LC* 滤波的 MOSFET DC-AC 全桥逆变电路

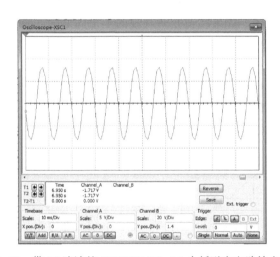

图 7-39　带 *LC* 滤波的 MOSFET DC-AC 全桥逆变电路输出波形

7.3.3　正弦脉宽调制逆变电路

交流变频电源通常有两种产生方式：交流-直流-交流变换器和交流-交流变换器。

正弦脉宽调制逆变电路就是一种交流-直流-交流变换器，它先把工频交流电通过整流器整流成直流，然后再通过逆变器把直流电转变成固定频率的交流电，逆变部分通常采用正弦脉宽调制逆变器。

1. SPWM 控制的基本原理

正弦脉宽调制技术（Sinusoidal Pulse-Width Modulation，SPWM）由于具有输出谐波小、结构简单等特点，是现代变频调速系统中应用最为广泛的脉宽调制方式之一。

通过对一系列宽窄不等的脉冲按照面积等效原则进行调制，来等效正弦波形。其控制思想就是利用逆变器的开关元件，由控制线路按一定的规律控制开关元件的通断，从而在逆变器的输出端获得一组等幅、等距而不等宽的脉冲序列，其脉宽基本上按正弦分布，以此脉冲来等效正弦电压波。SPWM 正弦波脉宽调制的特点是输出脉冲列是不等宽的，宽度按正弦规律变化，故输出电压的波形接近正弦波。SPWM 是采用一个正弦波与三角波相交的方案确定各分段矩形脉冲的宽度。以正弦波作为逆变器输出的期望波形，以频率比期望波高得多的等腰三角波作为载波，并用频率和期望波相同的正弦波作为调制波，当调制波和载波相交时，由它们的交点确定逆变器开关器件的通断时刻，从而获得在正弦调制波的半个周期内呈两边窄中间宽的一系列等幅不等宽的矩形波。矩形波的面积按正弦规律变化。这种调制方法称作正弦波脉宽调制，简称 SPWM，这种序列的矩形波称为 SPWM 波。

等效原理：如图 7-40 所示，把正弦分成 n 部分，每一区间的面积用与其相等的等幅不等宽的矩形面积代替，正弦的正负半周均如此处理。

SPWM 正弦波脉宽调制的特点是输出脉冲列是不等宽的，宽度按正弦规律变化，故输出电压的波形接近正弦波。SPWM 采用一个正弦波与三角波相交的方案确定各分段矩形脉冲的宽度。

SPWM 控制技术有单极性控制和双极性控制两种方式。如果在正弦波调制波的半个周期内，三角载波只在正或负的一种极性范围内变化，所得的 SPWM 波也只处于一个极性的范围内，称为单极性控制方式。如果在正弦调制波的半个周期内，三角波在正负极性之间连续变化，则 SPWM 波也在正负之间变化，称为双极性控制方式。

2. 单极性 PWM 控制方式

电压型单相桥式逆变电路如图 7-41 所示，采用电力晶体管作为开关器件，VT1、VT2 通断互补，VT3、VT4 通断互补。

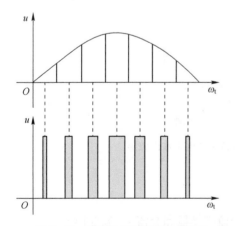

图 7-40 SPWM 调制的基本原理

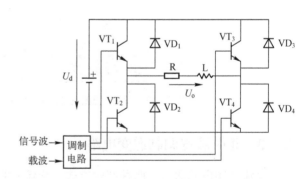

图 7-41 电压型单相桥式逆变电路结构

假设负载为电感性，对各晶体管的控制按下面的规律进行。

在正半周期，让晶体管 VT1 一直保持导通，VT2 保持断开，而让晶体管 VT4 交替通断。

当 VT1 和 VT4 导通时，负载上所加的电压为直流电源电压 U_d。当 VT1 导通而使 VT4 关断后，由于电感性负载中电流不能突变，负载电流将通过二极管 VD3 续流，负载上所加电压为零。若负载电流较大，那么直到使 VT4 再一次导通之前，VD3 一直持续导通。若负载电流较快地衰减到零，在 VT4 再一次导通之前，负载电压也一直为零。这样，负载上的输出电压 U_o 就可得到 0 到 U_d 交替的两种电平。

同样，在负半周期，让晶体管 VT1 保持断，VT2 保持导通。当 VT3 导通时，负载被加上负电压 U_d；当 VT3 关断时，VD4 续流，负载电压为零，负载电压 U_o 可得到以 U_d 和零两种电平。这样，在一个周期内，逆变器输出的 PWM 波形就由 $\pm U_d$ 和 0 三种电平组成。

控制 VT4 或 VT3 通断的方法如图 7-42 所示。载波 u_c 在调制信号 u_r 的正半周为正极性的三角波，在负半周为负极性的三角波。调制信号 u_r 为正弦波。在 u_r 和 u_c 的交点时刻控制晶体管 VT4 或 VT3 的通断。

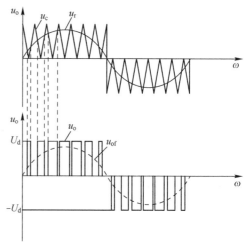

在 u_r 的正半周，VT1 保持导通，VT2 保持关断，当 $u_r > u_c$ 时，使 VT4 导通，负载电压 $u_o = U_d$。

图 7-42 单极性 PWM 控制方式

当 $u_r < u_c$ 时使 VT4 关断，VT3 导通，$u_o = 0$。

在 u_r 的负半周，VT1 保持关断，VT2 保持导通，当 $u_r > u_c$ 时，使 VT3 关断，$u_o = 0$。

当 $u_r < u_c$ 时，使 VT4 关断，VT3 导通，$u_o = -U_d$。

这样就得到了 PWM 波形 u_o。像这种在 u_r 的半个周期内三角波载波只在一个方向变化，所得到输出电压的 PWN 波形也只在一个方向变化的控制方式称为单极性 PWM 控制方式。

3. 双极性 PWM 控制方式

单相桥式逆变电路采用双极性 PWM 控制方式的波形如图 7-43 所示。在双极性方式中 u_r 的半个周期内，三角波载波是在正、负两个方向变化的，所得到的 PWM 波形也是在两个方向变化的。在 u_r 的一个周期内，输出的 PWM 波形只有 $\pm UD$ 两种电平，仍然在调制信号 u_r 和载波信号 u_c 的交点时刻控制各开关器件的通断。在 u_r 的正负半周，对各开关器件的控制规律相同。

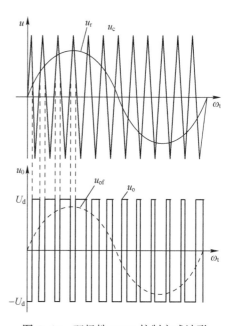

当 $u_r > u_c$ 时，给晶体管 VT1 和 VT4 以导通信号，给 VT2 和 VT3 以关断信号，输出电压 $U_o = U_d$。当 $u_r < u_c$ 时，给 VT2、VT3 以导通信号，给 VT1 和 VT4 以关断信号，输出电压 $U_o = -U_d$。可以看出，同一半桥上下两个桥臂晶体管的驱动信号极性相反，处于互补工作方式。

在电感性负载的情况下，若 VT1 和 VT4 处于导通状态时，给 VT1 或 VT4 以关断信号，而给 VT2 和 VT3 以开通信号后，则 VT1 或 VT4 立即关断，因感性负载电流不能突变，VT2 和 VT3 并不能立即导通，二极管 VD2 和 VD3 导通续流。

图 7-43 双极性 PWM 控制方式波形

当感性负载电流较大时，直到下一次 VT1 和 VT4 重新导通前，负载电流方向始终未变，VD2 和 VD3 持续导通，而 VT2 和 VT3 始终未开通。当负载电流较小时，在负载电流下降到零之前，VD2 和 VD3 续流，之后 VT2 和 VT3 开通，负载电流反向。

不论 VD2 和 VD3 导通，还是 VT2 和 VT3 开通，负载电压均为 $U_o = U_d$。从 VT2 和 VT3 开通向 VT1 和 VT4 开通切换时，VD1 和 VD4 的续流情况和上述情况类似。

7.3.4 SPWM 产生电路和逆变电路

1. SPWM 产生电路

SPWM 产生电路如图 7-44 所示，函数发生器 XFG1 产生频率为 1 kHz 的三角波信号作为载波信号，函数发生器 XFG2 产生的 50 Hz 的正弦波信号作为调制信号，比较器作为调制器。三角波信号和正弦波信号分别加在比较器的同相和反相输入端，通过比较器输出 SPWM 波。XFG1 和 XFG2 的设置如图 7-45 所示、输出的波形如图 7-46 所示，通过比较器产生的波形如图 7-47 所示。

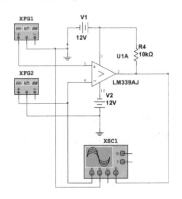

图 7-44　SPWM 产生电路

 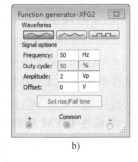

a)　　　　　　　　　　　　　　　b)

图 7-45　输入信号的设置
a) XFG1　b) XFG2

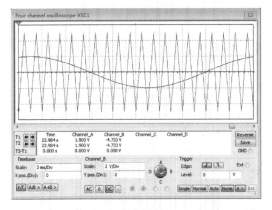

图 7-46　XFG1 和 XFG2 输出波形

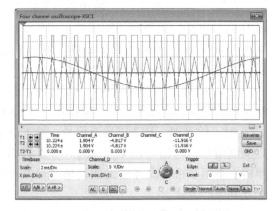

图 7-47　SPWM 产生电路输入/输出波形

2. SPWM 逆变信号驱动电路

在图 7-44 SPWM 产生电路的输出端，接入一个比例系数为 1 的反向运算放大器 3354AM，其输出端可以产生一组相位差为 180°的 SPWM 信号，SPWM 逆变信号驱动电路如

图 7-48 所示，输出的驱动信号波形如图 7-49 所示。

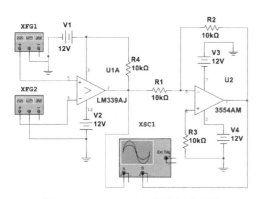

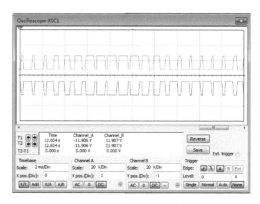

图 7-48　SPWM 逆变信号驱动电路　　　　　　　　　图 7-49　驱动信号波形

3. 电阻负载型 SPWM 逆变电路

电阻负载型逆变电路如图 7-50 所示。在图 7-50 中，$R5$ 为电阻负载，4 支开关管器件（FZT604）在 SPWM 逆变信号驱动电路控制下，分别分时驱动开关管 Q1 和 Q4、Q2 和 Q3 导通，SPWM 逆变电路把 12 V 的直流电源转换为交流方波输出给负载 $R5$。

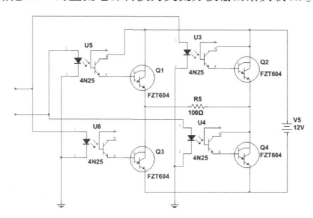

图 7-50　电阻负载型 SPWM 逆变电路

7.4　思考与习题

1. 对于单相半波可控整流电路以及单相半控桥整流电路，如果是阻感性负载，输出波形如何变化？对本章的例子进行改进，用 Multisim 14.0 软件进行仿真分析

2. 三相桥式整流电路具有什么样的特点？如果是阻感负载，触发角变化时，仿真波形如何变化？对本章的例子进行改进，用 Multisim 14.0 软件进行仿真分析。

3. 什么是逆变？为什么要进行逆变？逆变需要具备什么条件？

4. SPWM 逆变电路如果阻感性负载，输出波形有什么变化？对本章的例子进行改进，用 Multisim 14.0 软件进行仿真分析。

5. 分析图 7-51 所示电路，并用 Multisim 14.0 软件进行仿真，并分析输出波形。

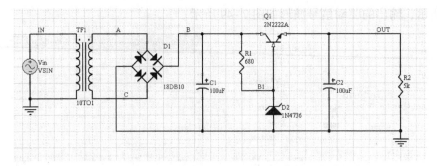

图 7-51　题 5 的原理图

第8章 在高频电子线路的应用和仿真

高频电子线路是电子信息、通信类等专业重要的专业技术基础课，Multisim 14.0 提供了高频电子线路实验所需的器件及仪器工具，使用者可以很方便地利用 Multisim 14.0 进行高频电路信号的模拟仿真。

本章主要介绍 Multisim 14.0 常用的高频仪器、仿真工具使用方法以及常用高频电子线路的测试与仿真。

8.1 高频小信号放大器测试和仿真

高频小信号放大电路是对所选择的微弱高频信号进行不失真放大，并具有对干扰信号和其他无用信号进行抑制功能。常见的无线电接收机中高频和中频放大器都是高频小信号放大电路。通常高频的范围从几百 kHz 到几百 MHz。

8.1.1 谐振放大器测试和仿真

高频小信号谐振放大器主要目的是对小信号电压进行线性放大，并滤除无用的干扰信号。电路主要由晶体管、场效应晶体管或者集成电路与谐振选频回路组成。谐振放大器的主要性能指标是电压增益、功率增益、通频带和矩形系数等。常见电路形式有单调谐放大器和双调谐放大器两种类型，本节以单级单调谐放大器和双调谐放大器来进行测试和仿真。

1. 单级单调谐放大器

单级单调谐放大电路是由 LC 谐振回路作为交流负载的放大器。在 Multisim 14.0 的仿真电路（编辑）工作区建立如图 8-1 所示谐振放大电路。该电路为固定偏置的共发射极单级单调谐放大器，$R1$、$R2$ 为放大电路的基极固定偏置电阻，$L1$ 和 $C2$ 为并联谐振回路，$C2$ 为旁路电容，该放大电路能够对输入的高频小信号进行选频及反相放大。其中晶体管 $Q1$ 选用虚拟 NPN 型晶体管。

（1）放大特性测试

LC 并联谐振回路的谐振频率计算公式为

$$f = \frac{1}{2\pi\sqrt{LC}} \tag{8.1.1}$$

将 $L1$ 和 $C2$ 数据代入式（8.1.1）可计算得谐振频率 f_0 约为 6.2 MHz，在放大电路输入端接入信号源，设置交流电压输入信号幅值为 5 mV，频率为 6.2 MHz。运行仿真，打开示波器面板观察单级单调谐放大器的仿真输入/输出电压波形，如图 8-2 所示。

通过观察输入/输出波形和示波器参数设置，其中 A 通道的 Y 轴刻度为 10 mV/Div，B 通道的 Y 轴刻度为 500 mV/Div，比较波形幅度可以估算出该电路放大倍数约为 100。

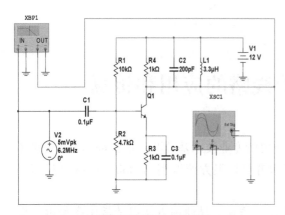

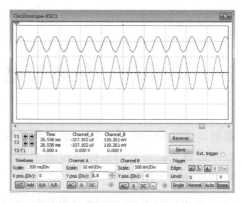

图 8-1　单级单调谐放大器仿真电路　　　　图 8-2　单级单调谐放大器仿真输入/输出电压波形

（2）幅频特性与相频特性测试

1）使用伯德图示仪可以测量放大器的幅频特性和相频特性，仿真运行后打开伯德图示仪，单级单调谐放大器的幅频特性如图 8-3 所示，单级单调谐放大器的相频特性如图 8-4 所示。

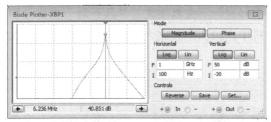

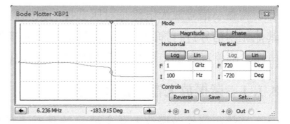

图 8-3　单级单调谐放大器的幅频特性　　　　图 8-4　单级单调谐放大器的相频特性

2）也可以通过 Multisim 14.0 仿真工具中 "AC Sweep" 来进行测试。

单击主菜单 "Simulate" → "Analyses and simulation"，在 Active Analysis 选项区选择 "AC Sweep" 后，设置交流分析的初始频率为 100 kHz，终止频率为 1 GHz，选择 output 选项，将要显示的信号添加进去，单击 "Run" 按钮，得到单级单调谐放大器的幅频特性和相频特性，如图 8-5 所示。

高频小信号谐振放大器的通频带为放大增益下降到最大增益的 0.707（3 dB）时对应的频率范围，从图 8-5 中不难看出单级单调谐放大器的选频特性不理想，所以需要使用双调谐回路以改善放大器的选频特性，减小矩形系数。

2. 多输入信号单级单调谐放大器选频特性测试

在图 8-1 中信号 V2 上叠加信号源 V3 和 V4，设置 V3、V4 交流电压输入信号幅值为 5 mV，二次谐波 12.4 MHz 和三次谐波 18.6 MHz，仿真电路如图 8-6 所示。

按下仿真运行按钮，打开示波器面板观察多输入单级单调谐放大器的输入和输出电压波形，如图 8-7 所示。通过观察输入/输出波形和示波器参数设置，其中上面的波形为 A 通道信号（有用信号）波形，Y 轴刻度为 10 mV/Div，中间的波形为 B 通道的信号（叠加了二次谐波与三次谐波干扰信号）波形，Y 轴刻度为 10 mV/Div，下面的波形为 C 通道的信号（选频放大后的信号）波形，Y 轴刻度为 1 V/Div。

由于选频放大电路的 LC 并联谐振回路谐振频率约为 6.2 MHz，对该频率分量信号的增益最大。

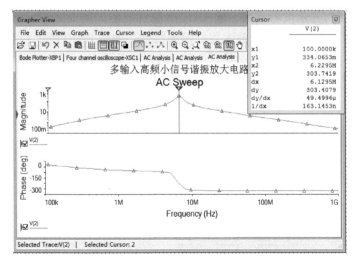

图 8-5　单级单调谐放大器 AC 分析

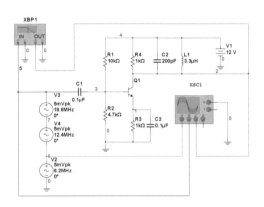

图 8-6　多输入信号单级单调谐放大器仿真电路

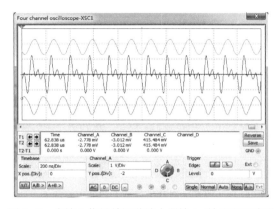

图 8-7　多输入信号单级单调谐放大器输入/输出电压波形

观察波形可知，6.2 MHz 的信号得到放大，而 12.4 MHz 和 18.6 MHz 的谐波干扰信号得到有效抑制。

3. 单级双调谐放大器性能测试

双调谐回路的谐振放大器具有频带宽、选频性能好的优点，在电路上将图 8-1 所示单调谐回路改为双调谐回路，如图 8-8 所示。

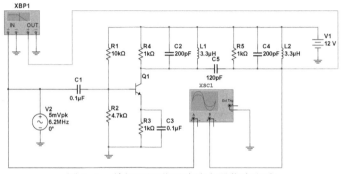

图 8-8　单级双调谐回路放大器仿真电路

1）运行仿真，打开示波器面板，输入/输出仿真波形如图 8-9 所示。打开伯德图示仪面板，可以观察到双调谐回路仿真放大器的幅频特性，如图 8-10 所示；双调谐回路仿真放大器的相频特性，如图 8-11 所示。

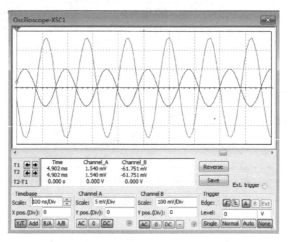

图 8-9　双调谐回路放大器的输入/输出仿真波形

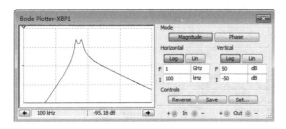

图 8-10　双调谐回路仿真放大器的幅频特性

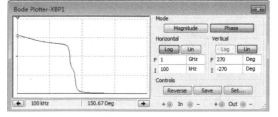

图 8-11　双调谐回路仿真放大器的相频特性

2）也可以通过 Multisim 14.0 仿真工具中 AC Sweep 来进行测试。

单击主菜单"Simulate"→"Analyses and simulation"，在 Active　Analysis 选项区选择"AC Sweep"后，设置交流分析的初始频率为 100 kHz，终止频率为 1 GHz，选择 output 选项，将要显示的信号添加进去，单击"Run"按钮，单级双调谐放大器的幅频特性和相频特性如图 8-12 所示，通过与单调谐回路放大器的幅频特性比较，可以看出双调谐回路放大器的选频特性得到了明显改善。

4. 阻尼电阻 *R*4 影响分析

在图 8-8 所示单级双调谐回路仿真放大电路中，单击"Simulate"→"Analyses and simulation"→"Parameter Sweep"，然后设置参数如图 8-13 所示。

在图 8-13 中，器件类型选择为 Resistor、选择器件为电阻 *R*4、参数选择 resistance、数值 1 kΩ；电阻起始值设为 100 Ω、终止值设为 10 kΩ，扫描点数为 4；分析类型选择为 Transient（瞬态）。在 output 选项中将 V（2）添加进去，其余默认，单击"Run"按钮运行，电阻 *R*4 参数扫描如图 8-14 所示。

通过电阻 *R*4 扫描分析图可以发现，随着电阻 *R*4 的增大，输出信号也随之略有增加，电阻 *R*4 对双调谐选频放大器电压增益的影响不大（但对单调谐选频放大器电压增益的影响

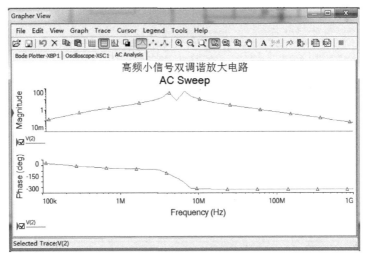

图 8-12　双调谐回路放大器的 AC 分析

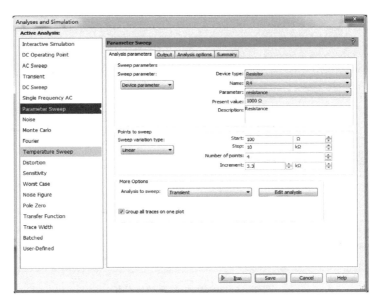

图 8-13　电阻 R4 参数扫描分析设置

比较大)。

5. 旁路电容 C3 影响分析

旁路电容 C3 的影响,其分析步骤同阻尼电阻 R4,在图 8-13 中器件类型选择 Capacitor、器件为电容 C3、参数为 capacitance,数值 0.1 μF;电容起始值设为 1 nF,终止值设为 100 nF,扫描点数为 4;其余同阻尼电阻设置。单击 Run 按钮运行,电容 C3 参数扫描如图 8-15 所示。

在图 8-15 中,可以分析得到:当电容 C3 较小时,对谐振放大器的输出信号幅度及相位有影响,当电容 C3 达到 33 nF 后,一直到 100 nF 时对电路增益及相位影响较小。

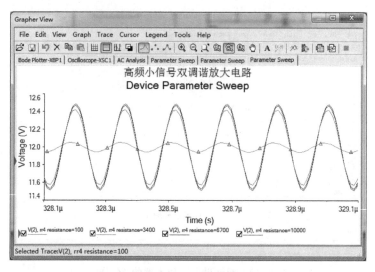

图 8-14　电阻 R4 参数扫描分析

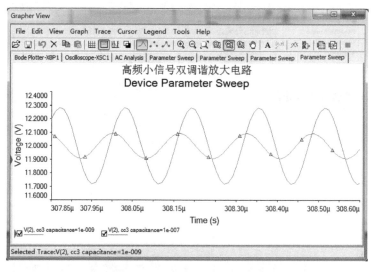

图 8-15　电容 C3 参数扫描分析

8.1.2　高频集成选频放大器测试和仿真

线性宽频带集成放大器（对高频小信号）基于高增益且稳定性好等特点，将该类集成放大器与选频回路相结合可以组合成多种常用高频集成选频放大器。

1. 高频集成选频放大器仿真电路

高频集成选频放大器主要由宽带集成放大器和选频回路组成，如图 8-16 所示。

图 8-16 是利用 AD8138ARZ 和前后两个调谐回路构成的集成选频放大器。AD8138ARZ 是一个双端输入、双端输出的差分放大器。L1、C1 构成输入调谐回路，电容 C2 作用为隔直耦合，实现信号单端输入，变压器 T1 的初级线圈和 C5 构成输出调谐回路，R1 为输入电阻，R2 为负载电阻。L2、C3、C4 构成 π 型电源去耦滤波器，滤除通过公用电源产生的寄生干扰。

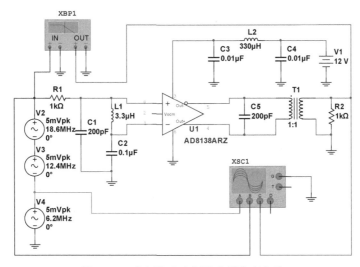

图 8-16　高频集成选频放大器仿真电路

2. 高频集成选频放大器测试与仿真

（1）放大器选频特性测试

运行仿真，打开示波器窗口观察集成选频放大器的输入/输出电压波形，如图 8-17 所示。观察输入/输出波形和示波器参数设置，其中上面的波形为 A 通道信号（有用信号 V4）波形，Y 轴刻度为 10 mV/Div，中间的波形为 B 通道的信号（叠加了二次谐波与三次谐波干扰信号）波形，Y 轴刻度为 10 mV/Div，下面的波形为 C 通道的信号（选频放大后的信号）波形，Y 轴刻度为 500 mV/Div，由于选频放大电路的 *LC* 并联谐振回路谐振频率约为 6.2 MHz，对该频率分量信号的增益最大。从波形上观察可知，6.2 MHz 的信号得到放大，而 12.4 MHz 和 18.6 MHz 的谐波干扰信号得到有效抑制。

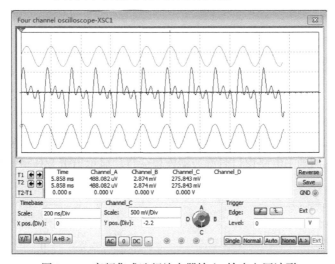

图 8-17　高频集成选频放大器输入/输出电压波形

（2）幅频特性和相频特性测试

运行仿真，打开伯德图示仪可以观察到双调谐回路放大器幅频特性，如图 8-18 所示，双调谐回路放大器的相频特性，如图 8-19 所示。

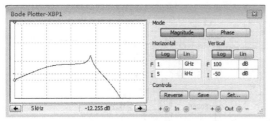

图 8-18　高频集成选频放大器幅频特性

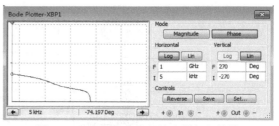

图 8-19　高频集成选频放大器相频特性

8.1.3　集中选频放大器测试和仿真

集中选频放大器由宽频带放大器和集中选频滤波器两部分构成，如图 8-20 所示。宽频带放大器一般选用集成运放电路构成，而集中选频滤波器具有非常理想的矩形幅频特性，而且在与放大器连接时有良好的阻抗匹配。常用的集中选频滤波器有石英晶体滤波器、陶瓷滤波器和声表面波滤波器，也可以选择电感、电容串并联回路构成的多节 *LC* 滤波器。

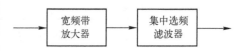

图 8-20　集中选频放大器构成

1. 设计带通滤波器模块电路

在 Multisim 14.0 仿真软件中，没有提供常用的集中选频滤波器器件，为实现集中选频放大器电路的测试与仿真，需自己设计所需的滤波器模块电路，下面利用 Multisim 14.0 软件来设计一个 6.2 MHz 的带通滤波器模块。

新建仿真文件，首先创建子电路符号，选择菜单 "Place" 下的 "New subcircuit" 命令，弹出 "Subcircuit Name" 对话框，如图 8-21 所示，为子电路模块命名为 "BPF"。单击 "OK" 按钮，出现如图 8-22 所示的子电路模块符号。

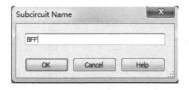

图 8-21　"Subcircuit Name" 对话框

图 8-22　滤波器模块子电路符号

双击滤波器模块子电路符号，弹出如图 8-23 所示 "Hierarchical Block/Subcircuit" 对话框，单击 "Open subcircuit" 按钮，弹出子电路编辑窗口，建立带通滤波器电路如图 8-24 所示，保存并关闭该窗口，返回到主电路窗口时滤波器模块会自动显示出带 I/O 口的子电路符号。

图 8-23　"Hierarchical Block/Subcircuit" 对话框

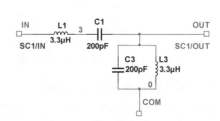

图 8-24　带通滤波器子电路

选中带通滤波器子电路符号，单击鼠标右键，选择
"Edit symbol" → "title block" 命令，进入 "symbol edit"
窗口，调整子电路符号管脚位置如图 8-25 所示。保存后
退出，完成滤波器模块设计。

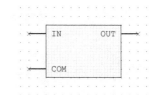

图 8-25　调整后的子电路符号管脚

2. 集中选频放大器仿真电路

集中选频放大器由宽频带放大器和集中选频滤波器
组成，如图 8-26 所示。图 8-26 中采用模拟虚拟运放构成反相比例放大电路，放大倍数为
10，在放大电路后连接带通滤波器构成集中选频放大器。图中信号 V4 上叠加信号源 V2 和
V3，设置 V2、V3 交流电压输入信号幅值为 5 mV，频率为二次谐波 12.4 MHz 和三次谐波
18.6 MHz。

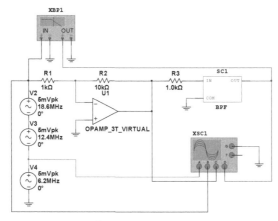

图 8-26　集中选频放大器仿真电路

3. 集中选频放大器测试与仿真

运行仿真，打开伯德图示仪面板，观察到幅频特性如图 8-27 所示，相频特性如图 8-28
所示。

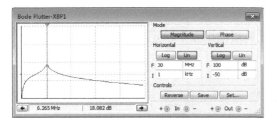
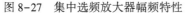

图 8-27　集中选频放大器幅频特性

图 8-28　集中选频放大器相频特性

打开示波器面板，集中选频放大器的输入/输出电压波形，如图 8-29 所示。

观察输入/输出波形和示波器参数设置，由上向下依次为 A 通道信号（有用信号）波
形，Y 轴刻度为 10 mV/Div，B 通道的信号（叠加了二次谐波与三次谐波干扰信号）波形，
Y 轴刻度为 20 mV/Div，C 通道的信号（运放放大后的信号）波形，Y 轴刻度为 100 mV/Div，
D 通道的信号（经过选频滤波器后的信号）波形，由于集中选频滤波器设计的 *LC* 带通滤波
器中心频率约为 6.2 MHz，从波形上观察可知，6.2 MHz 的信号得到放大，而 12.4 MHz 和
18.6 MHz 的谐波干扰信号得到有效抑制。

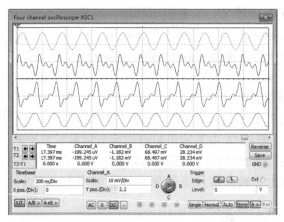

图 8-29　集中选频放大器输入/输出电压波形

8.2　正弦波振荡器测试和仿真

正弦波振荡器是一种利用自身电路，在不需要外部信号激励的情况下，自动将直流电能转换为特定频率和振幅的交流信号装置。正弦波振荡器在各种电子设备中有着广泛的应用，诸如无线发射机中的载波信号源等。

正弦波振荡器按工作原理可以分为反馈式振荡器与负阻式振荡器两大类，反馈式振荡器是在放大器电路中加入正反馈，当正反馈足够大时，放大器产生振荡，是目前应用最广的一类振荡器。负阻式振荡器是将一个呈现负阻特性的有源器件直接与谐振电路连接，从而产生等幅的振荡。

8.2.1　*LC* 正弦波振荡器测试和仿真

采用 *LC* 谐振回路作为选频网络的反馈式振荡器均称为 *LC* 正弦波振荡器，常用的电路有三点式振荡器和变压器反馈振荡器。

1. 电容三点式振荡器测试与仿真

电容三点式振荡器又称为考毕兹振荡器，该振荡器输出频率稳定、波形较好。

1）电容三点式共射振荡器仿真如图 8-30 所示。

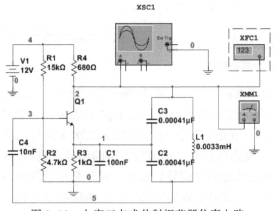

图 8-30　电容三点式共射振荡器仿真电路

仿真运行，输出信号的频率为 5.8 MHz，输出信号的有效电压值为 3.038 V，如图 8-31 所示。振荡器输出信号波形如图 8-32 所示。

图 8-31　振荡器振荡频率和输出电压有效值

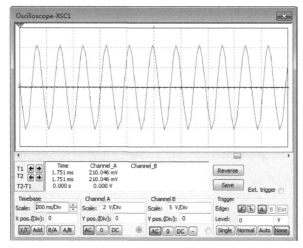

图 8-32　电容三点式共射振荡器输出信号波形

2）电容三点式共基振荡器仿真如图 8-33 所示，仿真输出如图 8-34 所示。

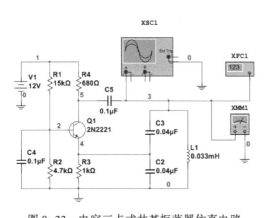

图 8-33　电容三点式共基振荡器仿真电路

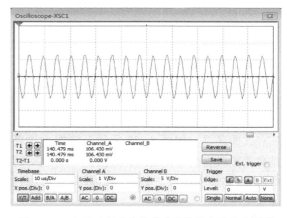

图 8-34　电容三点式共基振荡器仿真电路输出波形

在工作频率较高时，电容三点式共基振荡器相对于共射振荡器，更容易起振。

2. 改进型电容三点式振荡器测试与仿真

（1）克拉泼振荡器测试与仿真

克拉泼振荡器是一种改进的电容三点式振荡器，如图 8-35 所示，该类型振荡器是在原电容三点式振荡器的 LC 谐振回路中增加一可调电容 $C5$，只要 $L1$ 和 $C5$ 串联后仍等效为电感，该振荡器的仍为电容三点式振荡器。该电路的优点是频率稳定度高。

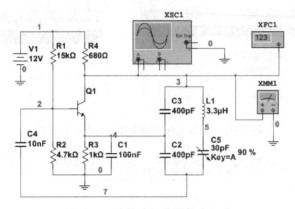

图 8-35　克拉泼振荡器仿真电路

仿真运行，输出信号频率频率计为 17.037 MHz，输出电压的有效电压值为 3.565 V，如图 8-36 所示。示波器输出信号波形，如图 8-37 所示。

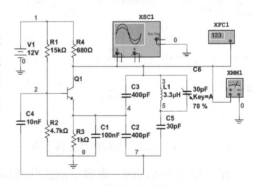

图 8-36　克拉泼振荡器输出信号频率和电压　　　　图 8-37　克拉泼振荡器输出信号波形

（2）西勒振荡器测试与仿真

西勒振荡器是在克拉泼振荡器上改进的电容三点式振荡器，如图 8-38 所示。该类型振荡器是在克拉泼振荡器的 LC 谐振回路中增加一可调电容 $C6$ 与电感并联，该电路同样具有频率稳定度高的优点。

仿真运行，输出信号的频率为 12.098 MHz；输出电压的有效值为 3.137 V，如图 8-39 所示。输出信号波形如图 8-40 所示。

图 8-38　西勒振荡器仿真电路

3. 电感三点式振荡器测试与仿真

电感三点式振荡器又称为哈特莱振荡器，如图 8-41 所示。

图 8-39　西勒振荡器输出信号的频率和电压

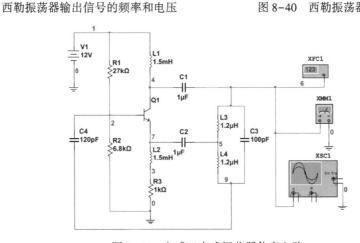

图 8-40　西勒振荡器输出信号波形

图 8-41　电感三点式振荡器仿真电路

运行仿真，输出信号的频率为 9.695 MHz、电压有效值为 11.637 V，如图 8-42 所示。示波器显示振荡器输出信号波形如图 8-43 所示。

图 8-42　电感三点式振荡器输出信号的频率和电压

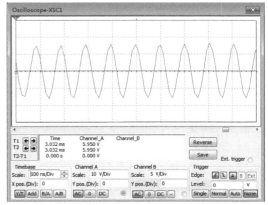

图 8-43　电感三点式振荡器输出信号波形

4. 变压器反馈振荡器测试与仿真

变压器反馈振荡器根据振荡回路接在晶体管的集电极、基极和发射极的不同位置可以分为三种类型电路，分别是调集型电路、调基型电路和调发型电路。

调集型振荡器仿真电路如图 8-44 所示。该振荡器由晶体管、*LC* 谐振回路构成选频放大器，变压器将放大器的输出信号反馈到放大器输入端，获得适量的正反馈来实现自激振荡。

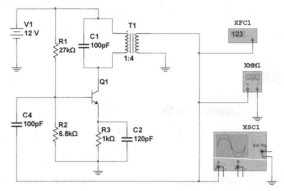

图 8-44　调集型振荡器仿真电路

在测试之前注意修改变压器的参数，双击变压器弹出变压器参数窗口如图 8-45 所示。单击"Value"→"Turns"修改变比为 1:4，如图 8-45a 所示；切换到"Core"选项卡，选择"Non-ideal core"单选按钮，并修改 Constant inductance 值为 1 μH，如图 8-45b 所示；切换到"Leakage inductance"选项卡，选择"Symmetric leakage inductances"单选按钮，并修改值为 1 μH，如图 8-45c 所示。

　　　　　a)　　　　　　　　　　　　b)　　　　　　　　　　　　c)

图 8-45　变压器参数设置

a）变压器变比设置　b）变压器铁心设置　c）变压器漏感设置

仿真运行，频率计显示振荡器输出信号的频率为 10.093 MHz，输出电压的有效值为 9.87 V，如图 8-46 所示。示波器显示振荡器输出波形如图 8-47 所示。

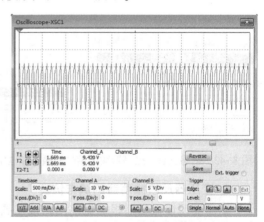

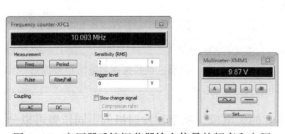

图 8-46　变压器反馈振荡器输出信号的频率和电压　　　图 8-47　变压器反馈振荡器输出波形

194

8.2.2 石英晶体振荡器测试和仿真

在 LC 振荡电路中，尽管对电路采取了各种稳频措施及改进，但稳定度很难突破 10^{-5} 数量级，而采用石英晶体构成的振荡器的频率稳定度可以高达 10^{-8} 数量级，甚至更高数量级。常用的石英晶体振荡器又分为串联型石英晶体振荡器和并联型石英晶体振荡器两类。

1. 串联型石英晶体振荡器测试与仿真

串联型石英晶体振荡器如图 8-48 所示。石英晶体工作在串联谐振状态且串接在正反馈回路。在谐振时，石英晶体相当于短接，构成了电容三点式振荡电路。

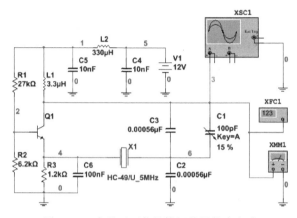

图 8-48 串联型石英晶体振荡器仿真电路

运行仿真，振荡器输出信号的频率为 5.006 MHz，调整可调电容 C1 的大小可对振荡频率进行修正，电压有效值为 8.6 V，如图 8-49 所示。示波器显示振荡器输出波形如图 8-50 所示。

图 8-49 串联型石英晶体振荡器输出信号频率和电压   图 8-50 串联型石英晶体振荡器输出波形

2. 并联型石英晶体振荡器测试与仿真

并联型石英晶体振荡器是利用石英晶体取代电容三点式振荡器中电感元件，由石英晶体和电容 C1、C2、C3 构成并联谐振回路，整个电路形式为改进型的电容三点式 LC 振荡器，该电路也称为皮尔斯晶体振荡器。

并联型石英晶体振荡器仿真电路如图 8-51 所示。

在信号的输出端：示波器用于观察振荡输出信号波形，频率计用于测量振荡输出信号的频率（调整可调电容 C1 的大小对振荡频率进行微量调整），万用表用于测量振荡输出信号的幅度。仿真结果与串联型石英晶体振荡器类同。

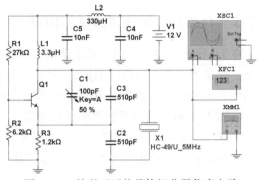

图 8-51　并联型石英晶体振荡器仿真电路

8.2.3　*RC* 正弦波振荡器测试和仿真

RC 正弦波振荡器是利用电阻 *R* 和电容 *C* 构成选频回路，用于产生低频信号。由于 *RC* 选频回路的选频作用比 *LC* 选频回路差，导致 *RC* 正弦波振荡器的输出波形与频率稳定度方面不如 *LC* 正弦波振荡器。常见的 *RC* 正弦波振荡器有 *RC* 桥式振荡器和 *RC* 移相振荡器。

1. *RC* 桥式振荡器测试与仿真

RC 桥式振荡器采用 *RC* 串并联选频回路，其中 *RC* 文氏电桥振荡器是最常见的一种，如图 8-52 所示。

运行仿真，示波器显示 *RC* 文氏电桥振荡器的信号起振过程，如图 8-53 所示，输出信号并不是完美的正弦波波形，可以调整可调电阻 *R3*，继续观察输出信号波形，可以得到改善后的输出波形，如图 8-54 所示。

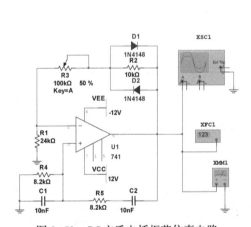

图 8-52　*RC* 文氏电桥振荡仿真电路

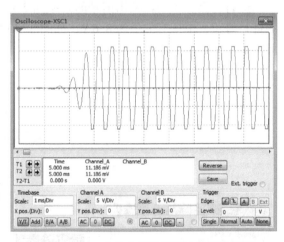

图 8-53　*RC* 文氏电桥振荡器输出信号波形

2. *RC* 移相振荡器测试与仿真

RC 移相振荡器采用 *RC* 超前或滞后移相电路，采用集成运放和 *RC* 移相网络构成的 *RC* 移相振荡仿真电路如图 8-55 所示。

运行仿真，示波器可以观察 *RC* 移相振荡器的信号起振过程，如图 8-56 所示，输出信号并不是完美的正弦波波形，可以调整可调电阻 *R3* 或 *R4*，继续观察输出信号波形，可以得到改善后的输出波形。

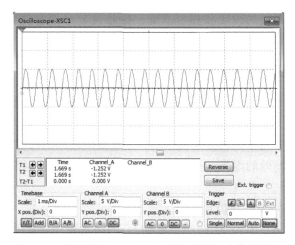

图 8-54　调整后的 RC 文氏电桥振荡器输出信号波形

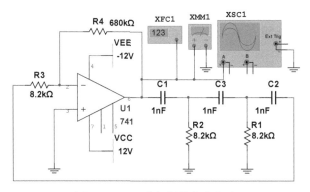

图 8-55　RC 移相振荡仿真电路

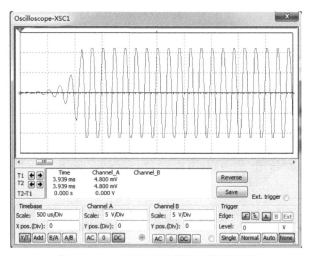

图 8-56　RC 移相振荡器输出信号波形

8.3　振幅调制测试和仿真

振幅调制简称调幅，是用调制信号控制载波信号的振幅，使其振幅按照调制信号的变化规律变化，同时又保持载波的频率和相位不变。振幅调制可以分为：普通调幅（AM）、抑制载波的双边带调幅（DSB）和单边带调幅（SSB）。

8.3.1　普通振幅调制测试和仿真

振幅调制按照其功率的高低，可以分为高电平调制和低电平调制两大类。

1. 高电平调幅电路测试与仿真

高电平调幅电路主要用于调幅发射机末端，要求高效输出足够大的功率，同时兼顾调制的线性要求。通常采用高效的丙类谐振功率放大电路，常用调幅电路有集电极调幅电路和基极调幅电路。

（1）集电极调幅电路测试与仿真

集电极调幅仿真电路如图 8-57 所示，负载 LC 回路谐振在载波频率约为 1 MHz。调幅后的波形输出如图 8-58 所示，其中，上面波形为调制信号，下面波形为调制后的普通调幅信号，为方便观察调幅信号波形，设置示波器的扫描时基为 500 μs/Div。可以逐渐减小扫描时基，输出调幅波形如图 8-59 所示。

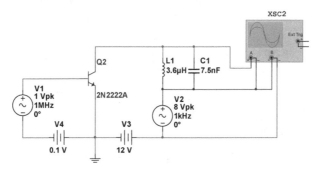

图 8-57　集电极调幅仿真电路

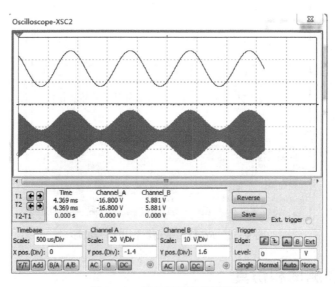

图 8-58　集电极调幅信号波形

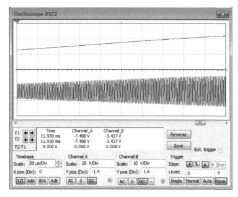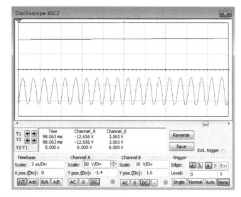

图 8-59　减小扫描时基后的集电极调幅信号波形

（2）基极调幅电路测试与仿真

基极调幅仿真电路如图 8-60 所示，负载 LC 回路谐振在载波频率约为 1 MHz。调幅后的波形输出如图 8-61 所示，其中，上面波形为调制信号，下面波形为调制后的普通调幅信号，为方便观察调幅信号波形，设置示波器的扫描时基为 50 μs/Div。可以通过减小扫描时基，观察每个周期的调幅输出波形。

2. 低电平调幅电路测试与仿真

低电平调幅电路主要用来实现双边带和单边带调制，常用的低电平调制电路有二极管平衡调幅电路和模拟乘法器调幅电路。

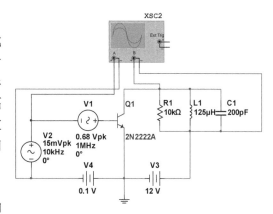

图 8-60　基极调幅仿真电路

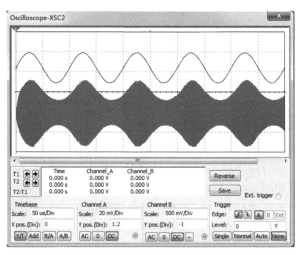

图 8-61　基极调幅信号波形

（1）二极管平衡调幅电路测试与仿真

二极管平衡调幅仿真电路如图 8-62 所示，该电路由两个性能一致的二极管及中心抽头变压器 T1、T2 接成平衡电路。电路上下两部分完全一样。控制信号（调制信号）加在两个

199

变压器的中心抽头处，输入信号（载波信号）接在输入变压器，输出变压器的负载接 *LC* 谐振负载，谐振频率为载波频率 1 MHz。

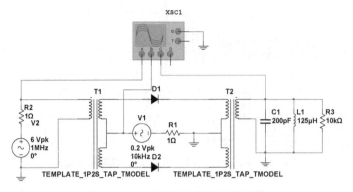

图 8-62　二极管平衡调幅仿真电路

调幅后的波形输出如图 8-63 所示。示波器中三个波形从上到下依次分别为 A、B、C 通道波形，A 通道波形为载波信号，B 通道波形为调制信号，C 通道波形为调制后的调幅信号，为方便观察调幅信号波形，设置示波器的扫描时基为 50 μs/Div。

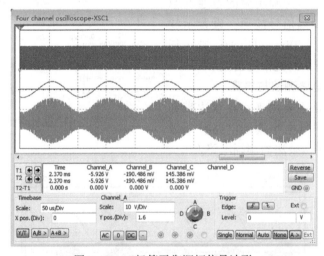

图 8-63　二极管平衡调幅信号波形

（2）模拟乘法器调幅电路测试与仿真

模拟乘法器可以实现调制信号与载波信号相乘，即可得到振幅调制信号。差分对电路是模拟电路的核心电路，差分对电路实现的振幅调制仿真电路如图 8-64 所示。

调幅后输出的波形如图 8-65 所示。图中示波器三个波形从上到下依次分别为 A、B、C 通道波形，A 通道波形为载波信号，B 通道波形为调制信号，C 通道波形为调制后的调幅信号，为方便观察调幅信号波形，设置示波器的扫描时基为 50 μs/Div。可以通过减小扫描时基，观察每个周期的输出波形。

在 Multisim 14.0 中也可以直接利用模拟乘法器函数模型来进行仿真。单击菜单 "Place" → "Component" → "Sources"，在 "CONTROL_FUNCTION_BLOCKS" 中选择 "MULTIPLI-ER"（乘法器），如图 8-66 所示。模拟乘法器调幅仿真电路如图 8-67 所示，将载波信号和调制信号分别加入到乘法器的输入端，并给调制信号提供直流分量。

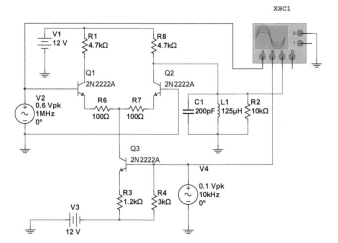

图 8-64 差分对电路实现的振幅调制仿真电路

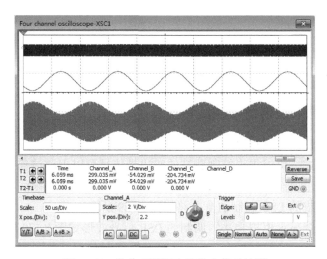

图 8-65 差分对调幅电路输出信号波形

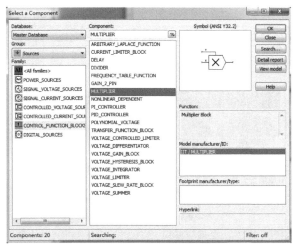

图 8-66 模拟乘法器函数模型

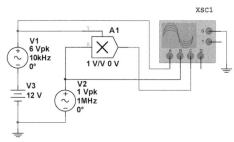

图 8-67 模拟乘法器调幅仿真电路

运行仿真，示波器显示模拟乘法器调幅信号波形如图 8-68 所示。示波器中的 3 个波形从上到下依次为 A、B、C 通道波形，A 通道波形为调制信号，B 通道波形为载波信号，C 通道波形为调制后的调幅信号，为方便观察调幅信号波形，设置示波器的扫描时基为 20 μs/Div。可以通过减小扫描时基，观察每个周期的输出波形。

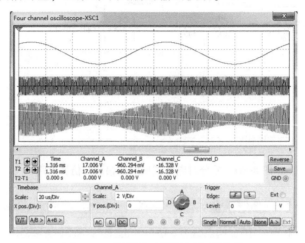

图 8-68　模拟乘法器调幅信号波形

8.3.2　抑制载波的双边带信号测试和仿真

抑制载波的双边带信号（DSB）就是将调幅信号中的载波分量去掉，分析调幅波信号去掉载波分量后的表达式，可以得出抑制载波的双边带信号可以由载波信号和调制信号直接相乘得到。因此可以通过前面的二极管平衡电路、差分对电路和模拟乘法器电路修改获得 DSB 信号。模拟乘法器构成的 DSB 调制仿真电路如图 8-69 所示。

运行仿真，示波器显示模拟乘法器调制的 DSB 信号波形如图 8-70 所示。图中三个波形从上到下依次为 A、B、C 通道波形，A 通道波形为调制信号，B 通道波形为载波信号，C 通道波形为调制后的调幅信号，为方便观察调幅信号波形，设置示波器的扫描时基为 20 μs/Div。可以通过减小扫描时基，观察输出波形的每个周期。

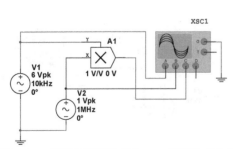

图 8-69　模拟乘法器构成的 DSB 调制仿真电路

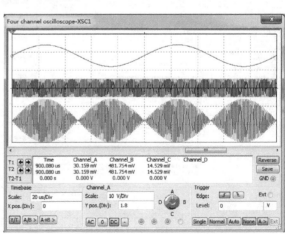

图 8-70　模拟乘法器调制的 DSB 信号波形

关于修改二极管平衡电路、差分对电路来实现的 DSB 信号调制由读者自行仿真。

8.4　常用高频电子基本电路的测试和仿真

本节对在电子线路和工程实际中比较常用的几种高频电子基本电路进行介绍，利用
Multisim 14.0 的常用高频仪器和分析方法对它们进行分析、测试和仿真。

8.4.1　检波器测试和仿真

幅度的解调过程通常称为检波。常用的检波电路形式有包络检波电路和同步检波电路两
类，包络检波电路适用于普通调幅波的检波，输出电压直接反映高频调幅包络变化规律；同
步检波电路适用于双边带调幅信号和单边带调幅信号的解调。

1. 二极管包络检波电路测试与仿真

（1）二极管包络检波电路

包络检波是指解调器输出电压与输入已调波的包络成正比的检波方法，二极管包络检波
仿真电路，如图 8-71 所示。为方便测试与观察，输入信号载波频率下调为 100 kHz，调制度
为 0.5。读者测试时可以将载波频率调整到 1 MHz。

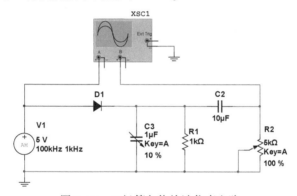

图 8-71　二极管包络检波仿真电路

将可调电容 C3 调整到 10%（100 nF），负载电阻 R2 调整到 100%（5 kΩ）。运行仿真，
调整示波器时基为 200 μs/Div，检波输入/输出信号波形如图 8-72 所示。上面波形为检波输
出波形，下面波形为输入的调幅波形，可以看到该电路检波输出的信号波形与调幅波的包络
完全一致（不失真）。

（2）惰性失真测试与仿真

如果二极管包络检波的 R1、C3 参数过大，使电容的放电速度过慢，可能会导致在输入
信号包络下降段内，输出电压跟不上输入电压包络的变化，而是按照电容 C3 的放电规律变
化，产生惰性失真。将图 8-71 电路中电容 C3 调整到 100%（1 μF），运行仿真，调整示波
器时基为 500 μs/Div，检波输出信号波形如图 8-73 所示。上面波形为检波输出波形，下面
波形为输入的调幅波形，可以看到该电路检波输出的信号波形产生了明显的惰性失真。为避
免产生惰性失真，电阻 R1 与电容 C3 参数应作调整，满足下面公式

$$\frac{5\sim10}{\omega_c}<RC<\frac{\sqrt{1-M_\alpha^2}}{M_\alpha\Omega_{max}}$$

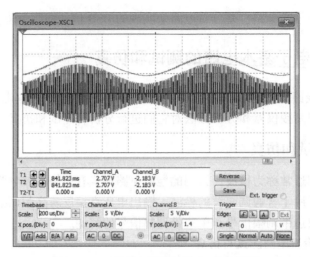

图 8-72　二极管包络检波输入/输出波形

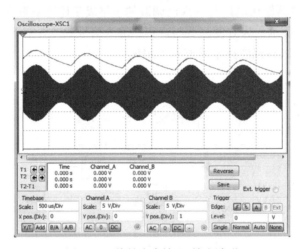

图 8-73　惰性失真输入/输出波形

（3）负峰切割失真测试与仿真

为将检波器输出信号耦合到下级电路，在图 8-71 所示电路中通过电容 C2 将检波信号加载到负载电阻 R2 上，要求电容 C2 的容抗远小于电阻 R2，此处选择电容值为 10 μF。负峰切割失真是指耦合电容 C2 在放电时通过电阻 R1，给二极管 D1 引入一附加偏置电压，导致二极管截止而引入的失真。

将图 8-71 电路中的交流负载电阻 R2 减小到 10%（500 Ω），直流负载 R1 维持不变，运行仿真，调整示波器时基为 500 μs/Div，检波输出信号波形如图 8-74 所示。

上面波形为检波输出波形，下面波形为输入的调幅波形，可以看到该电路检波输出的信号波形产生了明显的负峰切割失真。为避免出现负峰切割失真，要求检波器的交、直流负载电阻比值应大于调幅波的调制度 M_a，即满足下面公式（公式中检波器的交流负载为 R_L，直流负载为 R）

$$M_a < \frac{R_L}{R_L + R}$$

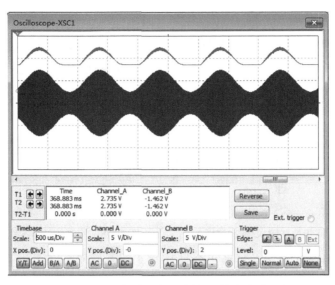

图 8-74　负峰切割失真输入/输出波形

对于 DSB 和 SSB 信号的检波不能使用包络检波，必须采用同步检波。为正确进行解调，插入载波应与调制端的载波电压完全同步，同步检波又分为叠加型和乘积型两类。

2. 叠加型同步检波电路测试与仿真

叠加型同步检波器框图如图 8-75 所示。根据叠加型同步检波器框图，设计叠加型同步检波仿真电路如图 8-76 所示，图中 V1 为载波信号，V2 为调制信号，V3 为本地载波信号（同步信号）。

图 8-75　叠加型同步检波器框图

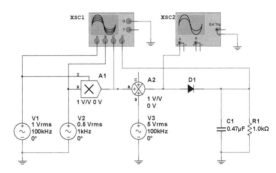

图 8-76　叠加型同步检波仿真电路

运行仿真，示波器 XSC1 显示叠加型同步检波器输入/输出信号如图 8-77 所示。

在图 8-77 中，信号从上到下依次为 A、B、C、D 四个通道信号，A 通道为载波信号，B 通道为调制信号，C 通道为调幅信号，D 通道为检波输出信号。在加法器模块后的示波器 XSC2 显示如图 8-78 所示。可以观察到由调幅信号和本地同步载波信号相加后的信号转换成了普通调幅信号，对于普通调幅信号的检波可以使用二极管包络检波电路来完成。

3. 乘积型同步检波电路测试与仿真

乘积型同步检波器框图如图 8-79 所示。根据乘积型同步检波器框图，设计乘积型同步检波仿真电路如图 8-80 所示，图中 V1 为载波信号，V2 为调制信号，V3 为本地载波信号（同步信号）。

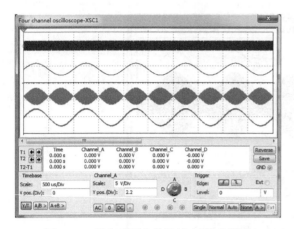

图 8-77 叠加型同步检波输入/输出波形

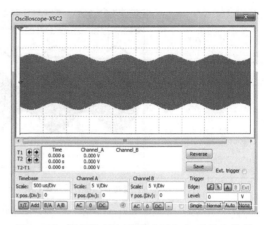

图 8-78 调幅信号与本地载波相加后输出信号

运行仿真，示波器 1 显示检波输出信号如图 8-81 所示，图中信号从上到下依次为 A、B、C、D 四个通道信号，A 通道为载波信号，B 通道为调制信号，C 通道为调幅信号，D 通道为检波输出信号。示波器 2 显示由调幅信号和本地同步载波信号相乘后输出波形如图 8-82 所示。

图 8-79 乘积型同步检波器框图

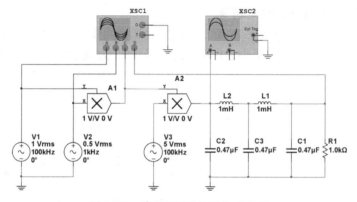

图 8-80 乘积型同步检波仿真电路

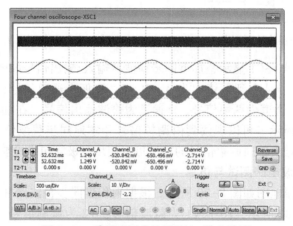

图 8-81 乘积型同步检波输入/输出波形

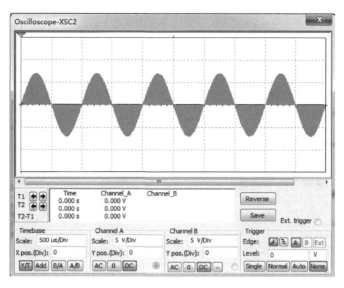

图 8-82　调幅信号与本地载波相乘后输出信号

8.4.2　晶体管混频器测试和仿真

混频器的作用是将不同载频的高频已调波信号变换为另一个载频的高频已调波信号，但在变换前后保持其调制规律不变。混频电路通常由非线性器件和带通滤波器组成，常用的混频电路有晶体管混频电路和模拟乘法器混频电路。

常用晶体管混频仿真电路如图 8-83 所示。该电路由输入信号源、混频晶体管、本振信号源和 *LC* 选频回路构成。本振信号 V3（1265 kHz）由晶体管的发射极输入，调幅信号 V2（800 kHz，调制度为 0.5）由晶体管基极输入，进行混频后由晶体管的集电极输出选频。

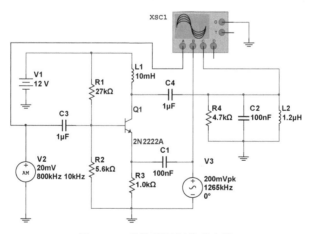

图 8-83　晶体管混频仿真电路

运行仿真，混频器输入/输出仿真信号如图 8-84 所示。调整示波器时基为 20 μs/Div。图中从上往下依次为 A、B、C 三个通道信号，A 通道为调幅信号，B 通道为本振信号，C 通道为混频后输出信号，可以观察到输出信号与调幅信号包络波形一致，但载波频率减小为本振信号频率和调幅信号频率的差频 465 kHz。

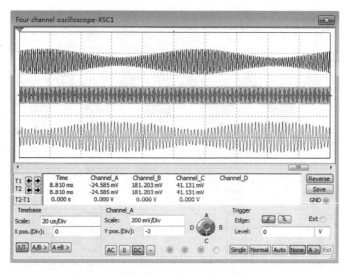

图 8-84　晶体管混频输入/输出信号波形

8.4.3　模拟乘法器测试和仿真

　　模拟乘法器是对两个模拟信号实现相乘功能的有源非线性器件。主要功能是实现两个互不相关信号相乘，即输出信号与两输入信号相乘积成正比。它有两个输入端口，即 X 和 Y输入端口。乘法器作为乘法、除法、乘方和开方等模拟运算的主要基本单元，广泛用于电子通信系统的调制、解调、混频、鉴相及自动增益控制等单元，以及滤波、波形形成和频率控制等场合。

1. 模拟乘法器混频电路测试与仿真

　　利用模拟乘法器构成混频仿真电路如图 8-85 所示，输入调幅信号（调制度为 0.5）与本振信号分别送入到模拟乘法器输入端，在输出端连接低通滤波器。

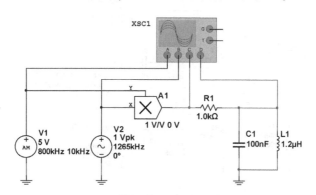

图 8-85　模拟乘法器混频仿真电路

　　运行仿真，模拟乘法器混频后输入/输出仿真信号如图 8-86 所示。调整示波器时基为 $20\,\mu s/Div$。图中从上往下依次为 A、B、C、D 四个通道信号，A 通道为调幅信号，B 通道为本振信号，C 通道为调幅信号与本振信号相乘后的信号，D 通道为经低通滤波后的输出信号，可以观察到输出信号与调幅信号包络波形一致，但载波频率减小为差频 465 kHz。

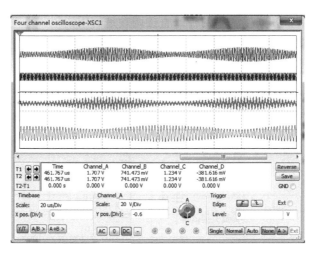

图 8-86　模拟乘法器混频输入/输出信号

2. 模拟乘法器倍频电路测试与仿真

模拟乘法器也可以用来对信号进行倍频，倍频仿真电路如图 8-87 所示。

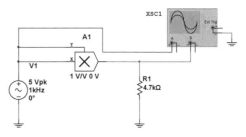

运行仿真，模拟乘法器倍频后输入/输出仿真信号如图 8-88 所示。调整示波器时基为 500 μs/Div。图中从上往下依次为 A、B 通道信号，A 通道为输入信号，B 通道为输出信号，根据时基可以观察到输出信号周期为 500 μs，频率为 2 kHz，为输入信号频率的 2 倍。

图 8-87　模拟乘法器倍频仿真电路

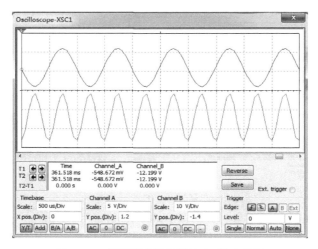

图 8-88　模拟乘法器倍频输入/输出信号

8.4.4　频率调制器测试和仿真

频率调制是使载波的瞬时频率按照所需传递信号的变化规律而变化的调制方法。实现频率调制的方法有直接调频和间接调频两种。直接调频是利用调制信号直接控制载波的瞬时频率来实现调频波。间接调频则是先将调制信号进行积分，然后对载波进行调相产生调频波。利用变容二极管构成的直接调频仿真电路如图 8-89 所示。

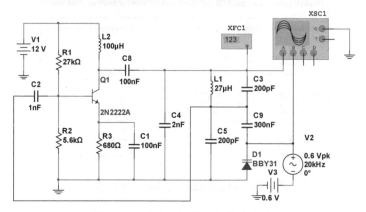

图 8-89　变容二极管调频仿真电路

在图 8-89 电路中，将变容二极管接入 LC 正弦波谐振回路，V2 为调制信号加载至变容二极管两端，改变变容二极管端电压，调节变容二极管容量。V3 为变容二极管直流偏置电压。

运行仿真，调整示波器时基为 5 μs/Div，变容二极管调频输出信号如图 8-90 所示。由于调制信号对振荡信号频率调制变化较小，示波器窗口的调频波形疏密变化很难观察出来，因此，可以通过频率计观察，频率计上频率的变化随调制信号变化而变化，如图 8-91 所示。

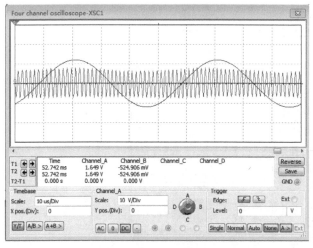

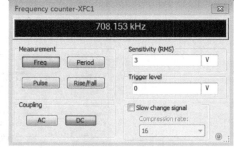

图 8-90　变容二极管调频电路输出信号波形　　　图 8-91　变容二极管调频信号频率

8.4.5　鉴频器测试和仿真

鉴频器电路功能是将调频信号进行解调，也称为频率检波。其目的就是将调频波瞬时频率变化转换为电压的变化，完成频率到电压的变换。

1. 单失谐回路斜率鉴频器测试与仿真

单失谐回路斜率鉴频器利用失谐回路把调频信号变换为调幅-调频信号，然后通过检波器检出调幅-调频信号的包络，还原出调制信号，达到鉴频的目的，仿真电路如图 8-92 所示。

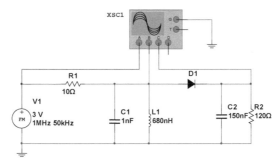

图 8-92　单失谐回路斜率鉴频仿真电路

运行仿真，单失谐回路鉴频器输出波形如图 8-93 所示，图中波形从上到下依次为 A、B、C 通道波形，A 通道为输入的调频信号，B 通道为利用失谐回路将调频信号转换为调幅-调频信号，C 通道为鉴频输出信号。

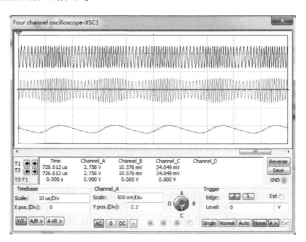

图 8-93　单失谐回路斜率鉴频输入/输出波形

2. 双失谐回路斜率鉴频器测试与仿真

双失谐回路斜率鉴频器采用两个单失谐回路组合而成，克服单个 LC 回路鉴频不理想的情况，仿真电路如图 8-94 所示。

运行仿真，双单失谐回路鉴频器输出波形如图 8-95 所示。图中波形从上到下依次为 A、B、C、D 通道波形，A 通道为输入的调频信号，B 通道为利用失谐回路将调频信号转换为调幅-调频信号，C 通道为单路检波输出信号，D 通道为双通道检波信号和。

3. 互感耦合相位鉴频器测试与仿真

相位鉴频器是利用耦合电路的相频特性来实现将调频波变换为调幅-调频波，将调频信号的频率变化转换为两个电压之间的相位变化，再将相位变化转换为对应的幅度变化，然后利用检波器将幅度包络检出，实现鉴频的过程。

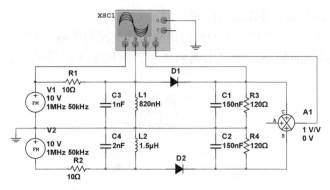

图 8-94　双失谐回路斜率鉴频仿真电路

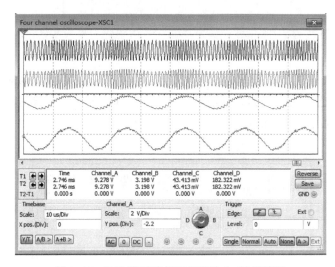

图 8-95　双失谐回路斜率鉴频输入/输出波形

互感耦合相位鉴频器仿真电路如图 8-96 所示。输入电路的初级回路中的 T1 一次线圈、C6 和二次回路中的 T1 二次线圈、C2 调谐与调频波的中心频率，该部分电路完成等幅调频波到调幅-调频波的转换。D1、R3、C3 和 D2、R4、C4 组成上下两个振幅检波器，且特性完全相同，将振幅的变化检出。

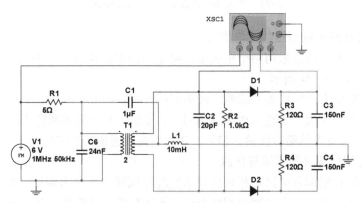

图 8-96　互感耦合相位鉴频仿真电路

运行仿真，互感耦合相位鉴频器输出波形如图 8-97 所示，图中波形从上到下依次为 A、B、C 通道波形，A 通道为输入的调频信号，B 通道为互感耦合转换的调幅–调频信号，C 通道为单路检波输出信号。

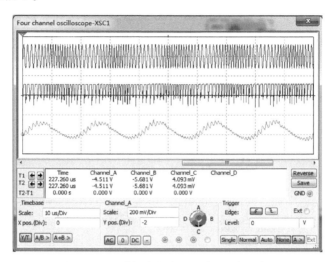

图 8-97　互感耦合相位鉴频输入/输出波形

4. 电容耦合相位鉴频器

电容耦合相位鉴频器仿真电路如图 8-98 所示。电容耦合相位鉴频器与互感耦合相位鉴频器的主要区别有两点，一是变压器一次与二次之间没有电感耦合，二是一次与二次之间是由电容 C4 和 C5 耦合的，其余元件的作用在两种电路中是相同的。在仿真时注意要设置变压器 T1 的参数如图 8-99 所示，修改变压器 T1 的 Primary-to-secondary turns ratio（一次–二次匝数比）为 0，即消除电压器的电感耦合。

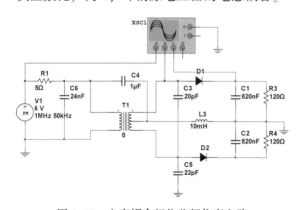

图 8-98　电容耦合相位鉴频仿真电路

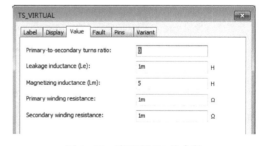

图 8-99　变压器 T1 的参数

8.4.6　锁相环测试和仿真

锁相环（PLL）电路是一种以消除频率误差为目的的自动控制电路，在无线电技术的很多领域都有应用，锁相环技术主要应用在调制、解调、频率合成等，主要是利用信号的相位误差来消除信号频率偏差。

1. 锁相环调频电路测试与仿真

利用锁相环进行频率调制具有调频范围宽、稳定度高的优点，实现锁相环调频使压控振荡器的中心频率锁定在稳定度很高的晶振频率上。随着输入调制信号的变化，振荡频率可以发生很大偏移。锁相环调频仿真电路如图 8-100 所示。设置压控振荡器输出信号最低电压为 -1 V，设置控制电压输入为 0 V 时，输出频率为 0 Hz；控制电压输入为 5 V 时，输出频率为 1 MHz，即 2.5 V 时的中心频率为 500 kHz。

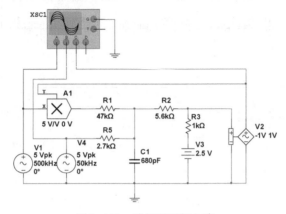

图 8-100　锁相环调频电路

运行仿真，锁相环调频器输出波形如图 8-101 所示，图中波形从上到下依次为 A、B、C 通道波形，A 通道为输入的载波信号，B 通道调制信号，C 通道锁相环输出调频信号。

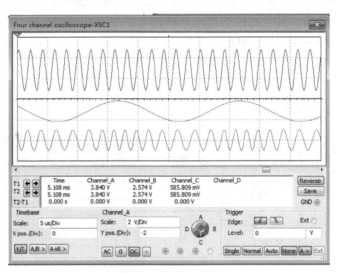

图 8-101　锁相环调频输入/输出信号波形

2. 锁相环鉴频器测试与仿真

利用锁相环电路实现调频信号的鉴频，仿真电路如图 8-102 所示，设置压控振荡器输出信号最低电压为 -1 V。设置控制电压输入为 0 V 时，输出频率为 0 Hz，控制电压输入为 5 V 时，输出频率为 1 MHz，即 2.5 V 时的中心频率为 500 kHz。在锁相环的环路滤波器输出端加一级低通滤波器，以滤除高频成分。

运行仿真，示波器显示锁相环鉴频器输出波形如图 8-103 所示，图中波形从上到下依次为 A、B、C 通道波形，A 通道为输入的调频信号，B 通道为锁相环环路滤波器输出信号，C 通道为环路滤波器输出信号经再次滤波后信号。可以观察到经 R4、C2 再次滤波后的信号高频成分明显减小很多。

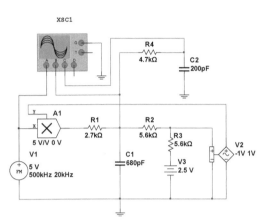

图 8-102　锁相环鉴频仿真电路

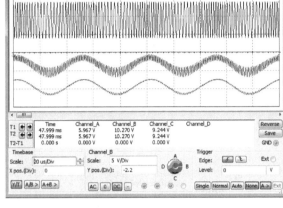

图 8-103　锁相环鉴频电路输入/输出信号波形

图 8-104 所示为锁相环鉴频仿真电路利用 Multisim 14.0 提供的一个虚拟锁相环模块进行鉴频，该模块也同样由鉴相器、环路滤波器和压控振荡器组成，VCOout 端口输出的信号频率受 LPFout 端口电压的控制，而输入端口 PLLin 和 PDin 的信号频率相等，可以判断 LP-Fout 端口的电压变化与 PLLin 端口的频率变化抑制，可以作为鉴频信号输出。

运行仿真，示波器显示锁相环鉴频器输入/输出信号如图 8-105 所示。图中波形从上到下依次为 A、B、C 通道波形，A 通道为输入的调频信号，B 通道为压控振荡器输出信号，C 通道为低通滤波器输出信号，即鉴频输出信号。

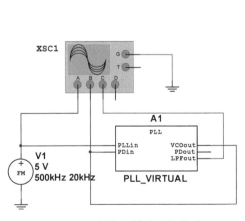

图 8-104　锁相环模块鉴频电路

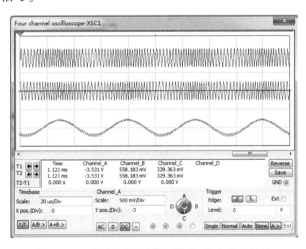

图 8-105　锁相环模块鉴频输入/输出信号波形

8.4.7　高频功率放大器测试和仿真

高频功率放大器是无线电发射设备的重要部分，属于能量转换电路，它将直流电源提供的直流功率转换成放大信号的交流功率。在转换过程中要求输出功率高、非线性失真小和转换效率高。因为工作频率高，相对频带窄，一般都采用选频网络作为负载回路。

高频谐振功率放大仿真电路如图 8-106 所示。图中电阻 R1、R2 为晶体管提供了基极偏置电压，L1、C1 选频网络作为集电极负载。

运行仿真，示波器显示高频功率放大电路输入/输出信号如图 8-107 所示。图中波形从上到下依次为 A、B、C 通道波形，A 通道为输入的高频信号。B 通道为发射极电压信号，通过检测发射极电阻 R4 上的电压可以间接测量流过晶体管的集电极电流，从图中可以看出为一脉冲串。C 通道为集电极输出的电压信号，对比输入的高频信号，输出得到了不失真的放大。

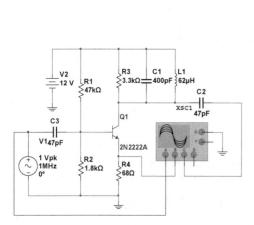

图 8-106　高频功率放大仿真电路

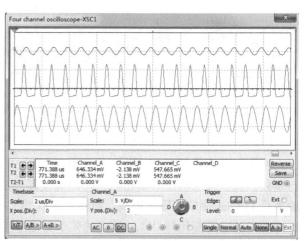

图 8-107　高频功率放大电路输入/输出信号波形

8.5　思考与习题

1. 单调谐回路如图 8-108 所示，在 Multisim 14.0 中建立该仿真电路，并测试该电路的谐振频率、通频带，计算其 Q 值。

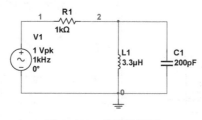

图 8-108　单调谐回路

2. 电容耦合谐振电路如图 8-109 所示，在 Multisim 14.0 中建立该仿真电路，并完成以下测试与仿真。

1) 利用伯德图示仪测试该电路的幅频特性和相频特性。

2) 利用 AC Analysis 分析该电路幅频特性和相频特性。

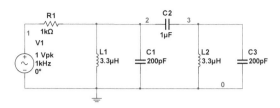

图 8-109　电容耦合谐振回路

3. 比较题 1 和题 2 中单调谐回路和电容耦合谐振回路的性能区别。

4. 某高频放大电路如图 8-110 所示，利用 Multisim 14.0 测试该电路的静态工作点、截止频率和特征频率。

5. 某高频功率放大电路模型如图 8-111 所示，利用 Multisim 14.0 中仿真工具测试其调谐特性、负载特性。

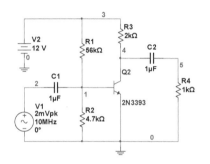

图 8-110　高频放大电路

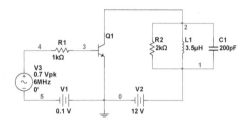

图 8-111　高频谐振功率放大电路

6. 利用差分对电路设计实现 DSB 信号的调制，并利用 Multisim 14.0 进行测试与仿真。

7. 利用模拟乘法器设计实现 SSB 信号的调制，并利用 Multisim 14.0 进行测试与仿真。

8. 利用二极管平衡电路设计实现 DSB 信号的解调。

9. 利用 Multisim 14.0 仿真工具计算图 8-57 调幅电路的调幅系数。

10. 在晶体管混频仿真电路（图 8-83）中，进行以下操作。

1）对该电路静态工作点进行仿真分析。

2）试将输入给晶体管发射极的本振信号源 V3（1265 kHz）修改为由自激振荡电路产生，并进行仿真调试。

3）试将输入给晶体管基极的本振信号源 V2（800 kHz）修改为由自激振荡电路产生，并进行仿真调试。

4）当 V3 的频率偏移时，观察输出选频的变化情况。

11. 在 Multisim 14.0 中，如果建立的高频振荡器仿真电路不起振，主要原因是什么？说明解决办法。

第9章 在 MCU 电路中的应用和仿真

在电子电路中，MCU（Micro Controller Unit）电路一般是指含有嵌入式装置或单片机模块的电路。Multisim 14.0 不仅具有 MCU 电路原理图编辑功能，还提供了相应的软件开发模块，以方便用户编辑程序代码及仿真调试。

本章主要介绍 Multisim 14.0 基于汇编语言和 C 语言的 8051 系列单片机电路测试与仿真、Multisim 14.0 与 Keil 的联合应用与仿真。通过典型应用案例分析和仿真，详细阐述 Multisim 14.0 在 MCU 电路设计和分析中的应用。

9.1 基于汇编语言的 MCU 电路测试与仿真

在 Multisim 14.0 的电路仿真中，MCU 仿真的流程分为如下几个步骤。

1）绘制仿真电路并进行相关设置。

2）编写源程序。

3）运行并调试程序。

4）软硬件仿真调试，达到电路设计要求。

在 Multisim 14.0 中，MCU 元件分为 805x 和 PIC 两个系列控制器。本节主要介绍 8051 系列单片机的仿真及应用。

9.1.1 MCU 仿真电路的创建

本节通过一个实例介绍 Multisim 14.0 中的 MCU 模块的仿真方法和步骤。

在 Multisim 14.0 的电路工作区中建立含有 MCU 模块的仿真电路，并进行相关文件的设置。在新建的设计文件中，执行 "Place" → "Component" → "MCU" → "805x" 命令，选择 8051 单片机，如图 9-1 所示。

单击 "OK" 按钮将单片机添加到仿真电路工作区。同时弹出如图 9-2 所示的 "MCU Wizard-Step 1 of 3" 对话框。在该对话框中，用于建立 MCU 电路的 MCU design 文件，包括 workspace、project、source file 三个部分。通过该文件，Multisim 14.0 的仿真内核与放置于电路原理图中的 MCU 文件相联系。

在图 9-2 所示的对话框中，设置 Workspace path 及 Workspace name，即修改文件存放的路径及文件名称后，单击 "Next" 按钮，弹出如图 9-3 所示对话框。

该对话框中的各个选项功能如下。

1）Project type：在该下拉菜单中有 Standard 和 Load External Hex File 两个选项，选择 "Standard" 选项，该 Project 包括源程序；选择 "Load External Hex File" 选项，则 Project 中不包含源程序。

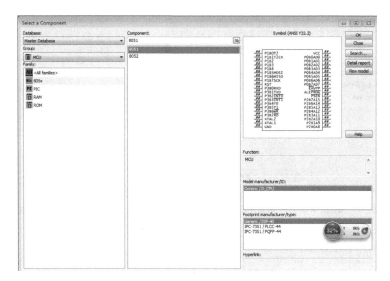

图 9-1　单片机元器件库选择窗口

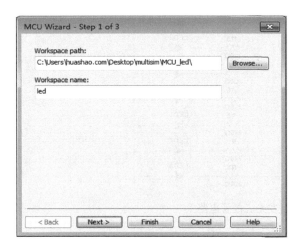

图 9-2　MCU Wizard-Step 1of 3 对话框

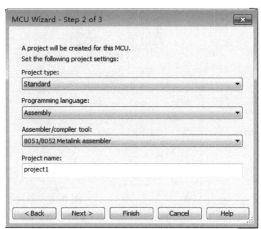

图 9-3　MCU Wizard-Step 2of 3 对话框

2）Programming language：在该下拉菜单中可以选择编程语言：C 语言或 Assembly 汇编语言。

3）Assembler/compiler tool：用于选择编译工具，可以选择默认。

4）Project name：可以修改工程名称。

按图 9-3 设置内容之后，单击"Next"按钮，弹出如图 9-4 所示的对话框，进行 Source file name 源程序名称的设置。

按图 9-4 设置源文件为"main. asm"后，单击"Finish"按钮，MCU Wizard 对话框设置完成。此时，Multisim 14. 0 中的 Design Toolbox 中的电路文件的组成结构如图 9-5 所示。从图 9-5 中可以看出，文件呈树状结构。其中的"main. asm"项用于进行相关的汇编语言源程序的编辑工作。

在完成各项设置后，在电路工作区建立仿真电路，用 8051 的 P1 口作为 I/O 口，控制 8 个发光二极管闪烁，如图 9-6 所示。

图 9-4 MCU Wizard–Step 3 of 3 对话框

图 9-5 Design Toolbox 窗口

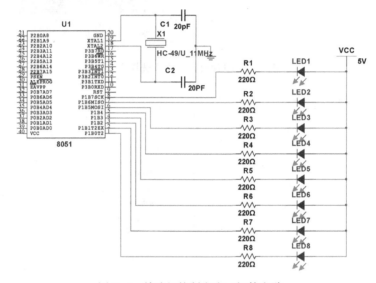

图 9-6 单片机控制发光二极管电路

9.1.2 测试和仿真

仿真电路创建完成后，可进行源程序的编辑、编译及对电路进行测试仿真。

1. 源代码管理对话框设置

首先对 MCU 模块的源代码管理对话框进行设置，完成源代码编译时的相关参数设置。

单击主菜单"MCU"→"MCU 8051 U1"→"MCU code manager"，弹出"MCU Code Manager"对话框，单击对话框中的"main. asm"，弹出窗口如图 9-7 所示，用于设置编译选项，其功能描述如下。

（1）选项区功能

1）"Add to workspace"选项区，用来为工作区间 workspace 增加新的 MCU 工程（New MCU project）或者删除工程（Remove selected）；

2）"Add to project"选项区，用来为 Project 增加源文件或源文件夹。

3）"Active project"选项区，用来设置激活工程项目。

4）"XROM used by MCU"选项区，用于选择外部程序存储器，只有当原理图中的 8051 系列单片机扩展了外部程序存储器时，该项的下拉菜单才被激活。

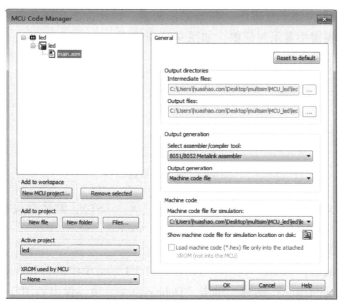

图 9-7 "MCU Code Manager"对话框

（2）"General"选项卡

"General"选项卡用来设置输出的十六进制文件的存放路径和存放类型。

1）"Output directories"选项区中的中间文件 Intermediate files 和输出文件 Output files 为默认，无须进行设置。

2）"Output generation"选项区中设置编译器类型为 8051/8052 Metalink assembler，源代码经过编译器编译后生成的输出文件的类型为 Machine code files（机器码），存放的位置可通过"Output directories"选项区来进行设置，本例中选择如图 9-7 所示参数设置。

设置完成后，单击"OK"按钮即可。

2. 编辑源代码

完成相关参数设置后，进行源程序编辑。双击图 9-5 中的 main. asm 图标，在弹出的源程序编辑窗口中，输入汇编源程序，如图 9-8 所示。

图 9-8 源程序编辑界面

3. 编译、调试源程序

（1）编译源程序

单击"MCU"→"MCU 8051 U1"→"Build"命令或将鼠标指向"main. asm"单击右

键选择"Build"命令，编译源程序，如果提示错误，则修改源代码，重新编译，直到编译成功，则在扩展条视窗中显示对话框，如图9-9所示。

图9-9　编译结果窗口

生成的机器码文件（＊.HEX）和列表文件（＊.LST），默认存放在源代码所在的文件夹内。

（2）源程序调试

源代码编译完成后，"MCU"下的"MCU 8051 U1"菜单中的"Debug View"子菜单被激活，右键单击"main.asm"图标，单击"Debug View"项，弹出如图9-10所示的源代码调试窗口。该窗口共有3列参数，左边是源代码的行号，中间是程序存储器的地址，右边是汇编程序。

图9-10　源代码调试窗口

在软件调试过程中，常用的定位错误位置的方法有两种，一是单步调试，二是设置断点。在源代码编辑窗口中，单击鼠标右键，弹出如图9-11所示的对话框，其各项功能描述如下。

1）Line numbers：用来显示 Debug View 窗口中每条指令所对应的行数。

2）Debug view format：调试功能的附加选项，功能简单。

3）Pause：程序运行过程中，选择此项可暂停运行。

4）Step into：单步运行源程序。如果当前指令为转移指令，则下一步将跳转到相应的被转移的子程序的起始位置，单步执行子程序。

5）Step over：单步运行源程序。如果当前指令为转移指令，则下一步直接执行转移子程序返回后要执行的指令。

6）Step out：一直执行到当前的程序结束为止。如果程序中设有断点，则会停止执行。

7）Run to cursor：用来执行光标所在的源程序窗口中的位

图9-11　源代码调试设置窗口

222

置。鼠标指向源程序中的某一行时，单击右键，选择此项，则程序运行到这一行停止。

8）Toggle breakpoint：用来设置断点。当鼠标指向源程序中的某一行时，单击鼠标右键，选择此项则断点添加成功。

9）Remove all breakpoints：用来取消所有断点。

下面以 Step into 方式为例来介绍程序调试的过程。

在单步调试过程中，每执行一条指令都会影响到存储器/寄存器中的内容，因此，该条指令执行后的结果将会显示在存储器/寄存器中，观察存储器/寄存器中的内容，即可了解指令执行的情况。

单击菜单"MCU"→"MCU 8051 U1"→"Memory View"，弹出 Memory View 窗口，如图 9-12 所示。

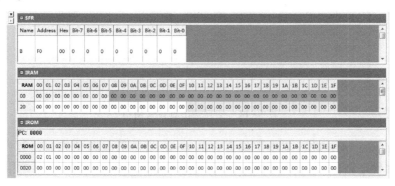

图 9-12　Memory View 窗口

Memory View 窗口显示出了特殊功能寄存器 SFR、内部数据存储器 IRAM、内部程序存储器 IROM 中各个存储单元的数值。在源程序窗口中，单击鼠标右键，在弹出的快捷菜单中选择单步执行 Step into 命令（快捷键〈F11〉），单步执行完指令 MOV P1,#0FFH，观察 Memory View 窗口中数值的变化，如图 9-13 所示。

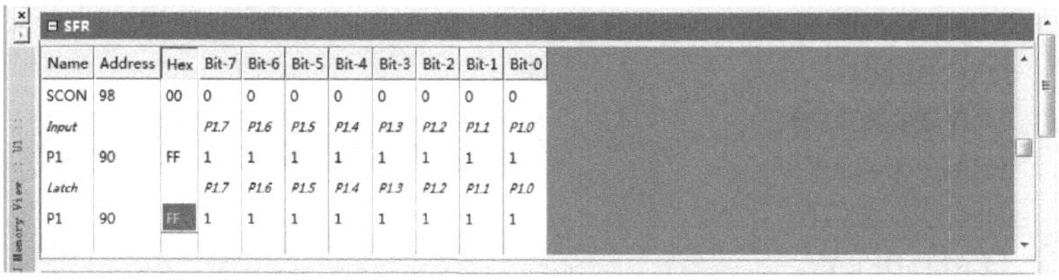

图 9-13　单步执行后 Memory View 窗口

在图 9-13 中可以看出，P1 端口的内容由原来的 00H 变为 0FFH，依次执行下去，观察窗口中的内容，若无错误，则可直接单击菜单"Simulate"→"run"，观察电路的仿真结果。

在进行仿真时，还要进行步长设置。单击菜单"Simulate"→"Analyses and Simulation"→"Interactive Simulation"，弹出交互式仿真窗口，如图 9-14 所示。

在图 9-14 中，选择设置最大步长时间 Maximum time step，填写需要设置的数值；选择设置初始步长 Initial time step（这是实际的时间步进），最大步长时间一定要大于初始时间步长，设置如图 9-14 所示。在 Multisim 14.0 中，步进时间越短，仿真越精确。

在进行文件保存时需要注意以下事项。

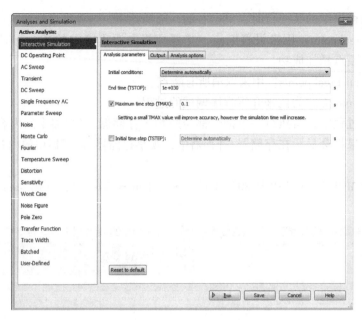

图 9-14　交互式仿真设置窗口

1) 在 Multisim 14.0 进行基于汇编语言的 8051 单片机电路仿真时，要先把扩展名为 ms14 的空白文件电路保存在一个文件夹中，电路中加入 MCU 模块后，要把相关的 MCU 文件也放在这个文件夹中。

2) 文件路径名等选项最好不要有中文字符。

图 9-6 中所示的仿真电路对应的汇编语言源程序（源代码所有符号均为西文符号）如下。

```
$ MOD51; This includes 8051 definitions for the Metalink assembler
; Please insert your code here.
        ORG 0000H
        LJMP START
        ORG 0100H
START:  MOV P1,#0FFH
        LCALL DELAY
        MOV P1,#00H
        LCALL DELAY
        SJMP START
DELAY:  MOV R7,#0FFH
DEL1:   MOV R6,#0FFH
DEL2:   DJNZ R6,DEL2
        DJNZ R7,DEL1
        RET
        END
```

9.2　基于 C 语言的 MCU 电路测试与仿真

Multisim 14.0 提供了基于 C 语言（C51）编程的 8051 系列单片机的仿真设计。基于 C

语言的 MCU 电路仿真和基于汇编语言的 MCU 电路仿真过程基本一致，只有部分设置不同。
本节仅介绍与 9.1 节设置不同的部分。

9.2.1 MCU 仿真电路的创建

1. 建立 MCU 仿真模块

建立 MCU 仿真模块和相关文件。编程语言和编译器的设置按照图 9-15 所示进行设置。

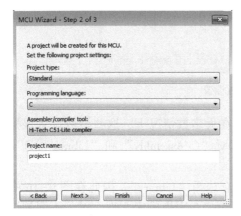

图 9-15 "MCU Wizard-Step 2 of 3" 和 "MCU Wizard-Step 3 of 3"

2. 设置源代码编译的参数

在图 9-16 所示的 "MCU Code Manager" 对话框中，单击 "main.c" 图标，则右侧的标签被全部激活。和基于汇编语言的此项设置中相比，"Output directories" 选项区中的参数可由用户重新设置。同时，增加了 "C/Assembly" 和 "Library" 两个选项卡。

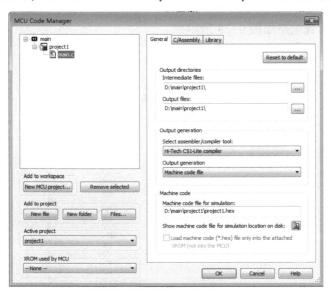

图 9-16 "MCU Code Manager" 对话框

"C/Assembly" 选项卡的功能描述如图 9-17 所示。
"Libraries" 文本框用来让用户设置变异后需要链接的库文件存放路径。"Project options"

225

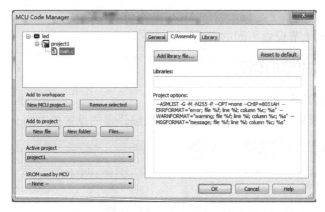

图 9-17　参数设置

文本框用来指出 C51 编译器的编译命令行选项。在大多数情况下，这些参数设置保持默认即可。只有用户在 MCU 工程中使用了动态库，才对"C/Assembly"和"Library"选项卡进行重新设置。

本例中，由于"Output generation"选项区没有选择"Library"，因此在图 9-16 中设置为输出机器码文件而不是库文件。如果选择"Library"，则生成库文件。对于不同的汇编器或编译器，图 9-16 中的"C/Assembly"和"Library"选项卡是不一样的。

接单击"OK"按钮，完成源代码编译时的各项参数设置。

3. 硬件电路的设计

本例采用与图 9-6 仿真电路相同的电路，利用 8051 的 P1 口作为 I/O 口控制 8 个发光二极管闪烁。

需要注意的是，由于 MCU 电路模块中设置不同，仿真电路中 MCU 模块不可复制，需重新绘制。重新建立仿真电路如图 9-18 所示。

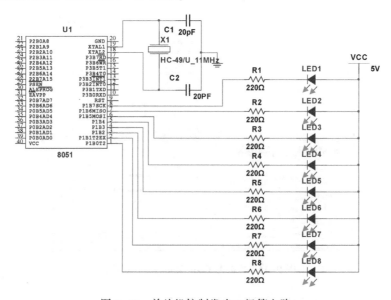

图 9-18　单片机控制发光二极管电路

9.2.2 测试和仿真

仿真电路创建完成后，编辑源程序代码，对电路进行测试和仿真调试。

1. 编辑源代码

在源代码编辑区中编辑 C 语言代码，如图 9-19 所示。

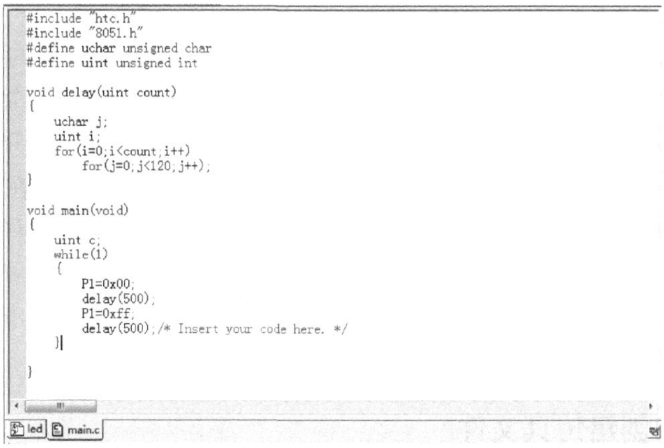

```
#include "htc.h"
#include "8051.h"
#define uchar unsigned char
#define uint unsigned int

void delay(uint count)
{
    uchar j;
    uint i;
    for(i=0;i<count;i++)
        for(j=0;j<120;j++);
}

void main(void)
{
    uint c;
    while(1)
    {
        P1=0x00;
        delay(500);
        P1=0xff;
        delay(500);/* Insert your code here. */
    }
}
```

图 9-19　C 语言代码编辑区

2. 编译、调试源代码

编译、调试源代码的方法和 9.1.2 节相同，在这里不再一一赘述。

图 9-18 中所示的仿真电路对应的 C51 源程序如下。

```
#include " htc. h"
#include " 8051. h"
#define uchar unsigned char
#define uint    unsigned int
void delay( uint count)
{
    uchar j;
    uint i;
    for( i = 0; i<count;i++)
        for( j = 0;j<120;j++) ;
}
void main( void)
{
    uint c;
    while( 1)
    {
        P1 = 0x00;
        delay( 500) ;
        P1 = 0xff;
        delay( 500) ;            / *  Insert your code here.  * /
```

```
        }
    }
```

程序编译通过后进行仿真调试，仿真结果为 8 个发光二极管同时闪烁。

9.3　Multisim 14.0 与 Keil 的联合应用与仿真

Keil C 是美国 Keil Software 公司（2005 年被 ARM 公司收购）出品的 51 系列兼容单片机 C 语言软件开发系统。Keil 提供了包括 C 编译器、宏汇编、连接器、库管理和一个功能强大的仿真调试器等在内的完整开发方案，在单片机和嵌入式系统的软件开发中非常流行。为此，Multisim 14.0 也提供了与 Keil 联合应用的功能，用户可以方便地在 Multisim 14.0 中进行单片机的仿真。利用 Keil 进行软件开发，可以不必进行 9.2 节中介绍的 HI-TECH C 编译器的各种参数设置。

在 Multisim 14.0 与 Keil 联合应用中，Multisim 14.0 用来设计硬件电路，Keil 则进行软件的编辑、编译、链接、调试。

9.3.1　在 Keil 中创建仿真文件

1. 在 Keil 中创建工程项目

打开 Keil 软件，执行 "Project" → "New μVision Project" 命令，在弹出的对话框中设置要保存工程及工程项目文件的路径和文件名，本例中设置工程名称为 shuma，单击 "保存" 按钮后，在弹出的对话框中选择 AT89C51 为仿真对象，如图 9-20 所示。

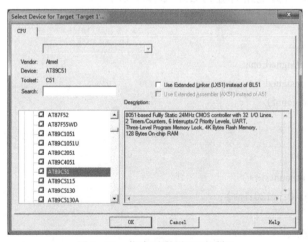

图 9-20　仿真对象设置对话框

单击 "OK" 按钮后，在弹出的对话框中再一次单击 "OK" 按钮即可。此时在 Keil 中创建了一个新的工程，同时，为用户程序提供了自动启动代码。

2. 在新的工程项目中添加源程序

在 Keil 主界面中单击 "File" → "New" 命令，在弹出的文本框中编辑 C51 源程序，编辑后将源程序命名为 shuma.c 后保存。本例通过单片机 P1 口控制一位数码管显示一位数字，其 C51 控制源程序代码如下。

```
#include <reg51. h>
#define uchar unsigned char
#define uint unsigned int
void main( void)
{
    while(1)
    {
      P1 = 0x02;
    }
}
```

编辑好源程序后，需要把 shuma. c 添加到创建好的工程中。在窗口左侧的设计工具箱将
工程展开，如图 9-21 所示，在 Source Group1 上单击鼠标右键并选择 "Add Existing Files to
'Source Group1'" 命令，在弹出的文件夹窗口中选择源程序文件 shuma. c，单击命令
"Add" 按钮，即完成源程序文件的添加。

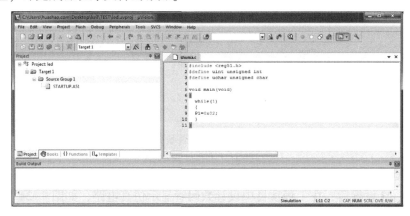

图 9-21　Keil C 源代码编辑窗口

3. 设置编译选项

设置编译选项，在图 9-21 中右击 "Target1"，执行 "Option for Target 'Target 1'" 命令，
或选择菜单 "Project" → "Option for Target 'Target 1'" 弹出如图 9-22 所示的对话框，单
击 "Output" 选项卡，选择 "Create HEX File" 复选框后，单击 "OK" 按钮，编译链接后
生成扩展名为 . hex 的文件。

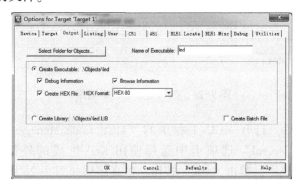

图 9-22　编译选项设置窗口

完成编译选项设置后，执行"Project"→"Build Target"命令进行源程序编译。如果程序中没有语法错误，则生成文件名为 shuma. hex 的源程序目标文件。

9.3.2　在 Multisim 14.0 中仿真、调试

1. 创建工程项目

在 Multisim 14.0 中放置 8051 系列的单片机。在 MCU Wizard 设置中的"Project type"下拉列表中选择"External hex file"，如图 9-23 所示。这里的外部文件指的是 shuma. hex。单击图 9-23 中的"Next"按钮，按照提示创建一个空的工程项目。

图 9-23　MCU 源文件设置窗口

2. 在工程中设计仿真电路

完成图 9-23 设置后，在工程项目中设计数码管显示仿真电路，如图 9-24 所示。

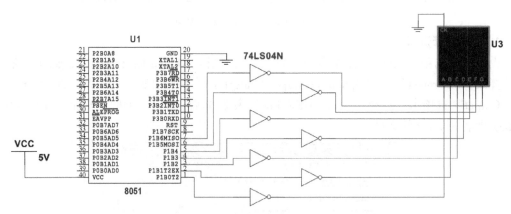

图 9-24　数码管显示仿真电路

设计好仿真电路后，打开 MCU 工程中的"MCU Code Manager"对话框，单击选中"shuma"图标，在"General"选项卡中选择使用 Keil 生成的外部文件 shuma. hex，如图 9-25 所示。设置完成后，单击"OK"按钮。仿真结果如图 9-26 所示。

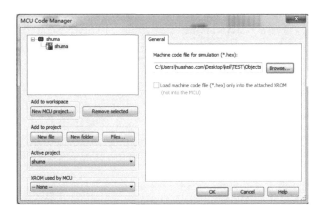

图 9-25　机器代码路径选择窗口

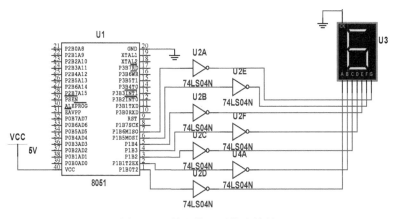

图 9-26　数码管显示仿真结果

9.4　在 MCU 中的应用案例

本节通过 51 单片机案例，介绍 Multisim 14.0 在 MCU 电路中的应用和仿真。

9.4.1　实例一：调用 Multisim 14.0 中 MCU 的应用范例和仿真

在 Multisim 14.0 中，提供一些实际的 MCU 应用案例，读者可打开这些案例，通过编译和仿真调试，掌握 MCU 仿真的应用及电路功能。

1. 打开 Multisim 14.0 中的应用实例

单击主菜单 "File" → "Open samples"，弹出如图 9-27 所示的对话框，选择 "MCU" 文件夹，双击打开，弹出如图 9-28 所示的对话框。

在图 9-28 所示的对话框中，有两个文件夹，分别是 8051 系列实例 "805x Samples" 和 PIC 单片机实例 "PIC Samples"，双击选择 805x Samples 文件夹，弹出如图 9-29 所示对话框。

在图 9-29 所示的对话框中，文件扩展名为 .ms14 的文件即为 Multisim 14.0 提供的在 MCU 中的典型应用案例。这里提供了 9 个典型案例供读者进行仿真参考。双击打开图 9-29 中所示的最后一个图标 TrafficLights.ms14，弹出案例仿真电路如图 9-30 所示。

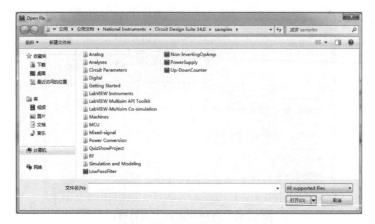

图 9-27 Multisim14.0 中 MCU 实例窗口

图 9-28 Multisim14.0 中 MCU 实例窗口

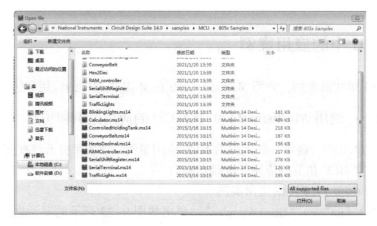

图 9-29 MCU 应用实例中 805x 实例窗口

对图 9-30 电路进行分析，这是一个模拟控制交通灯的仿真电路。P1.0～P1.5 通过 buffers 缓冲器分别控制 A 通道和 B 通道的绿、红、黄灯。

2. 源程序的编译

在设计工具箱打开 TrafficLights. asm 汇编源程序，鼠标指向 TrafficLights. asm 源文件名，

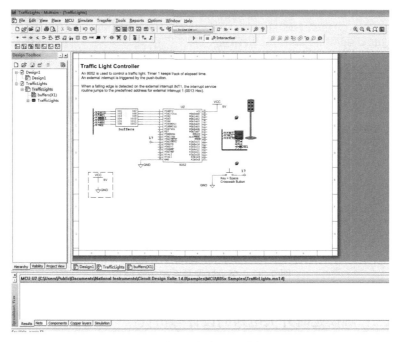

图 9-30　交通灯控制系统实例窗口

单击右键，执行"Build"命令，对源程序进行编译，编译成功后如图 9-31 所示。

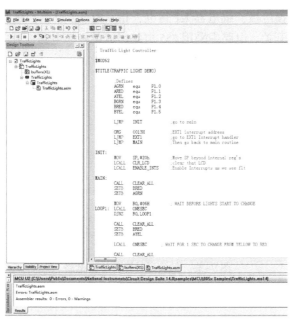

图 9-31　源程序编译窗口

3. 电路仿真

运行仿真，仿真结果如图 9-32 所示。

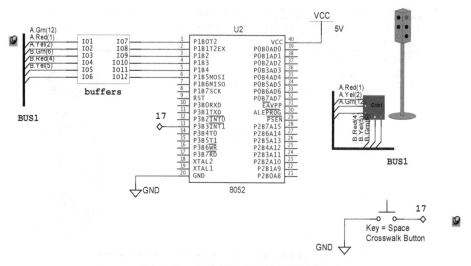

图 9-32　交通灯控制系统仿真结果

9.4.2　实例二：触摸延时开关电路的设计与仿真

触摸延时开关是通过人触摸开关，开关导通并保持一段时间后，自动断开（复位）。

1. 创建仿真电路

本例采用 8051 实现触摸延时开关电路的设计与仿真，仿真电路如图 9-33 所示。基本功能描述如下：人用手指触摸电极，继电器 K1 得电，指示灯 X2 点亮，延时一段时间后会自动熄灭，可以直接取代普通开关。电路中采用 555 电路组成单稳态电路，开关 S1 模拟触摸信号。

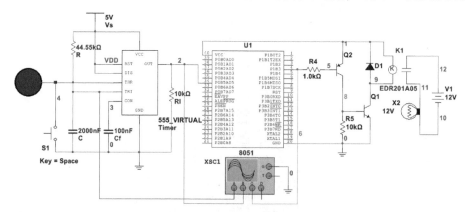

图 9-33　触摸延时开关仿真电路

2. 仿真源程序

在源文件编辑界面中输入 C51 源程序代码如下。

```
#include <reg51. h>
#define uchar unsigned char
#define uint unsigned int
#define DELAY_TIME 3000
```

234

```
sbit LAMP = P1^3;
sbit SENSOR = P0^5;
void delay_ms(uint uiCount)
{
    uint i,j;
    for(i=0;i<uiCount;i++)
        for(j=0;j<120;j++);
}
void main(void)
{
    while(1)
    {
        if(1 == SENSOR)
        {
            LAMP = 0;
            delay_ms(DELAY_TIME);
        }
        else
        {
            LAMP = 1;
        }
    }
}
```

保存并编译程序。

运行仿真，按下触摸开关 S1，此时指示灯点亮，大约 3 s 后，指示灯熄灭，延时输入、输出信号波形如图 9-34 所示。图中波形从上到下依次为 A、B、C 通道波形，A 通道为触摸信号，B 通道为触摸信号引发 555 单稳态输出的脉冲信号，C 通道为单片机延时（约 3 s 时间）控制信号。

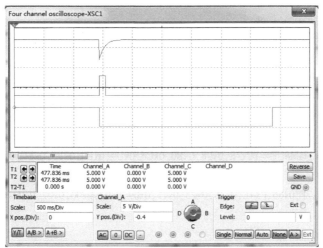

图 9-34　触摸开关延时输入、输出信号波形

9.4.3 实例三：函数信号发生器的设计与仿真

在现代电子学的各个领域，常常需要高精度且频率可方便调节的函数信号发生器作为信号源，它在电路实验和设备检测中具有十分广泛的用途。

本节介绍的函数信号发生器可产生正弦波、三角波、锯齿波和方波。

1. 创建仿真电路

在 Multisim 14.0 电路窗口中建立基于单片机的函数信号发生器仿真电路，如图 9-35 所示。要求仿真电路运行时，默认第一次产生的是正弦波信号，对应的发光二极管 LED1 点亮。第一次按下按键 S1，LED2 点亮，产生三角波信号。第二次按下 S1，LED3 点亮，产生锯齿波信号。第三次按下 S1，LED4 点亮，产生方波信号。第四次按下 S1，重新回到正弦波，LED1 点亮，依此规律循环。

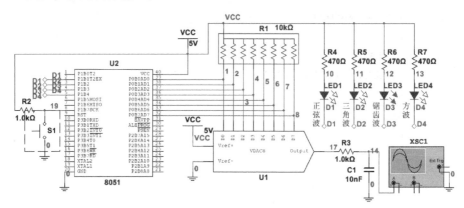

图 9-35　函数信号发生器仿真电路

2. 仿真源程序

在源文件编辑界面中输入 C51 源程序代码如下。

```
#include <reg51. h>
#define uchar unsigned char
#define uint   unsigned int
#define SIG_PORT P0
sbit KEY1 = P1^7;
sbit LED1 = P1^1;
sbit LED2 = P1^2;
sbit LED3 = P1^3;
sbit LED4 = P1^4;
uchar code sin_table[ ] = {0x7F,0x98,0xB0,0xC6,0xD9,0xE9,0xF5,0xFC,0xFE,0xFC, 0xF5,0xE9,
0xD9, 0xC6,
0xB0,0x98,0x7F,0x66,0x4E,0x38,0x25,0x15,0x09,0x02,0x00,0x02,0x09,0x15,0x25,0x38,0x4E,
0x66} ;
uchar ucmode_signal;
uchar ucsin_value,uctri_value,ucsaw_value,ucsqu_value;
```

```c
uchar uctri_updown;
uchar uckey_value;
void delay_us(uchar uccount);
void delay_ms(uint uicount);
void key_scan();
void key_service();
void signal_service();
void main()
{
    while(1)
    {
      key_scan();
      key_service();
      signal_service();
    }
}
void delay_us(uchar uccount)
{
    uchar i;
    for(i=0;i<uccount;i++);
}
void delay_ms(uint uicount)
{
    uint i,j;
    for(i=0;i<uicount;i++);
        for(j=0;j<120;j++);
}
void key_scan()
{
    if(0 == KEY1)
    {
      delay_ms(3);
      SIG_PORT = 0;
      if(0 == KEY1)
      {
          while(0 == KEY1);
          uckey_value = 1;
      }
      uckey_value = 1;
    }
}
void key_service()
{
```

```c
    if( 1 == uckey_value)
    {
        if( ucmode_signal < 3)
        {
            ucmode_signal++;
        }
        else
        {
            ucmode_signal = 0;
        }
        uckey_value = 0;
    }
}
void signal_service( )
{
    switch( ucmode_signal)
    {
    case 0:
        LED1 = 0;
        LED2 = 1;
        LED3 = 1;
        LED4 = 1;
        SIG_PORT = sin_table[ ucsin_value];
        delay_us( 10);
        if( ucsin_value < 31)
        {
            ucsin_value++;
        }
        else
        {
            ucsin_value = 0;
        }
        break;
    case 1:
        LED1 = 1;
        LED2 = 0;
        LED3 = 1;
        LED4 = 1;
        SIG_PORT = uctri_value;
        if( 0 == uctri_updown)
        {
            if( uctri_value < 254)
            {
```

```c
                    uctri_value += 2;
                }
                else
                {
                    uctri_updown = 1;
                }
            }
            else if( 1 == uctri_updown )
            {
                if( uctri_value > 1 )
                {
                    uctri_value -= 2;
                }
                else
                {
                    uctri_updown = 0;
                }
            }
            break;
        case 2:
            LED1 = 1;
            LED2 = 1;
            LED3 = 0;
            LED4 = 1;
            SIG_PORT = ucsaw_value;
            ucsaw_value += 2;
            break;
        case 3:
            LED1 = 1;
            LED2 = 1;
            LED3 = 1;
            LED4 = 0;
            SIG_PORT = ucsqu_value;
            delay_ms( 1 );
            ucsqu_value = ucsqu_value ^ 0xff;
            break;
        }
    }
```

保存并编译程序。仿真运行，各函数波形分别如图 9-36（正弦波）、图 9-37（三角波）、图 9-38（锯齿波）、图 9-39（方波）所示。电路仿真时设置示波器时基为 5 ms/Div。

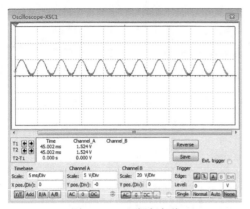

图 9-36 正弦波波形

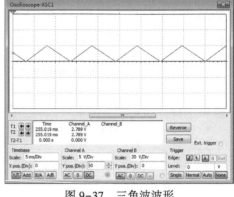

图 9-37 三角波波形

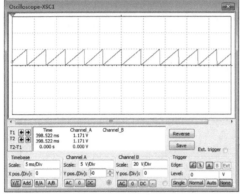

图 9-38 锯齿波波形

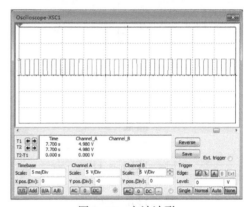

图 9-39 方波波形

9.4.4 实例四：八路竞赛抢答器的设计与仿真

采用 51 单片机设计八路抢答器，采用数码显示器显示抢答编号。

1. 创建仿真电路

在 Multisim 14.0 仿真电路窗口中建立八路竞赛抢答器，如图 9-40 所示。

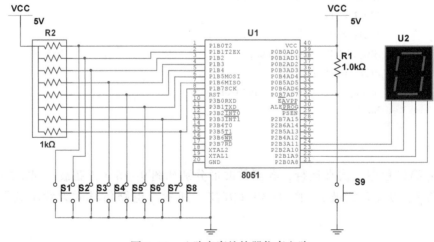

图 9-40 八路竞赛抢答器仿真电路

S1~S8 八个按键作为选手抢答按键，S9 按键作为清零键，一位数码管显示抢答位号。

仿真开始运行时，初始显示为 0，开始抢答，哪个按键最先按下，数码管显示对应的按键位号，其余按键被锁定。本轮抢答结束后，由主持人按下 S9 键清除，重新显示为 0，等待下一轮的抢答。

2. 仿真源程序

在源文件编辑界面中输入 C51 源程序代码如下。

```c
#include <reg51.h>
#define uchar unsigned char
#define uint   unsigned int
sbit KEY1 = P1^0;
sbit KEY2 = P1^1;
sbit KEY3 = P1^2;
sbit KEY4 = P1^3;
sbit KEY5 = P1^4;
sbit KEY6 = P1^5;
sbit KEY7 = P1^6;
sbit KEY8 = P1^7;
sbit KEY_RESET = P0^7;
#define SMG_PORT P2
uchar uckey_lock;
uchar uckey_value;
void delay_ms(uint uicount);
void key_scan();
void disp();
void main()
{
    while(1)
    {
      key_scan();
      disp();
      delay_ms(1);
    }
}
void delay_ms(uint uicount)
{
    uint i,j;
    for(i=0;i<uicount;i++);
            for(j=0;j<120;j++);
}
void key_scan()
{
    if(0 == uckey_lock)
```

```
{
if(0 = = KEY1)
{
    uckey_value = 1;
    uckey_lock = 1;
}
else if(0 = = KEY2)
{
    uckey_value = 2;
    uckey_lock = 1;
}
else if(0 = = KEY3)
{
    uckey_value = 3;
    uckey_lock = 1;
}
else if(0 = = KEY4)
{
    uckey_value = 4;
    uckey_lock = 1;
}
else if(0 = = KEY5)
{
    uckey_value = 5;
    uckey_lock = 1;
}
else if(0 = = KEY6)
{
    uckey_value = 6;
    uckey_lock = 1;
}
else if(0 = = KEY7)
{
    uckey_value = 7;
    uckey_lock = 1;
}
else if(0 = = KEY8)
{
    uckey_value = 8;
    uckey_lock = 1;
}
else
{;}
```

```
            }
        else if( 0 = = KEY_RESET)
            {
            uckey_value = 0;
            uckey_lock = 0;
            }
        else
            { ;}
        }
    void disp( )
        {
            P2 = uckey_value;
        }
```

保存并编译程序，运行仿真。

9.4.5 实例五：数字时钟的设计与仿真

本例采用 51 单片机作为主控设计数字时钟。

1. 创建仿真电路

在 Multisim 14.0 电路窗口中建立数字时钟仿真电路，如图 9-41 所示。

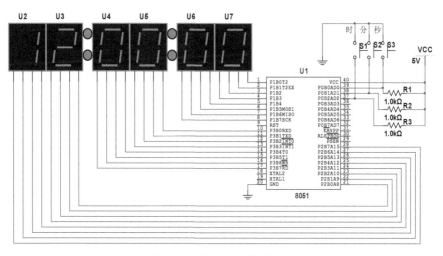

图 9-41 数字时钟仿真电路

该电路采用 8051 作为核心控制部分，用六位数码管分别显示时、分、秒。可以通过 S1、S2、S3 三个按键来进行时间调整，S1、S2 和 S3 分别用来调整小时计时、分钟计时和秒计时。每按下一次，显示加 1。

2. 仿真源程序

在源文件编辑界面中输入 C51 源程序代码并仿真。

```
#include <reg51. h>
#define uchar unsigned char
```

```c
#define uint unsigned int
#define H_PORT P2
#define M_PORT P3
#define S_PORT P1
sbit KEY_H = P0^2;
sbit KEY_M = P0^1;
sbit KEY_S = P0^0;
uchar uckey_value;
uchar uchour_value,ucmin_value,ucsec_value;
uchar uctime_count;
void delay_ms(uint uicount);
void key_scan();
void key_service();
void disp();
void main()
{
    uchour_value = 12;
    ucmin_value = 0;
    ucsec_value = 0;
    TMOD = 0x01;
    TH0 = 0x3c;
    TL0 = 0xb0;
    ET0 = 1;
    EA = 1;
    TR0 = 1;
    while(1)
    {
      key_scan();
      key_service();
      disp();
    }
}
void delay_ms(uint uicount)
{
    uint i,j;
    for(i=0;i<uicount;i++);
        for(j=0;j<120;j++);
}
void key_scan()
{
    if(0 == KEY_H)
    {
      delay_ms(3);
```

```c
        if(0 = = KEY_H)
        {
            while(0 = = KEY_H);
            uckey_value = 1;
        }
    }
    else if(0 = = KEY_M)
    {
      delay_ms(3);
      if(0 = = KEY_M)
      {
            while(0 = = KEY_M);
            uckey_value = 2;
      }
    }
    else if(0 = = KEY_S)
    {
      delay_ms(3);
      if(0 = = KEY_S)
      {
            while(0 = = KEY_S);
            uckey_value = 3;
      }
    }
}
void key_service( )
{
    switch(uckey_value)
    {
    case 1:
    {
      if(uchour_value < 24)
      {
            uchour_value++;
      }
      else
      {
            uchour_value = 0;
      }
      uckey_value = 0;
    } break;
  case 2:
{
```

```c
        if( ucmin_value < 60)
        {
            ucmin_value++;
        }
        else
        {
            ucmin_value = 0;
        }
        uckey_value = 0;
    } break;
    case 3:
    {
        if( ucsec_value < 60)
        {
            ucsec_value++;
        }
        else
        {
            ucsec_value = 0;
        }
        uckey_value = 0;
    } break;
    default:
        break;
    }
}
void disp( )
{
    H_PORT = ( uchour_value/10) * 16+uchour_value%10;
    M_PORT = ( ucmin_value/10) * 16+ucmin_value%10;
    S_PORT = ( ucsec_value/10) * 16+ucsec_value%10;
}
void time0_ISR( ) interrupt 1
{
    TR0 = 0;
    TH0 = 0x3c;
    TL0 = 0xb0;
    if( uctime_count < 20)
    {
        uctime_count++;
    }
    else
    {
```

```
        uctime_count = 0;
        ucsec_value++;
        if( ucsec_value >=60)
        {
            ucsec_value = 0;
            ucmin_value++;
            if( ucmin_value >= 60)
            {
                ucmin_value = 0;
                uchour_value++;
                if( uchour_value >= 24)
                {
                    uchour_value = 0;
                    ucmin_value = 0;
                    ucsec_value = 0;
                }
            }
        }
        TR0 = 1;
    }
```

保存并编译程序, 运行仿真。

9.4.6 实例六: 电子秒表的设计与仿真

采用 51 单片机作为主控, 设计一个电子秒表, 可完成开始计时、停止计时和清零的功能。

1. 创建仿真电路

在 Multisim 14.0 电路窗口中建立电子秒表仿真电路, 如图 9-42 所示。

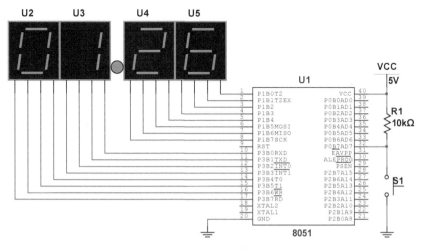

图 9-42 电子秒表仿真电路

该电路用四位 LED 显示器显示秒计时，时间精确到小数点后两位。按键 S1 用来控制秒表计时的开始和停止。

运行仿真开始时，显示为 0.00 秒。第一次按下按键 S1，秒表开始计时，计时结束时，再一次按下 S1 按键，此时显示的时间则是秒计时时间。第三次按下按键 S1，显示清零，准备下一次计时的开始。

2. 仿真源程序

在源文件编辑界面中输入 C51 源程序代码并仿真。

```
#include<reg51. h>
#define uchar unsigned char
#define uint   unsigned int
#define SEC_PORT   P3
#define MSEC_PORT P1
sbit KEY = P0^7;
uchar uckey_value;
uchar ucsec_value;
uchar ucmsec_value;
void delay_ms(uint uicount);
void key_scan();
void key_service();
void disp();
void main()
{
    TMOD = 0x01;
    TH0 = 0xd8;
    TL0 = 0xf0;
    ET0 = 1;
    EA = 1;
    TR0 = 0;
    while(1)
    {
      key_scan();
      key_service();
      disp();
    }
}

void delay_ms(uint uicount)
{
    uint i,j;
    for(i=0;i<uicount;i++);
        for(j=0;j<120;j++);
}
```

```c
void key_scan( )
{
    if( 0 = = KEY)
    {
        delay_ms( 3) ;
        if( 0 = = KEY)
        {
            while( 0 = = KEY) ;
            uckey_value++;
            if( 3 = = uckey_value)
            {
                uckey_value = 0;
            }
        }
    }
}
void key_service( )
{
    switch( uckey_value)
    {
        case 0:
        {
            TR0 = 0;
            ucsec_value = 0;
            ucmsec_value = 0;
        } break;
        case 1:
        {
            TR0 = 1;
        } break;
        case 2:
        {
            TR0 = 0;
        }
    }
}
void disp( )
{
    SEC_PORT = ( ucsec_value/10) * 16+ucsec_value%10;
    MSEC_PORT = ( ucmsec_value/10) * 16+ucmsec_value%10;
}
void time0_ISR( ) interrupt 1
{
```

```
        TR0 = 0;

        TH0 = 0xd8;

        TL0 = 0xf0;

        ucmsec_value++;

        if( 100 = = ucmsec_value )

        {

          ucmsec_value = 0;

          ucsec_value++;

          if( 100 = = ucsec_value )

          {

              ucsec_value = 0;

              ucmsec_value = 0;

          }

        }

        TR0 = 1;

    }
```

保存并编译程序，运行仿真。

9.4.7 实例七：随机数的设计与仿真

本例采用 8051 单片机设计显示一位随机数，可以作为随机抽查序号、电子摇奖机等场合使用。

1. 创建仿真电路

要求显示一位随机数。每按下按键一次，产生的随机数据通过数码管显示出来。

显示一位随机数仿真电路如图 9-43 所示。

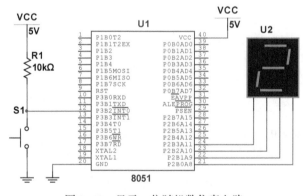

图 9-43　显示一位随机数仿真电路

2. 仿真源程序

随机数据产生的原理：keil 软件库（包含 stdlib. h 文件）中 rand( ) 函数可以生成一个 0～32767 之间的伪随机数，函数运行完后将返回这个伪随机数。

程序基本算法：首先利用 void srand（int seed）函数设置一个初值，本程序在程序启动后即启动定时器，该定时器启动后会连续运行，按下 S1 键时，外部中断 0 使 main( ) 函数中

while 内循环条件为真，首先将时刻的 TL0 中的数据进行设置初值，然后调用 rand( ) 函数生成一个初值与 32767 之间的随机数，取最低位（个位）数据进行显示。

在源文件编辑界面中输入 C51 源程序代码并仿真。

```c
#include <reg51. h>
#include <stdlib. h>
#define uchar unsigned char
#define uint   unsigned int
#define SMG_PORT P2
sbit KEY = P3^2;
uchar uitime_value;
uchar uckey_value;
uchar ucrandom_dat;
uchar uctemp;
void initialization( );
void main( )
{
    initialization( );
    while(1)
    {
      while(uckey_value)
      {
          uckey_value = 0;
          {
              uitime_value = TL0;
              srand(uitime_value);
              uctemp = rand( )%10;
              if(ucrandom_dat ! = uctemp)
              {
                  ucrandom_dat = uctemp;
              }
              else
              {
                  uckey_value = 1;
              }
          }
      }
        SMG_PORT = ucrandom_dat;
    }
}
void initialization( )
{
    TMOD = 0x01;
```

```
            TR0 = 1;
            EA = 1;
            EX0 = 1;
            IT0 = 1;
        }
    void int0_ISR( ) interrupt 0
        {
            uckey_value = 1;
        }
```

保存并编译程序，运行仿真。

9.5 思考与习题

1. 简述 Multisim 14.0 在 MCU 电路中仿真的步骤。

2. 在 Multisim 14.0 软件中设计流水灯仿真电路，编写仿真源程序。

3. 在 Multisim 14.0 软件中设计花样广告灯仿真电路，编写仿真源程序。

4. 在 Multisim 14.0 软件中利用单片机实现两位数码管静态显示 00~99 的电路仿真，编写仿真源程序。

5. 在 Multisim 14.0 软件中利用单片机作为控制器实现篮球记分器的电路仿真，要求通过两个按键分别控制篮球比赛中的得分显示，一个按键作为加 1 分键，另一个按键则为减 1 分键，编写仿真源程序。

6. 在 Multisim 14.0 软件中利用单片机作为控制器实现实用交通灯控制系统的电路仿真，两个通道的红、黄、绿灯可用发光二极管代替，两个通道有倒计时显示功能。

第 10 章 高级分析方法

在电子电路中，需要对所制作电路的各种技术参数进行分析，以判断电路的性能指标是否符合要求。Multisim 14.0 具有丰富的电路仿真与分析功能。

单击工具栏交互设置按钮 ⌕ Interactive ，或执行 "Simulate" → "Analyses and Simulation" 命令，均可弹出 "Analyses and Simulation" 窗口，在 "Active Analysis" 选项区中列出了 20 种分析方法，如图 10-1 所示。

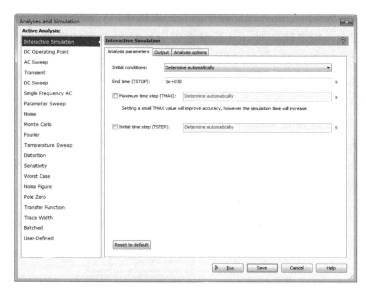

图 10-1 Multisim 14.0 的分析方法

在图 10-1 中从上至下分别为：交互仿真分析、静态工作点分析、交流扫描分析、瞬态分析、直流扫描分析、单一频率交流分析、参数扫描分析、噪声分析、蒙特卡罗分析、傅里叶分析、温度扫描分析、失真分析、灵敏度分析、最坏情况分析、噪声系数分析、零点极点分析、传递函数分析、布线宽度分析、批处理分析、用户自定义分析。

其中，交互仿真分析、静态工作点分析、交流扫描分析、瞬态分析、单一频率交流分析、傅里叶分析等在前述章节已有应用实例，不再赘述，本章主要介绍其他高级分析方法。

10.1 噪声及失真分析

10.1.1 噪声分析

噪声对于高频电路、小信号的模拟电路及数字电路等都会带来不同程度的干扰。Noise

（噪声）分析就是分析噪声对电路性能的影响以及噪声的大小。

Multisim 14.0 中的噪声模型假定了仿真电路中的每一个元件经过噪声分析后，它们的总噪声输出对仿真电路的输出节点的影响。

在 Multisim 14.0 中给出了 3 种噪声模型，分别是热噪声、散粒噪声和闪烁噪声。

1）热噪声（Thermal Noise）：也就是约翰逊噪声（Johnson Noise）或白色噪声（White Noise），这种噪声敏感于温度的变化，由导体中的自由电子和振动粒子之间的热量的相互作用而产生，它的频率在频谱中均匀分布。

2）散粒噪声（Shot Noise）：这种噪声是由各种形式半导体中载流子的分散特性而产生的，这种噪声为晶体管的主要噪声。

3）闪烁噪声（Flicker Noise）：又称为超越噪声（Excess Noise）、粉红噪声（Pink Noise）或 1/f 噪声，通常由双极型晶体管（BJT）和场效应晶体管（FET）产生，且发生在频率 1 kHz 以下。闪烁噪声是所有线性器件固有的随机噪声，噪声振幅与频率成反比，频率很低时这种噪声较大，频率较高时（几百赫兹以上）这种噪声的影响较小。在电路的输入端，闪烁噪声通常是频率低于 400 Hz 时的主要噪声源。

在 Multisim 14.0 中建立如图 10-2 所示单管共射仿真放大电路，下面以闪烁噪声为例对其进行噪声分析。

单击图 10-2 中的晶体管 2N2222A，右键单击"Properties"，在弹出的对话框中选择"Edit model"按钮，如图 10-3 所示，将晶体管模型中的 KF（闪烁噪声系数）设置为图中的数值，单击"Change component"按钮，仅改变当前元件的模型参数。也可以单击"Reset to default"按钮恢复元件默认的 SPICE 参数。

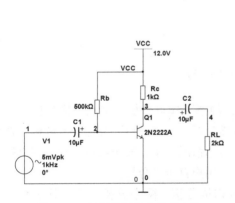

图 10-2　单管共射放大仿真电路

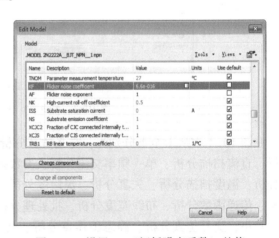

图 10-3　设置 KF（闪烁噪声系数）的值

然后执行"Simulate"→"Analyses and simulation"命令，弹出"Analyses and Simulation"窗口，在"Active Analysis"选项区中选择"Noise"，打开"Noise"对话框，其"Analysis parameters"选项卡如图 10-4 所示。各选项含义如下。

1）Input noise reference source：用于选择交流信号的输入噪声参考源。

2）Output node：选择输出噪声的节点。

3）Reference node：设置参考电压的节点，默认值为接地点。

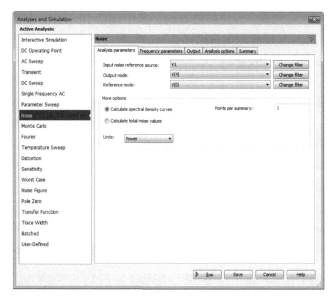

图 10-4　噪声分析"Analysis parameters"选项卡

4）Calculate spectral density curves：设置每次求和的采样点数。选择此项后，噪声分析将会以功率频谱密度的方式给出分析结果。"Output"选项中将出现"inoise-spectrum"（输入噪声频谱）和"onoise-spectrum"（输出噪声频谱）两个变量。其右方的文本框用于设定每次求和的采样点数。数值越大，频率的步进数越大，图形的分辨率越低。

噪声分析"Frequency parameters"选项卡如图 10-5 所示。

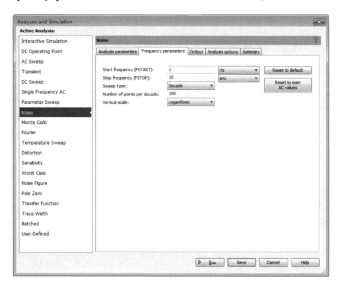

图 10-5　噪声分析"Frequency parameters"选项卡

各选项含义如下。

1）Start frequency（FSTART）：设定扫描的起始频率。

2）Stop frequency（FSTOP）：设定扫描的终止频率。

3）"Sweep type"下拉列表：设定扫描方式，其中包括 Decade（十倍刻度扫描）、Octave（八倍刻度扫描）及 Linear（线性刻度扫描）。

4）"Number of points per decade"文本框：设定每十倍频率的取样点数，点数越多，图的精度越高。

5）"Vertical scale"下拉列表：设定垂直刻度，其中包括 Decibel（分贝刻度）、Octave（八倍刻度）、Linear（线性刻度）、Logarithmic（对数刻度），通常是采用 Logarithmic（对数刻度）或 Decibel（分贝刻度）。

6）"Reset to default"按钮：把所有设定恢复为程序预置值。

7）"Reset to main AC values"按钮：把所有设定恢复为与交流分析一样的设定值，噪声分析也是通过执行交流分析，而取得噪声的放大与分布。

噪声分析"Output"选项卡中设置待观察的输出变量为 inoise-spectrum（输入噪声频谱）和 onoise-spectrum（输出噪声频谱）以及 onoise_qq1 等，如图 10-6 所示。

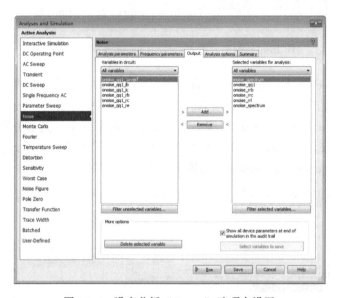

图 10-6　噪声分析"Output"选项卡设置

设置完后单击"Run"按钮，得到如图 10-7 所示的噪声分析结果。

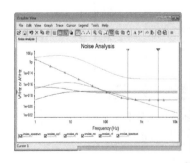

Cursor	inoise_spectrum	onoise_qq1	onoise_rrb	onoise_rrc	onoise_rrl	onoise_spectrum
x1	400.5429	400.5429	400.5429	400.5429	400.5429	400.5429
y1	2.0314e-019	1.4269e-015	3.6983e-019	5.3608e-018	2.6871e-018	1.4353e-015
x2	2.9079k	2.9079k	2.9079k	2.9079k	2.9079k	2.9079k
y2	1.3238e-019	9.2819e-016	7.0234e-021	5.3619e-018	2.6811e-018	9.3624e-016
dx	2.5073k	2.5073k	2.5073k	2.5073k	2.5073k	2.5073k
dy	-7.0754e-020	-4.9868e-016	-3.6280e-019	1.0749e-021	-6.0179e-021	-4.9905e-016
dy/dx	-2.8219e-025	-1.9889e-019	-1.4470e-022	4.2871e-025	-2.4001e-024	-1.9904e-019
1/dx	398.8298μ	398.8298μ	398.8298μ	398.8298μ	398.8298μ	398.8298μ

图 10-7　噪声分析的结果

在"Grapher View"窗口中执行"Cursor"→"Show Cursors"命令,出现红色游标 1 和蓝色游标 2,移动游标位置,可观察某频率处各参数的噪声电压。

由"inoise-spectrum"输入电压噪声频谱密度曲线可知:频率低于 400 Hz 时,闪烁噪声很大,频率大于 400 Hz 后,输入电压噪声频谱密度主要由散粒噪声来决定。

10.1.2 噪声系数分析

噪声系数分析用来衡量噪声对信号的干扰程度。信噪比是一个衡量电子线路中信号质量好坏的重要参数,降低晶体管噪声的主要途径是提高截止频率和降低基区电阻,或者适当设置晶体管参数 NF(正向电流发射系数,可在图 10-3 中设置)。

Multisim 14.0 的噪声系数(Noise Figure)是指输入信噪比/输出信噪比。

打开图 10-2 所示电路文件,执行"Simulate"→"Analyses and Simulation"命令,弹出"Analyses and Simulation"窗口,在"Active Analysis"选项区中选择"Noise Figure",打开"Noise Figure"对话框,其"Analysis parameters"选项卡如图 10-8 所示。

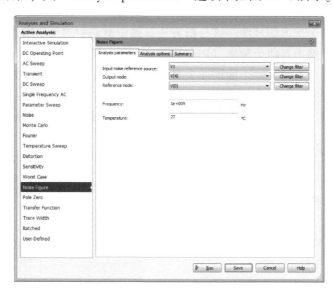

图 10-8　噪声系数分析"Analysis parameters"选项卡

各选项含义如下:

1)Input noise reference source:选择交流信号的输入噪声参考源。

2)Output node:选择输出噪声的节点。

3)Reference node:设置参考电压的节点,默认值为接地点。

4)Frequency:设置输入频率。

5)Temperature:设置输入温度。

其他选项卡默认设置。设置完后单击"Run"按钮,噪声系数分析仿真结果如图 10-9 所示,噪声系数为-12.3026 dB。

图 10-9　噪声系数分析结果

10.1.3　失真分析

失真分析（Distortion Analysis）用于分析电子电路中的非线性失真和相位偏移，通常非线性失真会导致谐波失真，而相位偏移会导致互调失真。

如果电路中有一个交流信号源，该分析方法会确定电路中的每个节点的二次和三次谐波造成的失真；如果电路中有两个频率（F1、F2，F1>F2）不同的交流信号源，该分析方法能够确定电路变量在 3 个不同频率上的谐波失真：F1+F2、F1-F2、2F1-F2。

失真分析对于研究电路中的小信号比较有效。采用多维的 Volterra 分析法和多维泰勒（Taylor）技术来描述工作点处的非线性。该分析方法对于瞬态分析中无法观察到的小信号尤其有效。

在进行失真分析之前，必须先决定要用什么电源，每个电源失真分析参数的设定都是独立的。可按以下步骤设定交流源的参数（进行谐波分析时，按步骤 1）和 2）进行；进行互调失真分析，则按步骤 1）、2）、3）进行）。

1）双击信号源。

2）在 Value 栏下选择失真频率 1 幅值（Distortion Frequency 1 Magnitude），设定输入幅值与相位。

3）在 Value 栏下选择失真频率 2 幅值（Distortion Frequency 2 Magnitude），设定输入幅值与相位（仅互调失真设定该步）。

打开图 10-2 所示电路文件，双击信号源 V1，在 "Value" 选项卡中设置如图 10-10 所示。

然后执行 "Simulate" → "Analyses and simulation" 命令，弹出 "Analyses and Simulation" 窗口，在 "Active Analysis" 选项区中选择 "Distortion"，打开 "Distortion" 对话框，其 "Analysis parameters" 选项卡如图 10-11 所示，各项含义如下。

1）"Start Frequency（FSTART）" 文本框：用于设置分析的起始频率。

2）"Stop Frequency（FSTOP）" 文本框：用于设置分析的停止频率。

3）"Sweep type" 下拉列表：用于设置交流分析的扫描方式。Decade 代表十倍刻度扫描、Octave 代表八倍刻度扫描、Linear 代表线性刻度扫描。

4）"Number of points per decade" 文本框：用于设定每十倍频率的取样点数。

5）"Vertical scale" 下拉列表：设定垂直刻度，其中包括 Decibel（分贝刻度）、Octave

（八倍刻度）、Linear（线性刻度）、Logarithmic（对数刻度），通常是采用 Logarithmic（对数刻度）或 Decibel（分贝刻度）。

图 10-10 信号源 V1 "Value" 选项卡设置

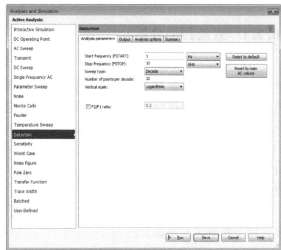

图 10-11 失真分析 "Analysis parameters" 选项卡

6）"F2/F1 ratio" 复选框：该复选项仅当进行互调失真时选择。若信号含有两个频率（F1 和 F2），可由使用者指定 F2 与 F1 之比，频率 F1 是在起始频率与终止频率之间扫描的频率，而频率 F2 为 F1 的起始值（FSTART）与 F2/F1 的乘积。选择该复选框后，在右边的文本框中指定 F2/F1 之比，它的值必须在 0~1 之间。这个数应该是无理数，但计算机的计算精度是有限的，所以应取一个多位数的浮点数来代替。

7）"Reset to default" 按钮：把所有设定恢复为程序预置值。

8）"Reset to main AC values" 按钮：把所有设定恢复为与交流分析一样的设定值。

其余选项卡的设置内容与其他分析方法的对话框设置相同。

设置完后单击 "Run" 仿真按钮，失真分析仿真结果如图 10-12 所示。

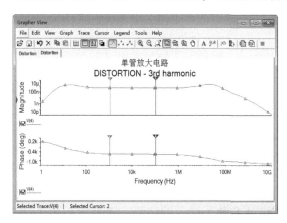

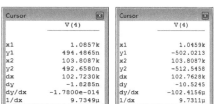

图 10-12 失真分析结果

10.2 扫描分析

10.2.1 直流扫描分析

"DC Sweep（直流扫描）"就是分析电路中某节点电压（电流）随着电路中的一个或两个直流电源变化的情况。通过扫描分析可以直观地看到扫描参数的变化对仿真实验结果的影响。在进行直流扫描分析时，电容视为开路，电感视为短路。

打开图 10-2 所示电路文件，执行"Simulate"→"Analyses and Simulation"命令，弹出"Analyses and Simulation"窗口，在"Active Analysis"选项区中选择"DC Sweep"，打开"DC Sweep"对话框，包括四个选项卡，除"Analysis parameters"选项卡外，其余均与"DC Operating Point"相同。

"Analysis parameters"选项卡如图 10-13 所示，它包括了 Source 1 和 Source 2 两个选项区。每个选项区说明如下。

1) Source：指定所要扫描的电源。
2) Start value：设定开始扫描的电压值。
3) Stop value：设定终止扫描的电压值。
4) Increment：设定扫描的增量（或间距）。

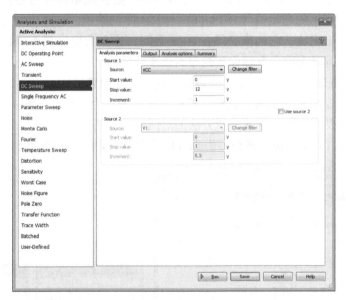

图 10-13   直流扫描分析"Analysis parameters"选项卡

如果要指定第二组电源，则需选择"Use source2"复选框。

在"Output"选项卡下选择需要扫描分析的参数 V(2)、V(3)，设置完后单击"Run"按钮，直流扫描分析结果如图 10-14 所示，移动游标，可观察 V(2)、V(3)随 VCC 的变化过程。

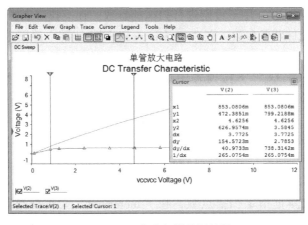

图 10-14 直流扫描分析结果

10.2.2 参数扫描分析

"Parameter Sweep"（参数扫描）分析就是不断变化仿真电路中某个元件的参数值，观察其在一定范围内的变化对电路的直流工作点等性能的影响。

参数扫描分析是指对某个元件的一个固定的参数值进行一次分析，然后改变该参数值连续进行仿真分析。在 Multisim 14.0 中进行参数扫描分析时，可设定为静态工作点分析、瞬态分析或交流分析。

打开图 10-2 所示电路文件，执行 "Simulate" → "Analyses and Simulation" 命令，弹出 "Analyses and Simulation" 窗口，在 "Active Analysis" 选项区中选择 "Parameter Sweep"，打开 "Parameter Sweep" 对话框，包括四个选项卡，除 "Analysis parameters" 选项卡外，其余均与 "DC Operating Point" 相同。

参数扫描分析 "Analysis parameters" 选项卡如图 10-15 所示，对各项说明如下。

图 10-15 参数扫描分析 "Analysis parameters" 选项卡

1）"Sweep parameters"：用于设定进行扫描的参数。在下拉列表中选择"Device parameter"选项用来设定元件装置参数，在"Device type"列出当前电路图里所用到的元件类型，这里选择"Resistor（电阻）"；在"Name"下拉列表中指定所要设定参数的元件名称，这里选择"RB"；在"Parameter"下拉列表中指定所要设定的参数，这里选择"resistance"。"Present value"文本框显示目前该参数的设定值（不可更改）。"Description"文本框中的字段为说明字段（不可更改）。

2）"Points to sweep"：用于设定扫描的方式。在下拉列表中包括 Decade（十倍频程扫描）、Octave（八倍频程扫描）、Linear（线性扫描）及 List 等选项，这里选择"Linear"，此时可以在"Start"文本框指定开始扫描的值，在"stop"文本框指定停止扫描的值，在"Number of points"文本框指定扫描点数，在"Increment"文本框指定扫描间距。若选择"List"选项，则其右侧将出现"Value"字段，可在"Value"字段中指定扫描的参数值，若要指定多个不同的参数值，则在参数值之间以逗号分隔。

3）"Analysis to sweep"下拉列表：用于设定分析的种类，包括 DC Operating Point（静态工作点分析）、AC Sweep（交流扫描）、Transient（瞬时分析）、Nested Sweep（巢状扫描分析）及 Single Frequency AC（单一频率交流分析）5个选项。如果要设定某种分析，可在选择该分析后，单击"Edit Analysis"按钮，进入编辑该项分析。

4）"Group all traces on one plot"：该复选框的功能是设定将所有分析的曲线放置在同一个分析图中。

设置相关参数如图 10-15 所示，$V(2)$、$V(3)$为扫描输出节点，设置完后单击"Run"按钮，参数扫描分析结果如图 10-16 所示，可观察参数 R_b 阻值变化对静态工作点的影响。

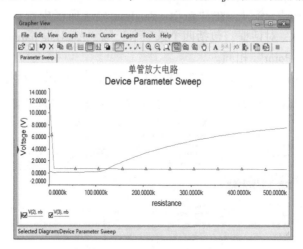

图 10-16　参数扫描分析结果

10.2.3　温度扫描分析

在电子线路中，温度对电子器件的影响很大，尤其对于半导体器件。

"Temperature Sweep（温度扫描）"可以分析温度的变化对电路性能的影响。

打开图 10-2 所示电路文件，执行"Simulate"→"Analyses and Simulation"命令，弹出"Analyses and Simulation"窗口，在"Active Analysis"选项区选择"Temperature Sweep"，打

开"Temperature Sweep"对话框，包括四个选项卡，除"Analysis parameters"选项卡外，其余均与"DC Operating Point"相同。温度扫描分析"Analysis parameters"选项卡如图 10-17 所示，对各项说明如下。

图 10-17　温度扫描分析"Analysis parameters"选项卡

1）Sweep parameters：该选项区用于设置扫描参数。其中 Sweep parameter 是扫描温度选项，Present value 用于显示当前的温度，Description 用于说明对当前电路进行温度扫描。

2）Points to sweep：用于设置扫描方式。其中 Sweep variation type 用于选择扫描类型，有 Linear（线性）、Decade（十倍频程）、Octave（八倍刻度扫描）、List（列表扫描）4 个选项。若选择"List"项，需在右侧的文本框中输入温度扫描值。

3）More Options：用于设置进行温度扫描分析时的某种分析类型。

参数设置如图 10-17 所示，表示对 27℃~100℃ 的温度范围进行 3 次瞬态分析。设置完后单击"Run"按钮，温度扫描分析结果如图 10-18 所示，可观察温度对晶体管放大电路参数的影响。

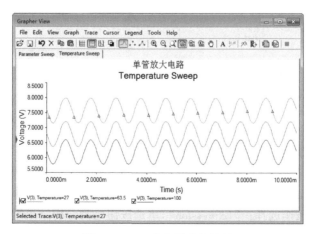

图 10-18　温度扫描分析结果

Multisim 14.0 的主元件库中提供的元件都有一个 SPICE 模型文件，该模型文件指出了该元件的各种内部参数。当元件的 SPICE 模型文件中含有与温度有关的系数时，Multisim 14.0 中提供的温度扫描分析才能起作用。例如：本例中晶体管 2N222A 的 SPICE 模型文件中含有 TNOM、TRB1、TRC1、TRE1 等多项与温度有关的参数，适当改变这些参数的数值，都将对图 10-18 的温度扫描曲线造成影响。

10.3 其他高级分析

10.3.1 灵敏度分析

"Sensitivity"（灵敏度）分析指电路中某个元件的参数发生变化时，分析它的变化对电路节点电压或支路电流的影响。

灵敏度分析包括直流灵敏度分析和交流灵敏度分析。直流灵敏度分析的仿真分析结果以数值的形式显示，交流灵敏度的仿真分析结果可以用曲线的形式显示。

在 Multisim 14.0 中建立电路如图 10-19 所示。执行 "Simulate" → "Analyses and simulation" 命令，弹出 "Analyses and Simulation" 窗口，在 "Active Analysis" 选项区中选择 "Sensitivity"，打开 "Sensitivity" 对话框，共 4 个选项卡，除 "Analysis parameters" 外，其余均与 "DC Operating Point" 相同。灵敏度分析 "Analysis parameters" 选项卡如图 10-20 所示，对其说明如下。

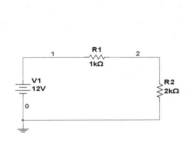

图 10-19　简单串联电路

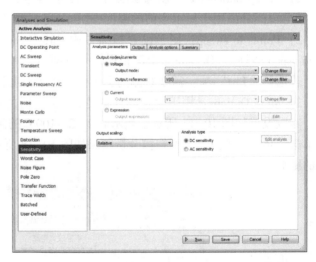

图 10-20　灵敏度分析 "Analysis parameters" 选项卡

1）Output nodes/currents：输出节点，其中包括 3 个单选按钮。"Voltage" 单选按钮用于选择进行电压灵敏度的分析。选中该单选按钮后，在 "Output node" 下拉列表中选择要分析的节点，这里选择 V（2）；在 "Output reference" 下拉列表中选择输出端的参考节点，这里选择 V（0）；"Current" 单选按钮用于选择进行电流灵敏度的分析，用法与 "Voltage" 单选按钮类似，这里不作选择；"Expression" 单选按钮是为分析结果增加一个表达式的显示形式，选择进行变量表达式灵敏度分析，这里不作选择。

2）Output scaling：用于选择输出灵敏度的格式，有 Absolute（绝对灵敏度）和 Relative（相对灵敏度）两种，这里选择"Relative"。

3）Analysis type：对直流灵敏度分析或交流灵敏度分析进行设置，这里选择"DC Sensitivity"。

在灵敏度分析"Output"选项卡中，将所有的变量 rr1、rr2、vv1 都设置为输出节点。设置完后单击"Run"按钮，灵敏度分析结果如图 10-21 所示。

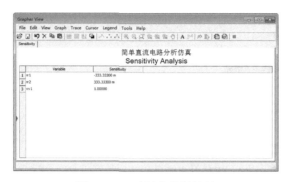

图 10-21　灵敏度分析结果

灵敏度与误差的关系密切。如果设电路的理想输出为 Y，X 为电路中的某个参数，则电路输出信号的偏差 ΔY/Y＝ΔX/X×Z。这里 Z 为 X 所对应的灵敏度，相当于图 10-21 中的数值。ΔX/X 为器件偏离标称值的程度，即参数偏差，可以用百分比表示。在灵敏度分析时，为了理解问题的方便，一般视电源的误差可以忽略，在图 10-21 中，vv1 项的灵敏度为 1，这是因为 vv1 就是电源电压。

10.3.2　零-极点分析

电路系统传递函数的极点决定了系统是否稳定，零点和极点一起决定了系统的稳态性能指标，因此对系统传递函数的零极点分析是很有必要的。对于高阶系统，直接求取其零极点比较有难度，Multisim 14.0 提供的"Pole Zero（极点零点）"分析可快速求出系统的零极点。

在 Multisim 14.0 中建立仿真电路如图 10-22所示，读者可自行用信号流图结合梅森公式求得系统传递函数。执行"Simulate"→"Analyses and Simulation"命令，弹出"Analyses and Simulation"窗口，在"Active Analysis"选项区中选择"Pole Zero"，打开"Pole Zero"对话框，其"Analysis parameter"选项卡如图 10-23 所示，各参数含义如下。

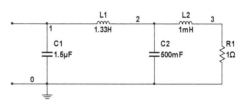

图 10-22　零极点分析仿真电路

1）Analysis type：用于设置零极点分析的分析类型。该选项区共有 4 个选择模式：Gain analysis（电压增益分析），即输出电压/输入电压；Impedance analysis（互阻抗分析），即输出电压/输入电流；Input impedance（电路输入阻抗）以及 Output impedance（电路输出阻抗）。

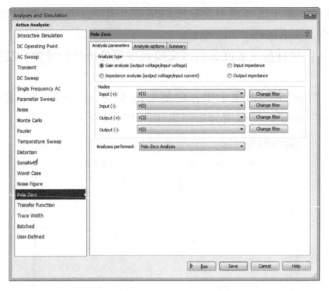

图 10-23 零极点分析 "Analysis parameters" 选项卡

2）Nodes：用于设置输入/输出的节点（正、负端点）。该选项区包括 "Input（+）" 下拉列表，即正的输入端点；"Input（-）" 下拉列表，即负的输入端点（通常接地，即节点0）；"Output（+）" 下拉列表，即正的输出端点；"Output（-）" 下拉列表，即负的输出端点（通常接地，即节点0）。

3）Analysis performed：用于设置分析的对象，有 Pole Analysis（只求出极点）、Zero Analysis（只求出零点）和 Polo-Zero Analysis（同时求出零点和极点）3 种选项。

Analysis options 和 Summary 的设置和其他分析方法相同，默认设置即可，设置参数如图 10-23 所示。

单击 "Run" 按钮，零极点分析结果如图 10-24 所示，其中，"Real" 表示实部，"Imaginary" 表示虚部。根据仿真结果可知该系统无零点，有 3 个极点（取近似值），分别为-1、-1+0.709j 和-1-0.709j。即系统传递函数为：$H(s)=0.5/(s+1)(s+1+0.709j)(s+1-0.709j)=1/(s^3+2s^2+2s+1)$，与理论分析一致。

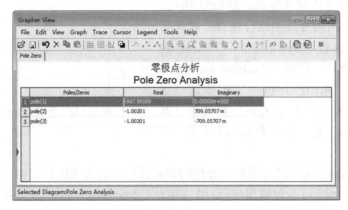

图 10-24 零极点分析结果

10.3.3 传递函数分析

传递函数是描述线性系统动态特性的基本数学工具之一，经典控制理论的主要研究方法（频率响应法和根轨迹法）都是建立在传递函数的基础之上的。

Multisim 14.0 提供的"Transfer Function（传递函数）"分析，可用于计算用户指定作为输出变量的任意两个节点之间输出电压或者流过某一个器件的电流与作为输入变量的独立电源之间的比值，也可用于计算输入阻抗和输出阻抗值。任何非线性模型首先根据直流工作点线性化，然后进行小信号分析。输出信号可以是任意节点电压，但输入必须是电路中定义的一个独立电源。

在 Multisim 14.0 中建立如图 10-25 所示电路，与图 10-22 电路相比，多了一个信号源 V1。执行"Simulate"→"Analyses and simulation"命令，弹出"Analyses and simulation"窗口，在"Active Analysis"选项区中选择"Transfer Function"，打开"Transfer Function"对话框，其"Analysis parameters"选项卡如图 10-26 所示，对其参数说明如下。

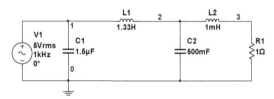

图 10-25　传递函数分析示例电路

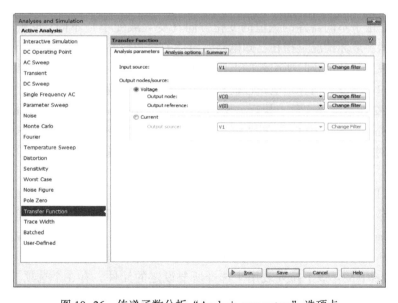

图 10-26　传递函数分析"Analysis parameters"选项卡

1）Input source：选择所要分析的输入电源，此处选择"V1"。

2）Output nodes/sources：设置所要分析的对象。"Voltage"选择作为输出电压的变量。"Output node"下拉列表指定输出电压节点，此处选择 V(3)，即 $R1$ 两端的电压。"Output reference"下拉列表指定参考节点，通常为接地端，即 V(0)。"Current"选择作为输出电流的变量。"Output source"下拉列表指定所用输出的电流。

其他选项卡默认设置，设置完后单击"Run"按钮，传递函数分析结果如图10-27所示。即该系统传递函数的模值为1，输入阻抗模为1Ω，输出阻抗模约为0Ω。

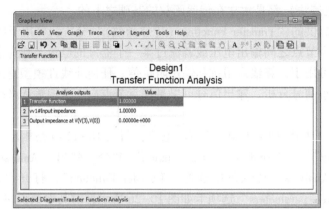

图10-27 传递函数分析结果

10.3.4 最坏情况分析

"Worst Case（最坏情况）"用于分析电路的最坏可能性。该方法属于一种统计方法，主要通过观察元件参数变化时所引起电路性能的变化来实现。

当电路的多个元器件的参数值同时变化时，电路的性能相对于理想状况下的标准数值会发生偏差。但是由于不同器件的数值的变化方向（变大或变小）不同，它们对电路的影响可能会相互抵消。最坏情况是指在已知电路元器件的参数容差时，电路中的元件参数在其容差域边界点上采用某种组合时所引起的电路性能的最大偏差。最坏情况分析就是在给定电路元件参数容差的情况下，估算出电路性能相对于标称值时的最大偏差。

打开图10-2所示电路文件，执行"Simulate"→"Analyses and Simulation"命令，弹出"Analyses and Simulation"窗口，在"Active Analysis"选项区中选择"Worst Case"，打开"Worst Case"对话框，其"Tolerances（容差）"选项卡如图10-28所示，对其参数说明如下。

"Tolerance list"选项区中列出了当前的元件模型。单击"Edit selected tolerance"按钮可编辑选中的容差。单击"Delete selected tolerance"按钮可删除选中的容差。单击"Load RLC tolerance data from circuit"按钮可从电路中下载容差数据。单击"Add tolerance"按钮，弹出如图10-29所示的"Tolerance"对话框。该对话框包含以下内容。

1）Parameter type：该下拉列表用于选择所要设定的元件，有3个选项，分别为Model parameter（模型参数）、Device parameter（器件参数）及Circuit parameter（电路参数）。

2）Parameter：该选项区有3个下拉列表和2个文本框，内容会随着"Parameter type"下拉列表的内容而变化。其中，"Device type"下拉列表用于选择所要设定参数的器件类型，包括当前电路中所使用的元件种类，如BJT（双极型晶体管类）、Capacitor（电容器类）、Diode（二极管类）、Resistor（电阻器）以及Vsource（电压源类）等。本例中该下拉列表中有Isource（电流源）、Resistor（电阻）、Vsource（电压源）3个选项。"Name"下拉列表用

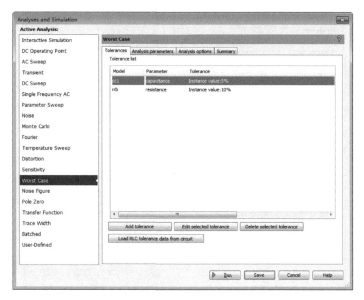

图 10-28　最坏情况分析 "Tolerances" 选项卡

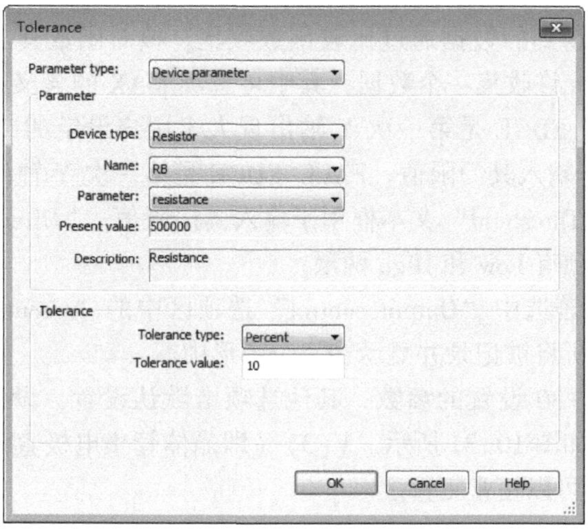

图 10-29　"Tolerance" 对话框

于选择所要设置参数的元件名称。"Parameter" 下拉列表用于选择所要设定的参数。"Parameter Value" 下拉列表用于显示当前参数的设定值（不可更改）。"Description" 文本框是对所选参数的说明（不可更改）。

3）Tolerance：该选项区用于选择容差的形式，包含两项内容："Tolerance type" 下拉列表可选择容差的形式，Absolute 为绝对值，Percent 为百分比；"Tolerance value" 文本框可根据所选的容差形式设置容差值，设置电容 C1 容差为 5%、电阻 Rb 容差为 10%。

最坏情况分析 "Analysis Parameters" 选项卡如图 10-30 所示，对该选项卡说明如下。

1）Analysis parameters：用于设置相关参数。其中 "Analysis" 下拉列表用于选择分析对象，包括 DC Operating Point Analysis（直流工作点）和 AC Analysis（交流分析）；"Output variable" 下拉列表用于选择最坏情况分析的输出节点；"Collating" 下拉列表用于选择核对

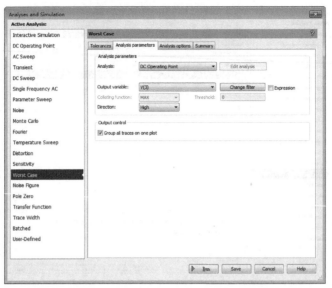

图 10-30 最坏情况分析 "Analysis parameter" 选项卡

函数，该下拉列表仅在 AC analysis 时才是可操作的，"DC operating point" 时选项指定为 MAX。最坏情况分析所得到的数据通过比较函数收集。核对函数其实相当于一个高选择性滤波器，每运行一次只允许收集一个数据，其中可选项 MAX 的含义是 Y 轴的最大值，MIN 是 Y 轴的最小值。RISE_EDGE 是第一次 Y 轴出现大于用户设定的门限时的 X 值，其右侧 "Threshold" 文本框用于输入其门限值。FALL_EDGE 是第一次 Y 轴出现小于用户设定的门限时的 X 值，其右侧 "Threshold" 文本框用于输入其门限值。"Direction" 下拉列表用于选择容差变化方向，可选项有 Low 和 High 两项。

2）Output control：若选中 "Output control" 选项区中的 "Group all traces on one plot" 复选框，则所有仿真分析将被记录并显示在一个图形中。

按图 10-29、图 10-30 设置的参数，其他选项卡默认设置，设置完后单击 "Run" 按钮，最坏情况分析结果如图 10-31 所示。V(3)（即晶体管集电极直流电位）最坏情况下为 7.94747 V，放大电路还可以正常工作。

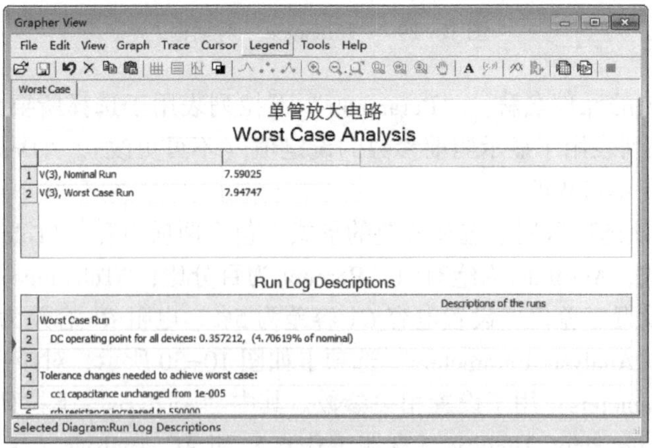

图 10-31 最坏情况分析的仿真结果

10.3.5 蒙特卡罗分析

"Monte Carlo（蒙特卡罗）"分析是统计方法的一种，即使用统计分析方法来观察电路的元件属性变化对电路特性所产生的影响。设计电子产品总是按照元器件的标准值进行的，而实际产品的参数值与标准值总存在误差，元件实际参数可以看成以标准值（数学期望）为平均值，服从于某种分布方式，分布于一定误差范围内的随机值。

应用 Multisim 14.0 提供的蒙特卡罗分析，不但可以预测电路元件批量生产时的合格率和生产成本，还可以研究元件参数值的分散性对电路性能的影响。

蒙特卡罗分析可以进行直流、交流或瞬态分析，可以根据用户指定的分布类型和参数容差，随意地改变元件的属性，并不断进行仿真实验。通过多次分析结果估计出能够体现电路性能的统计分布规律参数，如电路性能的中心值、方差、电路合格率和成本等。

打开图 10-32 所示放大电路文件，执行"Simulate"→"Analyses and Simulation"命令，弹出"Analyses and Simulation"窗口，在"Active Analysis"选项区中选择"Monte Carlo"，打开"Monte Carlo"对话框，其"Tolerances"选项卡如图 10-32 所示，该选项卡用于设置电路元件参数的容差，各项含义与前节"Worst Case"分析相同。

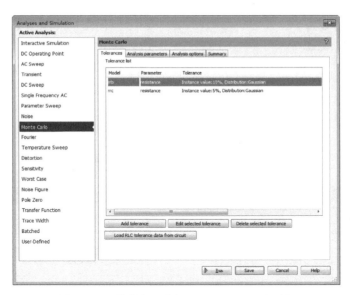

图 10-32 蒙特卡罗分析"Tolerances"选项卡

（1）"Tolerance"选项卡

单击蒙特卡罗分析"Tolerances"选项卡的"Add tolerance"按钮，弹出"Tolerance"对话框，也与"Worst Case"分析的"Tolerance"对话框类似，只是在"Tolerance"区中多了一个"Distribution"下拉列表，该下拉列表用于选择元件参数容差的分布类型，选项包括 Gaussian（高斯分布）和 Uniform（均匀分布）。均匀分布类型指的是元件参数在其误差范围内以相等概率出现；高斯分布类型更符合实际分布情况，元件参数的误差分布状态呈现一种高斯曲线的形式。

（2）"Analysis parameters" 选项卡

蒙特卡罗分析 "Analysis parameters" 选项卡如 10-33 所示，说明如下。

1) Analysis parameters：该选项区用于设置分析参数，在 "Analysis" 的下拉列表中比最坏情况分析增加了 Transient analysis（瞬态分析）。"Number of runs" 文本框用于设置进行蒙特卡罗分析的次数。其他选项均与最坏情况分析中对应的选项相同。

2) Output control：该选项区比最坏情况分析中增加了 Text Output（设置文字的输出方式），其余与最坏情况分析中对应的选项相同。

参数设置分别如图 10-32 和图 10-33 所示，其他选项卡默认设置。设置完后单击 "Run" 按钮，蒙特卡罗分析结果如图 10-34 所示。

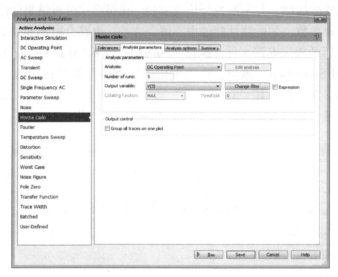

图 10-33　蒙特卡罗分析 "Analysis parameters" 选项卡

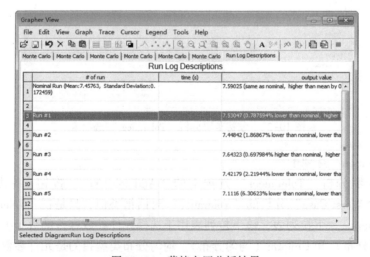

图 10-34　蒙特卡罗分析结果

对于蒙特卡罗分析，每次运行所得的数据可看作样本数值，本例共有 5 个样本数。利用数理统计的原理可以近似地计算出样本均值和方差。由于 Distribution（概率分布）设置为高斯分布，因此图 10-34 中给出了 V(3) 服从正态分布的 2 个重要参数：Mean（平均值）为7.45763，Standard Deviation（标准差）为 0.172459。

10.3.6　线宽分析

仿真电路在 Multisim 14.0 中完成仿真分析，并达到各项参数要求时，就可以进行设计印制电路板（PCB）的工作了。"Trace Width（线宽）"分析就是用来确定在设计印制电路板时所能允许的最小导线宽度。要充分理解该分析方法的重要性，首先必须理解导线上电流增加时，导体或者导线上到底发生了什么物理现象。

导线散发的功率不仅与电流有关，还与导线的电阻有关，而导线的电阻又与导线的横截面积有关，电流通过导线时最终会引起导线温度的增加。功率的计算公式为 $P=I^2R$，因此电流与功率并不是简单的线性关系，单位长度导线的电阻是横截面积（线路的宽度乘以厚度）的函数。因此温度和电流的关系是电流、布线宽度和厚度的非线性函数。线路的散热能力是其表面面积和宽度（单位长度）的函数。

PCB 布线技术限制了走线铺铜的厚度，该厚度和标称重量有关，标称重量以表格的形式给出，单位为 OZ/ft^2。在 PCB 的敷铜厚度限制了导线的厚度的情况下，导线的电阻率则由导线的宽度唯一确定。

热力学中线路上电流的一般模型为：$I=K\times\Delta T^{B1}A^{B2}$，其中，$I$ 为线路电流；ΔT 为环境温度的变化（℃），A 为每平方米的横截面积；K、B1 和 B2 是常数。根据公式 $I=K\times\Delta T^{B1}A^{B2}$，就可以计算出在设计印制电路板时所能允许的最小导线宽度。

Multisim 14.0 利用线的重量值（OZ/ft^2）即线重来计算布线宽度分析中要求的线的厚度，表 10-1 为各种铜皮重量对应的厚度值。每条导线的电流可事先通过瞬态分析计算出来，这些电流值通常为时间上独立的。

表 10-1　布线宽度

厚度（mil）	1.0/8.0	1.0/4.0	3.0/8.0	1.0/2.0	3.0/4.0	1	2
重量（oz）	0.2	0.36	0.52	0.70	1	1.4	2.8
厚度（mil）	3	4	5	6	7	10	14
重量（oz）	4.2	5.6	7.0	8.4	9.8	14	19.6

由于瞬态分析是基于离散时间点的，最大绝对值的精确度取决于所选时间点数的多少。下面是增加布线宽度分析精确度的一些建议。

1）瞬态分析结束时间应设置到至少包括信号的一个周期，特别是信号具有周期性的情况。否则，必须保证结束时间足够大，以使 Multisim 14.0 获得正确的最大电流值。

2）手动增加点数到 100 或更多。信号的点数越多，最大值越准确。注意时间点数增加到 1000 以上将增加程序执行时间，并可能使 Multisim14.0 关闭。

3）考虑初始条件的影响，可能改变开始时信号的最大值。如果稳定状态（如直流工作点）和初始条件相差较远，仿真可能停止。

打开图 10-2 所示放大电路文件，执行"Simulate"→"Analyses and Simulation"命令，弹出"Analyses and Simulation"窗口，在"Active Analysis"选项区中选择"Trace Width"，

打开"Trace Width"对话框，其"Trace Width analysis"选项卡如图 10-35 所示，各项参数含义如下。

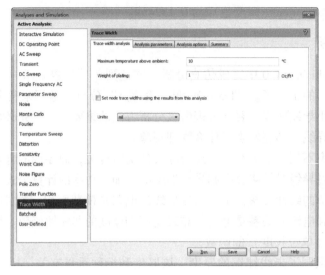

图 10-35　线宽分析"Trace width analysis"选项卡

1）Maximum temperature above ambient：用于设置导线的温度超过周围环境温度的最大值，其默认值为 10℃。

2）Weight of plating：用于设定每平方英寸的铜膜重量，即铜膜的厚度，默认值为 1。

3）Set node trace widths using the results from this analysis：选择是否用本次分析的结果建立导线的宽度。

线宽分析的"Analysis parameters"选项卡与交互仿真分析类似，不再赘述。其参数设置如图 10-36 所示，其他选项卡默认设置。参数设置完毕单击"Run"按钮，线宽分析仿真结果如图 10-37 所示。以电路中的元件 $C1$ 引脚（Pin 1）为例，流过电流为 0.000268475 A 时，为保证电路正常运行，引脚 1 的最小布线宽度为 0.000359349 mil。

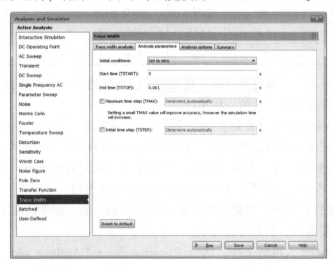

图 10-36　线宽分析"Analysis parameters"选项卡

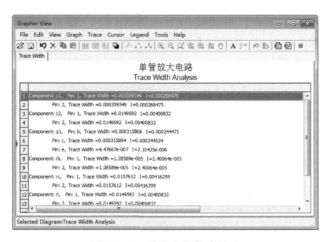

图 10-37 线宽分析仿真结果

10.3.7 批处理分析

在实际电路分析中，可能会遇到需要对同一个电路进行多种分析，或者对多个示例进行同一种分析的情况。如果想更方便地解决这个问题，"Batched（批处理）"分析将是很好的选择。批处理分析可以将同一个仿真电路的不同分析组合在一起执行。

打开图 10-2 所示放大电路文件，拟同时对该电路进行 AC 分析和瞬态分析。执行"Simulate"→"Analyses and Simulation"命令，弹出"Analyses and Simulation"窗口，在"Active Analysis"选项区中选择"Batched"，打开"Batched"对话框，如图 10-38 所示。

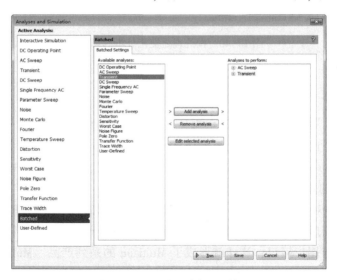

图 10-38 批处理分析对话框

对话框左侧的"Available Analyses"选项区中列出了有待加入批处理分析的各种分析方式。本例中首先选择"AC Sweep"，单击"Add analysis"按钮，在弹出的"AC Sweep"对话框中，设置输出节点为电压节点 V(3)，再选择"Transient"，单击"Add analysis"按钮，在弹出的"Transient"对话框中，设置输出节点为 V(4)（即负载电阻上 RL 上的电压输出）。设置完毕后，单击"Run"按钮，同时得到"Transient"和"AC Sweep"仿真结果分别如图 10-39、图 10-40 所示。

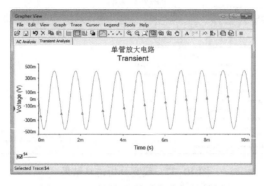

图 10-39 批处理之瞬态分析的结果

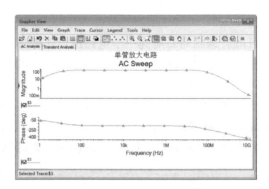

图 10-40 批处理之交流分析的结果

10.3.8 用户自定义分析

"User Defined（用户自定义）"分析就是由用户通过执行"SPICE"→"XSPICE"命令来定义某些仿真分析的功能，以达到扩充仿真分析的目的。

SPICE 是一款著名的电路模拟软件，XSPICE、PSPICE、PROTEL、Multisim 等仿真软件都是在 SPICE 软件的基础上发展起来的。

XSPICE 或者 SPICE 是 Multisim 的仿真内核，但 XSPICE 以命令行的方式与用户接口，为了能更好地推广与应用，在内核的外部增加了一个类似于 Windows 操作系统的图形化用户界面来使仿真内核与用户接口，这样就形成了 Multisim 的系列产品。Multisim 的仿真内核除了 XSPICE 之外还有 SPICE3F5，XSPICE 命令语句的语法与 SPICE 类似。

打开图 10-2 所示放大电路文件，执行"Simulate"→"Analyses and Simulation"命令，弹出"Analyses and Simulation"窗口，在"Active Analysis"选项区中选择"User Defined"，打开"User Defined"对话框，如图 10-41 所示。

在图 10-41 所示对话框的"Commands"选项卡中，用户可以输入由 XSPICE 的分析命令组成的命令列表来执行前面介绍的某种仿真分析。

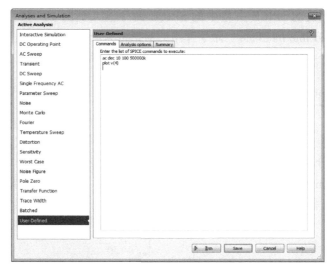

图 10-41 用户自定义分析 "Commands" 选项卡

Multisim 14.0 中的 XSPICE 分析指令的语法与原来的 SPICE 命令有所差别, 以 AC 分析为例, 在 "Commands" 选项卡用键盘输入命令如图 10-41 所示。

下面简要介绍 Multisim 14.0 中的 XSPICE 分析指令的语法。

语句 ac dec 10 100 500000k 中, ac 表示进行 AC 分析; dec 表示设置扫描方式; 10 表示频率的步进幅度; 100 表示扫描的起始频率; 500000k 表示扫描的截止频率, 与标准的 SPICE 分析命令基本一致, 但稍有差异。plot v(4)表示输出电压的节点为 V(4), V(4)的设定由图 10-2 电路对应的 SPICE 网表中电阻 RL 的 N+端点号来决定。设置完毕单击 "Run" 按钮得到仿真结果如图 10-42 所示。

Multisim 14.0 的 XSPICE 分析指令中关于其他分析指令的语法, 可以参考相关的 SPICE 书籍。若单击 "Run" 按钮后, Multisim 14.0 界面没有响应, 可以通过执行菜单命令 "Simulate" → "XSPICE command line interface" 弹出的对话框来定位错误原因。

图 10-42 是正确执行 XSPICE 分析指令后仿真器输出的编译结果。若用户在图 10-41 中输入的 XSPICE 分析指令的语法不符合仿真器的要求, 则仿真器会以文本方式在图 10-43 中给出用户所出现错误的提示。

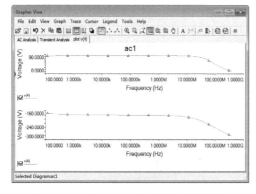

图 10-42 用户自定义分析的仿真结果

图 10-43 编译结果

用户还可以把相关的 SPICE 书籍中的 SPICE 命令输入到图 10-41 中，并结合"Run" → "XSPICE command line interface"命令弹出的对话框来分析错误原因，反复实验后，即可以从 SPICE 分析指令摸索出 Multisim 14.0 中的 XSPICE 分析指令。

10.4 思考与习题

1. 电路中的噪声有哪几种，产生的原因分别是什么？

2. 失真分析可分析哪两种失真？它们产生的原因是什么？

3. 在 NI Multisim 14.0 电路仿真工作区中建立如图 10-44 所示的单管共射放大电路，并对其进行直流静态工作点分析、交流分析和瞬态分析。

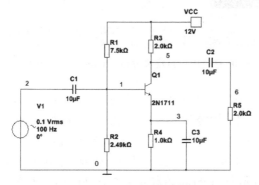

图 10-44　静态工作点稳定的单管共射放大电路

附　　录

附录 A　Multisim 14.0 常用部分元器件中英文对照表

类　　别	中 文 名 称	英 文 名 称
信号源	电源	POWER_SOURCES
	信号电压源	SIGNAL_VOLTAGE_SOURCES
	信号电流源	SIGNAL_CURRENT_SOURCES
	电压控源	CONTROLLED_VOLTAGE_SOURCES
	电流控源	CONTROLLED_VOLTAGE_SOURCES
	控制函数器件	CONTROL_FUNCTION_BLOCKS
	数字源	CONTROL_FUNCTION_BLOCKS
基础元器件	基本虚拟原件	BASIC_VIRTUAL
	定额虚拟原件	RATED_VIRTUAL
	电阻器组件	RPACK
	开关	SWITCH
	变压器	TRANSFORMER
	非理想电池	NON_IDEAL_RLC
	继电器	RELAY
	插座、管座	SOCKETS
	原理图符号	SOHEMATIC_SYMBOLS
	电阻器	RESISTOR
	电容器	CAPACITOR
	电感器	INDUCTOR
	电解电容器	CAP_ELECTROLIT
	可变电阻器	VARIABLE_RESISTOR
	可变电容器	VARIABLE_CAPACITOR
	可变电感器	VARIABLE_INDUCTOR
	电位器	POTENTIOMETER
	制造商电容	MANUFACTURER_CAPACITOR
半导体二极管	虚拟二极管	DIODES_VIRTUAL
	二极管	DIODE
	齐纳二极管	ZENER
	开关二极管	SWITCHING_DIODE
	发光二极管	LED
	光敏二极管	PHOTODIODE

类　别	中文名称	英文名称
半导体 二极管	整流二极管	PROTECTION_DIODE
	二极管整流桥	FWB
	肖特基二极管	SCHOTTKY_DIODE
	单向晶体闸流管	SCR
	双向二极管开关	DIAC
	双向晶体闸流管	TRIAC
	变容二极管	VARACTOR
	闸流体过压保护组件	TSPD
	PIN 结二极管	PIN_DIODE
晶体管	虚拟晶体管	TRANSISTORS_VIRTUAL
	双极结型 NPN 晶体管	BJT_NPN
	双极结型 PNP 晶体管	BJT_PNP
	比较器	BJT_COMP
	NPN 型达林顿管	DARLINGTON_NPN
	PNP 型达林顿管	DARLINGTON_PNP
	带阻 NPN 晶体管	BJT_NRES
	带阻 PNP 晶体管	BJT_PRES
	带阻复合晶体管	BJT_CRES
	MOS 门控开关管	IGBT
	耗尽型场效应晶体管	MOS_DEPLETION
	N 沟道增强型绝缘栅型场效应晶体管	MOS_ENH_N
	P 沟道增强型绝缘栅型场效应晶体管	MOS_ENH_P
	复合型增强型绝缘栅型场效应晶体管	MOS_ENH_COMP
	N 沟道耗尽型结型场效应晶体管	JFET_N
	P 沟道耗尽型结型场效应晶体管	JPET_P
	N 沟道 MOS 功率管	POWER_MOS_N
	P 沟道 MOS 功率管	POWER_MOS_N
	MOS 功率管	POWER_MOS_COMP
	UHT 管	UJT
	温度模型 NMOSFET 管	THERMAL_MODELS
模拟 元器件	模拟模型虚拟原件	ANALOG_VIRTUAL
	运算放大器	OPAMP
	诺顿运算放大器	OPAMP_NORTON
	比较器	COMPARATOR
	差分放大器	DIFFERENTIAL_AMPLIFIERS
	包括多种频率的放大器	WIDEBAND_AMPS
	功率放大器	AUDIO_AMPLIFIER

类　别	中 文 名 称	英 文 名 称
模拟 元器件	电路检测放大器	CURRENT_SENSE_AMPLIFIERS
	仪表放大器	INSTRUMENTATION_AMPLIFIERS
	特殊功能	SPECIAL_FUNCTION
TTL 模块	74STD 系列	74STD
	74STD 系列 IC	74STD_IC
	74S 系列	74S
	74S 系列 IC	74S_IC
	74LS 系列	74LS
	74LS 系列 IC	74LS_IC
	74F 系列	74F
	74ALS 系列	74ALS
	74AS 系列	74AS
COMS 管	COMS_5 V 系列	CMOS_5V
	COMS_5 V 系列 IC	CMOS_5V_IC
	COMS_10 V 系列	CMOS_10V
	COMS_10 V 系列 IC	CMOS_10V_IC
	COMS_15 V 系列	CMOS_15V
	74HC_2 V 系列	74HC_2V
	74HC_4 V 系列	74HC_4V
	74HC_4 V 系列 IC	74HC_4V_IC
	74HC_6 V 系列	74HC_6V
	TinyLogic_2 V 系列	TinyLogic_2V
	TinyLogic_3 V 系列	TinyLogic_3V
	TinyLogic_4 V 系列	TinyLogic_4V
	TinyLogic_5 V 系列	TinyLogic_5V
	TinyLogic_6 V 系列	TinyLogic_6V
MCU	805x 系列单片机	805x
	单片机	PIC
	随机存取存储器	RAM
	只读存储器	ROM
外设	键盘	KEYPADS
	LCD	LCDS
	终端	TERMINALS
	计算机外设	MISC_PERIPHERALS
数字电路	TIL 系列器件	TIL
	数字信号处理器件	DSP
	现场可编程器件	FPGA

类　　别	中　文　名　称	英　文　名　称
数字电路	可编程逻辑电路	PLD
	复杂可编程逻辑电路	CPLD
	微处理控制器	MICROCONTROLLERS
	微处理控制器 IC	MICROCONTROLLERS_IC
	微处理器	MICROPROCESSORS
	存储器	MEMORY
	线路驱动器件	LINE_DRIVER
	线路接收器件	LINE_RECEIVER
	无线电收发器件	LINE_TRANSCEIVER
	消抖开关	SWITCH_DEBOUNCE
混合项元器件	混合虚拟器件	MIXED_VIRTUAL
	模拟开关	ANALOG_SWITCH
	模拟开关 IC	ANALOG_SWITCH_IC
	555 定时器	TIMER
	ADC/DAC 转换器	ADC_DAC
	多频振荡器	MULTIVIBRATORS
	传感器接口	SENSOR_INTERFACE
指示器	电压表	VOLTMETER
	电流表	AMMETER
	探测器	PROBE
	蜂鸣器	BUZZER
	灯泡	LAMP
	虚拟灯泡	VIRTUAL_LAMP
	十六进制显示器	HEX_DISPLAY
	条形光柱	BARGRAPH
电源	电源功率控制器	POWER_CONTROLLERS
	交换机	SWITCHES
	切换控制器	SWITCHING_CONTROLLER
	热插拔控制器	HOT_SWAP_CONTROLLER
	低音管核心	BASSO_SMPS_CORE
	低音管配套	BASSO_SMPS_AUXILIARY
	电压监视器	VOLTAGE_MONITOR
	基准电压器件	VOLTAGE_REFERENCE
	三端稳压器	VOLTAGE_REGULATOR
	电压干扰抑制器	VOLTAGE_SUPPRESSOR
	二极管驱动	LED_DRIVER
	电动机驱动	MOTOR_DRIVER

类　别	中文名称	英文名称
电源	继电器驱动器	RELAY_DRIVER
	隔离保护器	PROTECTION_ISOLATION
	熔丝	FUSE
	热网络模型	THERMAL_NETWORKS
	混合电源功率控制器	MISCPOWER
其他元件	其他虚拟原件	MISC_VIRTUAL
	传感器	TRANSDUCERS
	光电晶体管型光耦合器	OPTOCOUPLER
	晶振	CRYSTAL
	真空电子管	VACUUM_TUBE
	降压变化器	BUCK_CONVERTER
	升压变换器	BOOST_CONVERTER
	降压/升压变换器	BUCK_BOOST_CONVERTER
	有损耗传输线	LOSSY_TRANSMISSION_LINE
	无损耗传输线 1	LOSSLESS_LINE_TYPE1
	无损耗传输线 2	LOSSLESS_LINE_TYPE2
	滤波器	FILTERS
	场效应晶体管驱动器	MOSFET_DRIVER
	其他元件	MISC
	网络	NET
射频元件	射频电容器	RF_CAPACITOR
	射频电感器	RF_INDUCTOR
	射频双极结型 NPN 管	RF_BJT_NPN
	射频双极结型 PNP 管	RF_BJT_PNP
	射频 N 沟道耗尽型 MOS 管	RF_MOS_3TDN
	射频隧道二极管	TUNNEL_DIODE
	射频传输线	STRIP_LINE
	铁氧体磁环	FERRITE_BEADS
机电器件	机器设备	MACHINES
	运动控制器	MOTION_CONTROLLERS
	传感器	SENSORS
	机器负载	MECHANICAL_LOADS
	定时接触器	TIMED_CONTACTS
	线圈和继电器	COILS_RELAYS
	接触器	SUPPLEMENTARY_SWITCHES
	保护装置	PROTECTION_DEVICES

附录 B 常用逻辑符号对照表

名　　称	国标符号	曾用符号	国外常用符号	名　　称	国标符号	曾用符号	国外常用符号
与门	&			基本 RS 触发器	S R	S Q R Q̄	S Q R Q̄
或门	≥1	+		同步 RS 触发器	1S C1 1R	S CP R Q̄ Q	S CK R Q̄ Q
非门	1						
与非门	&			正边沿 D 触发器	S 1D C1 R	D CP Q Q̄	D S_D CK Q Q̄ R_D
或非门	≥1	+					
异或门	=1	⊕		负边沿 JK 触发器	S 1J C1 1K R	J CP K Q Q̄	J S_D CK K Q Q̄ R_D
同或门	=	⊙					
集电极开路与非门	& ◇			全加器	Σ CI CO	FA	FA
三态门	1 ▽ EN			半加器	Σ CO	HA	HA
施密特与门	& ⎍	⎍	⎍	传输门	TG	TG	

284

参 考 文 献

［1］赵全利，李会萍．Multisim 电路设计及仿真［M］．北京：机械工业出版社，2016.

［2］刘贵栋，张玉军．电工电子技术 Multisim 仿真实践［M］．哈尔滨：哈尔滨工业大学出版社，2013.

［3］周润景，托亚．Multisim 和 LabVIEW 电路与虚拟仪器设计技术［M］．北京：北京航空航天大学出版社，2014.

［4］梁清，侯传教．Multisim 11 电路仿真与实践［M］．北京：清华大学出版社，2012.

［5］康华光．电子技术基础模拟部分［M］.5 版．北京：高等教育出版社，2006.

［6］马场清太郎．电源电路设计技巧［M］．丁志强，译．北京：科学出版社，2013.

［7］黄智伟．电子系统的电源电路设计［M］．北京：电子工业出版社，2014.

［8］王连英．基于 Multisim 11 的电子线路仿真设计与实验［M］．北京：高等教育出版社，2013.

［9］胡宴如．高频电子线路［M］.3 版．北京：高等教育出版社，2004.

［10］李明，杨光．高频电子线路［M］．郑州：黄河水利出版社，2011.

［11］聂典，丁伟．基于 NI Multisim 10 的 51 单片机仿真实战教程［M］．北京：电子工业出版社，2010.

［12］王建校，杨建国，宁改娣，等．51 系列单片机及 C51 程序设计［M］．北京：科学出版社，2007.

［13］马淑华，王凤文，张美金．单片机原理与接口技术［M］．北京：北京邮电大学出版社，2005.